绿色工业：
评价地区工业系统生态效率的新视角

何凯　杜军◎著

中山大学出版社
·广州·

版权所有　翻印必究

图书在版编目（CIP）数据

绿色工业：评价地区工业系统生态效率的新视角/何凯，杜军著.
广州：中山大学出版社，2025.7. -- ISBN 978 - 7 - 306 - 08383 - 8

Ⅰ．X7

中国国家版本馆 CIP 数据核字第 2025UU3460 号

LÜSE GONGYE: PINGJIA DIQU GONGYE XITONG SHENGTAI XIAOLÜ DE XIN SHIJIAO

出 版 人：	王天琪
策划编辑：	周　玢
责任编辑：	周　玢
封面设计：	曾　斌
责任校对：	翁慧怡
责任技编：	靳晓虹
出版发行：	中山大学出版社
电　　话：	编辑部 020 - 84110779，84110283，84111997，84113349
	发行部 020 - 84111998，84111981，84111160
地　　址：	广州市新港西路 135 号
邮　　编：	510275　传　真：020 - 84036565
网　　址：	http://www.zsup.com.cn　E - mail：zdcbs@mail.sysu.edu.cn
印 刷 者：	广州小明数码印刷有限公司
规　　格：	787mm×1092mm　1/16　13.25 印张　228 千字
版次印次：	2025 年 7 月第 1 版　2025 年 7 月第 1 次印刷
定　　价：	45.00 元

如发现本书因印装质量影响阅读，请与出版社发行部联系调换

摘　　要

工业是国民经济发展非常重要的一环,国家的长治久安和人们的幸福生活更离不开工业经济的可持续健康发展。中华人民共和国成立以来,尤其是党的十一届三中全会以来,国民经济的快速腾飞很大程度上取决于中国工业经济的快速发展。然而,一份来自国家统计局的数据显示,尽管我国工业部门仅占国民经济总量的1/3左右,却消耗了全国近70%的能源,并排放了超过80%的工业污染物。面对日益严峻的资源短缺和环境恶化问题,过去那种依赖资源消耗和粗放排放的传统工业增长模式已难以为继,如何平衡工业经济发展与资源短缺、环境恶化及极端气候之间的冲突,已成为全球各国亟待解决的关键问题。党的二十大报告强调,必须坚持绿水青山就是金山银山的理念,贯彻节约优先、生态保护的原则,加快推动发展方式绿色转型,深入推进环境污染防治。这些举措彰显了我国应对全球性生态问题的坚定决心和积极态度。工业既是环境污染防治的重点领域,也是绿色转型升级的重要关卡,合理有效地评价工业系统的生态效率,对于政策制定者、企业管理者和广大消费者来说意义重大、影响深远。我国省级行政区工业系统的生态效率评价研究,不仅能为各省级行政区工业产业绿色转型提供参考,对于提高我国工业行业的国际竞争力和永续健康发展能力也具有十分重要的意义。

目前,利用数据包络分析（data envelopment analysis,DEA）的有关方法和模型对工业生态效率进行研究的成果还不是特别多。已有的研究大多集中在应用传统的单一阶段DEA模型（即"黑箱"模型）和两阶段网络DEA模型,对考虑决策单元（decision-making unit,DMU）异质性特点的元前沿DEA（Meta-frontier DEA）模型的使用相对较少,而既考虑到异质性又探讨了更为复杂的静态或动态混合多阶段网络系统下的Meta-frontier DEA模型的应用研究则更少。到目前为止,我们还未发现有相关文献在异质性条件和混合多阶段系统框架下探讨工业生态效率评价问题。

本书第 1 章为绪论部分，主要介绍相关研究背景，说明研究意义，阐述研究内容、研究方法和具体研究思路，最后陈述本研究结构上的安排。第 2 章是文献综述部分，主要对本研究相关的理论基础及文献资料进行回顾概括，从而对已有研究做述评分析，厘清当前应用 DEA 或网络 DEA（network DEA，NDEA）方法研究工业系统或工业产业生态效率评估的过程中可能存在的不足，为下文评价模型的建立和实证研究找到突破口。第 3 章首先对研究中所涉及的有关概念（包括生态效率等概念）进行界定；其次说明了本研究所采用的评价指标体系的选择依据，并对本研究中实证数据资料的收集来源进行了说明，呈现了有关数据的描述性统计分析结果；最后是对异质性讨论中涉及的规模和区域的划分标准进行了界定说明，为下文考虑异质性的 DEA 生态效率评价建模和分析做铺垫。

第 4 章、第 5 章和第 6 章是本研究的核心内容，其中第 4 章的内容是考虑规模异质性的工业系统生态效率评价。在第 4 章中，我们考虑了一种一般化的串并联混合式的工业生产系统结构，并根据该网络结构类型，建立了一个 Meta-frontier slacks-based measure-NDEA（Meta-frontier SBM-NDEA）生态效率评价模型，据此导出了效率差距模型和无效率分解模型。另外，Tobit 回归分析方法被用来分析地区经济发展水平、研发（R&D）投入、国际化程度和盈利能力对工业生态效率的影响。在第 5 章中，我们考虑了区域异质性和动态性共存的工业系统生态效率评价。在该章中，我们将区域异质性和时间动态性集成到 NDEA 评价模型（Dynamic NDEA，DNDEA）中，提出了一个被称为 Meta-frontier SBM-DNDEA 方法的工业生态效率评价模型。与第 4 章相比，第 5 章在异质性的考虑方面有所不同，并在模型中增加了动态性。一方面，第 5 章考虑了技术差距率和无效率的分解，为生态效率改进提供了方向；另一方面，第 5 章分析了不同时期、不同区域和不同产值规模下生态效率的表现现状，提供了一个较为客观全面评价省级行政区工业系统生态效率的参考方向。第 6 章的内容是考虑规模异质性和区域异质性及动态性的工业系统生态效率评价。该章综合考虑了规模异质性和区域异质性共存的情况，构建了一个具有三层结构的生产前沿面，从而在动态性条件下建立了一个三层 Meta-frontier DDF-DNDEA 生态效率评价模型。而且，为了更好地刻画全要素生态效率的动态变化，我们构建了一个 Meta-frontier Malmquist-Luenberger 指数。在实证分析部分，我们利用 Meta-frontier Malmquist-Luenberger 指数分析了我国省级行政区工业系统全要素生态效率的动态变化趋势，为工业生态效率的提升提供了策略和方向。

第7章主要将本书第4章、第5章和第6章所提出的生态效率评价模型结果与经典Charnes-Cooper-Rhodes（CCR）模型和传统两阶段动态DEA（two-stage dynamic DEA，Two-stage DDEA）模型结果进行了比较，检验所提出模型的优越性和创新性。第8章是对本研究的结论、建议和创新点的说明。该章首先概括性地阐述了本研究的结论，据此提出了一些提高工业生态效率的政策性建议；其次指出了本研究所具有的创新点；最后探讨了当前研究的局限性，并提出了未来可能的研究方向与思路。

本研究得出了以下八个方面的结论：

（1）总体来看，我国省级行政区工业系统的生态效率水平仍不高，且基于不同异质性和研究框架下建立的Meta-frontier NDEA评价模型得出的省级行政区工业系统平均生态效率值差异不大，得分分别为0.4034、0.5634和0.5632。在不同的Meta-frontier NDEA模型下，各区域工业生态效率评价结果均表现为：东部＞中部＞西部。这说明我国传统的工业粗放型经济发展模式仍未得到本质性的转变，还有比较大的提升空间，各区域工业系统生态效率表现差异显著。

（2）在只考虑规模异质性的前提下，东部区域省级行政区工业生态效率表现最佳，得分为0.5324。西部区域省级行政区工业生态效率改进空间最大，得分仅为0.3249。其中，东部区域工业生态效率不高，主要是由于环境效率水平较低；中部区域工业生态效率不高，主要是受资源效率和环境效率水平双重低下的影响；而西部区域工业生态效率则主要取决于经济效率水平。

（3）生态效率的收敛性。在1%的显著性水平下，我国省级行政区工业系统的生态效率表现出绝对β收敛性和条件β收敛性。然而，其绝对β收敛率和条件β收敛率分别为0.0117和0.0029，这意味着我国省级行政区工业系统生态效率水平的稳定还需要较长时间才能实现。

（4）生态效率的技术差距率。就生态效率技术差距率而言，东部、中部和西部三大区域具有显著的差异性，而且东部区域的生态效率技术差距率明显高于中部、西部区域。这说明在考虑规模异质性和区域异质性后，东部区域的元前沿生态效率和各组前沿生态效率的差距不大，东部区域省级行政区工业系统生态效率水平整体优于中部、西部区域省级行政区。

（5）生态无效率的分解。从生态无效率分解的结果来看，生产技术落后、管理水平不高及规模效率低下是我国省级行政区工业系统生态效率不高的主要原因，而管理的无效率和规模的无效率是造成我国省级行政区工业系统生态效率不高的关键原因。

（6）全要素生态效率的动态变化情况。在研究期间，我国省级行政区工业系统的平均全要素生态效率全局元前沿 Malmquist-Luenberger 指数（global meta-frontier Malmquist-Luenberger index，GMMLI）虽然存在小幅波动，但总体稳中有进。全国工业系统全要素生态效率水平较 2011 年以前增长了 21.15%，其中规模效率贡献的全要素生态效率增长幅度相对较大，为 7.62%。分区域来看，东部区域工业系统的全要素生态效率增长幅度最大，达到 30.07%；而中部区域工业系统的全要素生态效率增长幅度最小，为 13.20%。

（7）生态效率的影响因素。研究表明，地区经济发展水平正向显著影响地区工业生态效率，工业系统研发的重视程度负向显著影响生态效率，工业国际化程度正向显著影响工业生态效率，而工业系统的盈利能力水平则负向显著影响工业生态效率。

（8）与经典模型结果的对比。我们将本书第 4 章、第 5 章和第 6 章所提出的生态效率评价模型结果与经典 CCR 模型和传统 Two-stage DDEA 模型结果进行比较后发现：考虑异质性对我国地区工业系统生态效率的评价结果具有非常重要的意义，忽略地区之间的规模及区域的异质性可能会对地区工业系统生态效率评价结果产生高估。传统的不考虑 DMU 异质性和工业废物处理过程差异的 NDEA 模型也可能会对生态效率评价结果产生一定程度的高估，而且工业系统各时期生产活动的连续性会对生态效率的评价结果造成影响。上述发现说明了本研究所提出的工业生态效率评价模型具有一定的优越性和创新性。

本研究的创新点主要有以下三个：

第一，提出了一个新的基于松弛测度（slacks-based measure，SBM）的模型和 Meta-frontier 分析框架的 NDEA 模型，即 Meta-frontier SBM-NDEA 模型。本研究在基于规模异质性的前提下，利用该模型对我国省级行政区工业系统的生态效率进行了评价研究，并分析了生态效率的收敛性情况；通过对生态无效率的分解，找出了潜在的生态效率改进来源；利用 Tobit 回归模型分析探讨了工业系统生态效率的影响因素。

第二，提出了一个新的基于 SBM 模型和 Meta-frontier 分析框架的 DNDEA 模型，即 Meta-frontier SBM-DNDEA 模型。本研究在基于区域异质性的前提下，利用该模型对我国省级行政区工业系统的生态效率进行了实证分析，然后据此分析了省级行政区工业生态效率及阶段效率，并分析了不同时期阶段、不同区域和不同产值规模下工业生态效率的情况，最后还对生态无效率进行了分解，为省级行政区工业生态效率提供了潜在的改进方向。

第三，提出了一个新的基于 DDF 和 Meta-frontier 分析框架的 DNDEA 模型，即 Meta-frontier DDF-DNDEA 模型。本研究首先在规模异质性和区域异质性同时存在的前提下，建立了三层 Meta-frontier DDF-DNDEA 模型；其次是利用所提出的模型实证研究了我国省级行政区工业系统的生态效率评价问题，以及通过构建一个 Meta-frontier Malmquist-Luenberger 指数来研究我国省级行政区工业系统的全要素生态效率变化；最后就我国省级行政区工业系统生态效率提升提出了一些策略和建议。

Abstract

Industry is a very important part of the development of national economy, and the country's long-term stability and people's happy life are inseparable from the sustainable and healthy development of industrial economy. Since the founding of New China, especially since the Third Plenary Session of the 11th CPC Central Committee, the rapid take-off of the national economy largely depends on the rapid development of China's industrial economy. However, data from the National Bureau of Statistics shows that although China's industrial sector accounts for about one-third of the national economy, it consumes nearly 70 percent of the country's total energy consumption and emits more than 80 percent of pollutants. Due to the worsening situation of resource shortage and environmental deterioration, the traditional industrial economic growth model of over-reliance on resources and arbitrary discharge of waste is out of date. How to deal with the contradiction between industrial economic development and resource shortage, environmental deterioration and extreme climate is a major problem that needs to be solved urgently for all countries in the world. The report of the Party's 20 National Congress points out that China's positive attitude towards global ecological problems will be to insist that lucid waters and green mountains are gold and silver mountains, give priority to ecological conservation, accelerate the green transformation of development mode and actively promote environmental pollution prevention and control. Industry is not only the key field of environmental pollution prevention and control, but also an important level of green transformation and upgrading. Reasonable and effective evaluation of eco-efficiency of industrial system is of great significance and far-reaching influence to policy makers, enterprise managers and consumers. The eco-efficiency evaluation study of industrial system in provincial areas not only can provide reference for the green transformation of provincial industrial industries, but also has great significance for improving the international competitiveness and sustainable and healthy development ability of Chinese industrial industries.

At present, the relevant methods and models of data envelopment analysis (DEA) are used to study the industrial eco-efficiency. Most of the existing researches focus on the application of traditional single-stage DEA model (i.e., "black box" model) and two-stage network DEA model, while the Meta-frontier DEA model considering the heterogeneity of decision-making unit (DMU) is rarely used. However, there are fewer studies on the application of Meta-frontier DEA model in static or dynamic hybrid multi-stage network systems that consider heterogeneity and explore more complex ones. So far, we have not found relevant literature to discuss the evaluation of industrial eco-efficiency in heterogeneous conditions and mixed multi-stage system.

The first chapter of this paper is the introduction, which mainly introduces the relevant research background, explains the research significance, expounds the research content, research methods and specific research ideas of this paper, and finally states the structural arrangement of this research. The second chapter is the literature review, which mainly reviews and summarizes the theoretical basis and literature data related to this study, so as to make a review and analysis of the existing studies, clarify the possible shortcomings in the current application of DEA or NDEA methods to study industrial systems or industrial eco-efficiency assessment, and find a breakthrough for the establishment of the evaluation model and empirical research below. Chapter 3 firstly defines the relevant concepts involved in the paper, including the concept of eco-efficiency, and then explains the selection basis of the evaluation index system adopted in this paper, and explains the source of the empirical data collection in this paper, and presents the descriptive statistical analysis results of the relevant data. Finally, the scale and regional classification criteria involved in the heterogeneity discussion are defined and explained, which lays a foundation for the modeling and analysis of DEA eco-efficiency evaluation considering heterogeneity in the following.

The fourth, fifth and sixth chapters are the core contents of this study, and the fourth chapter is the eco-efficiency evaluation of industrial system considering scale heterogeneity. In this chapter, a generalized series-parallel hybrid industrial production system structure is considered. According to the network structure type, a Meta-frontier SBM-NDEA ecological efficiency evaluation model is established, and the efficiency gap model and inefficiency decomposition model are derived. Finally, Tobit regression analysis method is used to analyze the influence of regional economic development level, R&D, internationalization degree and profitability on industrial eco-efficiency. In Chapter 5, we consider the eco-efficiency evaluation of industrial system with the coexistence of regional heterogeneity and dynamics. In this chapter, regional heterogeneity and temporal dynamics are integrated into the DEA evaluation model, and an industrial eco-efficiency evaluation model called Meta-frontier SBM-DNDEA method is proposed. Compared with the previous chapter, heterogeneity is considered differently, and dynamics is added to the model. On the one hand, the decomposition of technology gap rate and inefficiency is also considered to provide directions for the improvement of eco-efficiency. On the other hand, this chapter analyzes the current performance of eco-efficiency under different periods, different regions and different output scale, and provides a relatively objective and comprehensive evaluation of the eco-efficiency of provincial industrial system. The sixth chapter is the eco-efficiency evaluation of industrial system considering scale heterogeneity, regional heterogeneity and dynamics. This chapter comprehensively considers the coexistence of scale heterogeneity and regional heterogeneity, constructs a production frontier with three-layer structure, and then establishes a three-layer Meta-frontier DDF-DNDEA eco-efficiency evaluation model under dynamic conditions. Moreover, in order to better depict the dynamic changes of total factor eco-efficiency, we constructed a Meta-frontier Malmquist-Luenberger index. In the empirical analysis, Meta-frontier Malmquist-Luenberger index was used to analyze the dynamic change trend of total factor eco-efficiency of industrial system in provincial regions of China, which provided strategies and directions for the improvement of industrial eco-efficiency.

Chapter 7 mainly compares the results of the eco-efficiency evaluation model proposed in Chapter 4, Chapter 5 and Chapter 6 with those of the classical CCR model and the traditional Two-stage DDEA model to test the superiority and innovation of the proposed model. The eighth chapter is the research conclusion, suggestion and innovation of this paper. Firstly, the conclusion of this paper is summarized, and some policy suggestions are put forward to improve the industrial eco-efficiency. Secondly, it points out the research innovation of this paper. Finally, the shortcomings of the current research are discussed and some research directions or ideas are provided.

After research, this paper draws the following conclusions:

(1) Overall, the eco-efficiency level of provincial industrial systems is still not high, and the average eco-efficiency value of provincial industrial systems based on the Meta-frontier NDEA evaluation model established under different heterogeneity and research frameworks has little difference, with scores of 0.4034, 0.5634 and 0.5632, respectively. Under different Meta-frontier NDEA models, the evaluation results of industrial eco-efficiency in each region are as follows: Shows that the traditional industrial extensive economic development model of our country has still not made the organic change, there is large money improving space. The difference in eco-efficiency of various regional industrial systems is significant.

(2) Under the premise of only considering the scale heterogeneity, the eastern provinces had the best performance of industrial eco-efficiency (0.5324). The improvement space of industrial eco-efficiency in western provinces was the largest, and the score was only 0.3249. The low industrial eco-efficiency in the eastern region is mainly caused by the low level of environmental efficiency, the low industrial eco-efficiency in the central region is caused by the combined action of the low level of resource efficiency and environmental efficiency, and the industrial eco-efficiency in the western region is largely determined by the economic efficiency.

(3) Convergence of eco-efficiency. Under the significance level of 1%, the eco-efficiency of provincial industrial system shows absolute convergence and conditional convergence. However, the absolute convergence rate and conditional convergence rate are 0.0117 and 0.0029 respectively, which means that it will

take a long time to realize the stability of eco-efficiency level of provincial industrial system.

(4) Technological gap rate of eco-efficiency. In terms of the technical gap rate of eco-efficiency, there is a significant difference in the east, central and western regions, and the technical gap rate of eco-efficiency in the eastern region is significantly higher than that in the central and western regions, indicating that there is not much difference between the meta-frontier eco-efficiency in the eastern region and the frontier eco-efficiency of each group after considering the scale heterogeneity and regional heterogeneity. The eco-efficiency level of industrial system in eastern provinces is better than that in central and western provinces.

(5) Decomposition of eco-inefficiency. According to the results of eco-inefficiency decomposition, backward production technology, low management level and low scale efficiency are the main reasons for the low eco-efficiency of industrial system in provincial areas, especially the inefficiency of management and inefficiency of scale are the key reasons for the low eco-efficiency of industrial system in provincial areas.

(6) Dynamic changes of total factor eco-efficiency. During the study period, although the average GMMLI index of total factor eco-efficiency of industrial system in provincial regions fluctuated slightly, it was stable and improved on the whole. Compared with that before 2011, the total factor eco-efficiency of the national industrial system increased by 21.15%, in which scale efficiency contributed the largest increase of 7.62%. From the perspective of subregion, the total factor eco-efficiency of industrial system in eastern region increased the fastest, reaching 30.07%, while that of industrial system in central region increased the slowest, reaching 13.20%.

(7) Influencing factors of eco-efficiency. The research shows that the level of regional economic development has a positive and significant impact on regional industrial eco-efficiency, the importance of industrial system research and development has a negative and significant impact on industrial eco-efficiency, the degree of industrial internationalization has a positive and significant impact on industrial eco-efficiency, and the profitability level of industrial system has a

negative and significant impact on industrial eco-efficiency.

(8) Comparison with classical model results. The results of the eco-efficiency evaluation model proposed in Chapter 4, Chapter 5 and Chapter 6 of this paper are compared with the results of the classical CCR model and the traditional Two-stage DDEA model. Considering heterogeneity is very important to the evaluation results of regional industrial system eco-efficiency in China. Ignoring regional scale and regional heterogeneity may lead to overestimation of the evaluation results of regional industrial system eco-efficiency. The traditional NDEA model, which does not consider the heterogeneity of DMU and the difference of industrial waste treatment process, may also overestimate the eco-efficiency assessment results to a certain extent, and the continuity of production activities in different periods of the industrial system will affect the eco-efficiency assessment results. The above findings indicate that theindustrial eco-efficiency evaluation model proposed in this paper has certain superiority and innovation.

The main innovation points of this research are as follows:

First, a new NDEA model based on the SBM model and Meta-frontier analysis framework is proposed, namely, the Meta-frontier SBM-NDEA model. Under the premise of scale heterogeneity, this model is used to evaluate the eco-efficiency of industrial systems in provincial regions of China, and the convergence of eco-efficiency is analyzed. Through the decomposition of eco-inefficiency, the potential sources of eco-efficiency improvement were found out. Tobit regression model was used to analyze and discuss the influencing factors of eco-efficiency in industrial system.

Second, a new DNDEA model based on SBM model and Meta-frontier analysis framework is proposed, namely, the Meta-frontier SBM-DNDEA model. On the premise of regional heterogeneity, this model is used to make an empirical analysis of the eco-efficiency of the industrial system in China's provincial regions, and then analyzes the provincial industrial eco-efficiency and stage efficiency, and analyzes the situation of industrial eco-efficiency in different periods, different regions and different output sizes. Finally, the eco-inefficiency is decomposed. It provides potential improvement direction for provincial industrial eco-efficiency.

Third, a new DNDEA model based on DDF and Meta-frontier analysis framework, namely, Meta-frontier DDF-DNDEA model, is proposed, especially under the premise that scale heterogeneity and regional heterogeneity exist simultaneously. A three-layer Meta-frontier DDF-DNDEA model was established and used to empirically study the ecological efficiency evaluation of industrial systems in provincial regions of China. A Meta-frontier Malmquist-Luenberger index was constructed to study the change of total factor eco-efficiency in provincial industrial systems. Finally, the paper provides some strategies or suggestions to improve the eco-efficiency of industrial system in provincial areas.

目　　录

1 绪论 ·· 1

 1.1 研究背景 ·· 1

 1.2 研究意义 ·· 3

  1.2.1 理论意义 ·· 3

  1.2.2 实践意义 ·· 5

 1.3 研究内容、方法和思路 ·· 6

  1.3.1 研究内容 ·· 6

  1.3.2 研究方法 ·· 7

  1.3.3 研究思路 ·· 8

 1.4 研究结构安排 ·· 9

2 文献综述 ··· 11

 2.1 理论基础 ·· 11

  2.1.1 DEA 方法 ·· 11

  2.1.2 Meta-frontier 分析 ··· 21

  2.1.3 Malmquist 指数 ·· 23

 2.2 工业生态效率研究综述 ·· 25

  2.2.1 单一阶段 DEA 的有关研究 ··· 26

  2.2.2 NDEA 的有关研究 ·· 32

  2.2.3 Meta-frontier DEA 的有关研究 ·· 36

 2.3 已有研究述评 ·· 38

 2.4 本章小结 ·· 40

3 相关概念、评价指标与数据 ... 41
3.1 相关概念 ... 41
3.2 评价指标与数据 ... 44
3.2.1 评价指标的选定 ... 45
3.2.2 数据收集与描述性统计 ... 48
3.2.3 规模分类和区域划分 ... 53
3.3 本章小结 ... 54

4 考虑规模异质性的中国地区工业系统生态效率评价 ... 55
4.1 问题描述 ... 55
4.2 Meta-frontier SBM-NDEA 模型 ... 58
4.2.1 效率评价模型 ... 60
4.2.2 效率差距模型 ... 66
4.2.3 无效率分解模型 ... 67
4.3 实证分析 ... 68
4.3.1 结果讨论 ... 69
4.3.2 生态效率收敛性分析 ... 76
4.3.3 生态无效率分解分析 ... 81
4.4 生态效率的影响因素分析 ... 87
4.5 本章小结 ... 89

5 考虑区域异质性和动态性的中国地区工业系统生态效率评价 ... 91
5.1 模型假定 ... 91
5.2 Meta-frontier SBM-DNDEA 模型 ... 93
5.2.1 生产可能性集 ... 93
5.2.2 模型提出 ... 96
5.2.3 技术差距率和无效率分解 ... 103

5.3 实证分析 ·· 104
    5.3.1 生态效率及阶段效率结果分析 ·· 106
    5.3.2 不同时期阶段效率分析 ·· 109
    5.3.3 不同区域生态效率分析 ·· 117
    5.3.4 不同产值规模生态效率分析 ·· 120
    5.3.5 改进潜力分析 ·· 122
5.4 本章小结 ·· 124

6 考虑规模异质性和区域异质性及动态性的中国地区工业系统生态效率评价 ·· 125

6.1 引言 ·· 125
6.2 模型设定与变量定义 ·· 127
6.3 Meta-frontier DDF-DNDEA 模型 ··· 129
    6.3.1 基于 DDF 的效率评价理论 ··· 129
    6.3.2 三层 Meta-frontier DDF-DNDEA 模型 ·· 130
    6.3.3 Meta-frontier Malmquist-Luenberger 指数 ·································· 136
6.4 实证分析 ·· 139
    6.4.1 结果讨论 ·· 140
    6.4.2 全要素生态效率的动态变化 ··· 146
    6.4.3 生态效率的提升策略 ·· 151
6.5 本章小结 ·· 156

7 地区工业生态效率评价：本研究与经典 DEA 模型的比较 ·· 157

7.1 不同模型生态效率评价结果的比较 ··· 157
7.2 本章总结 ·· 160

8 总结与展望 ·· 161

8.1 研究结论 ·· 161

8.2 管理建议 ………………………………………………… 163
8.3 主要创新点 ……………………………………………… 166
8.4 研究不足与展望 ………………………………………… 167
　8.4.1 不足之处 …………………………………………… 167
　8.4.2 研究展望 …………………………………………… 168

参考文献 ………………………………………………… 170

1 绪 论

1.1 研究背景

自中华人民共和国成立以来,尤其是党的十一届三中全会召开以来,我国工业经济发展规模持续扩张,然而经济、资源和环境之间的矛盾却日益凸显,发展经济和保护环境之间的矛盾也越发突出,因此,合理有效地评价我国工业系统的生态效率变得尤为重要。[1]一方面,健康的工业经济增长模式是稳住经济增长的不竭动力,也是实现国民经济高质量持续发展的重要前提。工业的高质量发展具体可以表现为生产效率的提升、绿色低碳和环境友好等。[2]因此,如何高效提升工业生产率水平和低碳环保能力是实现工业高质量发展的关键环节,这在很大程度上决定着我国总体经济的发展质量和效益。另一方面,科学发展观和新发展理念越来越深入人心,我国工业企业的清洁生产力水平已经有了很大的提升,工业产业逐步实现转型升级和效率提升,绿色产品更趋多元化。工业生态环保的要求逐步从政府强制转向消费者需求主导,工业行业生态环保理念的变化影响了工业资源利用和污染物治理等,进而影响到工业系统的生态效率表现和高质量发展效益。

工业是国民经济的主导产业,它的升级转型是我国经济进入新常态必然要经历的过程,同时也是我国经济迈向中高端发展水平的关键。[3]然而,目前工业排放仍是我国较大的污染源之一。如2015年第二产业排放的氮氧化物、煤烟和废水,分别占全国排放总量的64%、80%和27%。[4]2016年工业SO_2、NO_x和煤烟(粉尘)的排放量分别占全国排放总量的90%、70%和85%。[5]据《2020年中国生态环境统计年报》,2020年工业源废气中NO_x排放量占全国废气中NO_x排放总量的41%,工业源废气中SO_2的排放更为夸张,排放量达到全国废气中SO_2排放总量的80%。近年来,我国工业增加值占GDP（国内生产总值）总量的30%以上，[6]却消耗了全国近70%的能源，产生了超过80%的二氧化硫排放。由此可见，保持工业可持续健康发展仍然是我国政府和学界亟待解决的难题之一。[7-9]我国地区工业产业自改革开放以来，尤其是市场经济体制确立以来，取得了很多显著的成就，但也存在诸多困难和挑战。

第一，自《2030年可持续发展议程》正式启动以来，我国作为负责任的大国，在促进可持续的工业化、可持续的生产和消费模式以及应对极端气候变化等方面承受着较大的压力。如何平衡好经济发展和环境保护之间的矛盾，是新时代我国迫切需要认真考虑的问题。当前，我国在保持经济稳定增长的同时能有效降低能源使用强度和碳排放强度方面，还存在诸多困难。作为主要能源使用和污染排放的工业部门，必然承担着最主要的压力，因为这不仅关系到经济持续健康发展和伟大复兴中国梦的实现，还影响着全人类未来的发展命运和前途。

第二，在后工业化和信息化时代，生态环境问题带来了一些挑战：一是全球性问题。具体表现为环境问题已经具有跨国、跨地区的全球影响性，环境保护已成为国际交流与合作的重要内容之一。二是综合化问题。环境问题已涉及人类生产、生活、生存环境和空间等各个方面，已经发展为全社会共同关心的话题。三是社会化问题。环保类组织相继出现，并不断在国际舞台上产生影响力，已成为政治新势力。各国很有可能在环境责任、义务承担及污染转移等方面发生一些矛盾，进而引发国际政治问题甚至军事斗争。工业污染带来的生态环境问题，平等地涉及全球各个国家，影响着人类各个方面。因此，如何有效应对工业发展所带来的生态环境问题，是全球各个国家需要共同面对的一个巨大挑战，我们自然也无法置身事外。

第三，资源环境承载能力与工业化发展强度不匹配。资源环境承载能力是反映人与自然生态关系协调程度的重要依据。[10]在很长一段时间内，我国产业结构仍较多地偏向重工业，能源使用也主要以煤炭等不可再生能源为主，物流运输则主要是陆路运输。资源枯竭和环境恶化制约了工业经济的进一步发展。而且，资源节约、环境友好和绿色低碳的工业经济发展基础薄弱，能源转型发展的速度跟不上工业产业结构调整的节奏，城市化过程主要依靠占用土地资源大量修建建筑物，人口向城市的流动速度相对较慢。因此，资源环境承载能力已经是制约工业可持续发展的关键因素之一。

第四，工业生产技术的进步是一把"双刃剑"。在工业化浪潮不断袭来的过程中，生产技术进步带来的先进生产方式可能会导致对自然资源的过度开发利用。然而，大数据、云计算和物联网等新一代信息技术的不断发展进步，也让工业产业绿色低碳进程获得了难得的发展机遇。如何利用先进的生产技术实现对工业运行全过程的高度协同、资源整合优化和有效配置，将环境数据感知与能源、资源数据监测管理有机结合，从而实现工业生产与能源、资源和环境管理的智能优化，是工业技术进步所力图解决的现实问题。工业生产技术的进步并不等同于工业生态效率的提升，技术进步和工业生态效率之间的影响关系仍有待进一步研究分析。

考虑到以上的一些难题和挑战，我国省级行政区工业系统在不断推进新型工业化的过程中想要实现可持续的快速发展，仍然困难重重。提高工业生态效率或许是推进可持续发展的重要路径之一。工业生态效率是政策制定者和企业管理者共同关心的焦点问题。目前，在对工业系统生态效率评价研究的相关文献中，数据包络分析（DEA）仍然是比较常用的评价方法，然而，现有的利用 DEA 方法研究工业系统生态效率的有关文献资料还存在不足之处。因此，本书将试图弥补一些不足的地方，并结合工业系统生产结构或生产过程的具体特征建立一系列的网络 DEA（Network DEA，NDEA）模型，以便更加合理有效地评价我国省级行政区工业系统的生态效率，并为促进工业可持续健康发展提供参考。

1.2 研究意义

1.2.1 理论意义

（1）本研究丰富了我国工业系统生态效率评价及有关资源配置的理论。

工业的健康发展是促进国民经济发展的关键动力，工业经济的可持续发展关乎国家的长治久安。近年来，工业系统的生态效率评价一直是各国学者关注的焦点，然而，现有的研究主要考虑工业系统从初始投入到最终产出的简单过程，有关的效率分析则主要讨论生态效率的影响因素问题，忽略了工业系统内部结构的复杂性。鉴于此，本研究在考虑已有研究的基础上，针对工业系统可能的几种不同内部结构网络特点，提出了一系列 NDEA 理论模型。因而，本研究进一步丰富了 DEA 方法的理论内容，并为工业资源的高效配置提供了理论指导。

（2）本研究提供了我国省级行政区工业系统生态效率提升的有关理论支撑。

科学发展观、新发展理念、经济新常态和产业结构转型升级等思想和理念的出现，意味着我国工业产业向高质量发展的迈进有了新的更高的要求。在各产业结构转型升级的大背景下，工业系统必须顺应时势，积极淘汰落后产能，加快实施新旧动能转换，不断优化资源配置效率，从而生产更多的绿色环保工业产品，排放更少的环境污染工业废物。尽管如此，我国各省级行政区工业系统在发展程度上仍存在较大差异。本研究考虑了不同省级行政区工业系统在区域和规模方面的差异性，提出了 Meta-frontier NDEA 模型，并基于该模型有效评价了工业系统间的技术异质性和管理异质性。因此，本书提出的 DEA 理论模型和方法不仅能够实现对省级行政区工业系统生态效率的评价，而且能够提供优化资源配置效率的策略，还能够发现各工业系统绿色发展在技术和管理方面的不足，从而为工业产业清洁生产技术创新、全过程协同管理优化和生态效率提升提供理论支撑。

（3）本研究拓展了 DEA 方法和 NDEA 理论模型范围，丰富了 DEA 的应用场景。

DEA 方法自诞生以来，其相关理论模型和应用领域一直在被广大学者不断地发展创新。传统的 DEA 方法往往将被评估的对象视为完全同质的，不考虑其规模技术和地理区域的异质性特征，然而不同的规模和区位因素可能在很大程度上影响着被评估对象的效率。基于此，本研究在考虑到被评价对象存在异质性的前提下，将 Meta-frontier 分析方法引入 DEA 方法中，从而拓展了 DEA 方法的理论内容。除此之外，在现有两阶段 NDEA 模型的基础上，结合工业生产运行系统多个阶段的串并联混合网络结构性特点，本研究分别提出了 Meta-frontier SBM-NDEA 模型、Meta-frontier SBM-DNDEA 模型和三层 Meta-frontier DDF-DNDEA 模型，以此拓展 NDEA 的理论模型范围。截至目前，我们通过各文献数据库检索发现，利用 DEA 方法研究工业系统领域生态效率的相关文献资料尚不多，同时考虑异质性和多阶段混合网络结构特点的研究则更少。因此，本研究不仅拓展了 DEA 方法和 NDEA

理论模型范围，还将其应用于我国省级行政区工业系统生态效率评价问题的研究，丰富了 DEA 的实践应用场景。

1.2.2 实践意义

（1）本研究有利于帮助工业行业提高绿色经营管理水平。

随着经济发展逐渐进入新常态，我国省级行政区工业系统面临着国际国内经济发展和清洁环保绿色发展的双重压力。如何有效利用劳动力、资本和能源等资源，提高工业绿色经营管理水平，改善工业生态效率表现，促进工业经济的可持续发展，成为各省级行政区工业系统亟待解决的关键问题。本研究利用 2011—2020 年间我国工业行业的微观数据，通过 DEA 方法评价和分析了省级行政区工业系统的生态效率水平，并探讨了工业生态效率的影响因素。我们还根据研究结果，提出了优化资源配置、提高生态效率的策略，这有利于各工业系统发现当前绿色经营管理的不足，为进一步提高工业生态效率提供建议或决策思路，从而增强我国工业产业在国际不确定性动态环境下的竞争力。

（2）本研究有利于更加科学合理地制定工业生态发展监管政策。

工业经济的可持续健康发展需要各级政府部门的有效监管，尤其是在工业转型升级和环境污染挑战的大环境下，合理有效地制定促进工业生态绿色发展的监管政策，需要较为全面地了解当前我国省级行政区工业系统的绿色发展现状以及其不足之处。本研究收集了我国工业行业近 10 年的客观经营发展数据，通过建立考虑异质性的 NDEA 模型，对我国省级行政区工业系统的生态效率现状进行了实证研究，为各级政府部门强化对工业生态绿色发展的监管提供了一定的参考。

（3）本研究有利于将 DEA 效率评价方法推广到类似的行业或领域。

本研究所采用的 DEA 方法和模型，不仅适用于工业系统的生态效率评价，对于其他具有相似网络生产结构特点的评价对象同样具有参考价值。因此，本研究还有一个比较重要的实践意义，即有利于将 DEA 效率评价方法推广到类似的行业或领域，以便进行类似的有关效率评价分析的研究，这对于促进 DEA 理论指导实践发展具有比较重要的参考价值。

1.3 研究内容、方法和思路

1.3.1 研究内容

本研究在考虑已有 NDEA 方法存在不足的基础上,提出了一个新的 Meta-frontier NDEA 模型,并使用所提出的模型实证研究了我国省级行政区工业系统的生态效率评价问题。本研究的主要内容如下:

(1) 首先,本研究将 Meta-frontier 分析技术和 NDEA 方法结合,在考虑存在规模异质性的前提下,提出了基于松弛测度(slacks-based measure, SBM)的 Meta-frontier SBM-NDEA 模型,用于评价我国省级行政区工业系统的生态效率表现;其次,提出了效率差距模型、无效率分解模型和 β 收敛性检验,借此来分析生态效率表现的稳定性情况,并为生态效率欠佳的工业系统寻找未来的改进方向;最后,参考已有研究的普遍做法,使用 Tobit 回归分析方法,探讨了地区经济发展水平、研发投入、国际化程度和盈利能力对工业生态效率的影响。

(2) 首先,本研究将 Meta-frontier 分析技术和动态网络 DEA(dynamic NDEA, DNDEA)方法进行结合,在考虑存在区域异质性的前提下,提出了一个基于 SBM 的 Meta-frontier SBM-DNDEA 模型,并且将该模型应用于我国省级行政区地区工业系统的生态效率评价中;其次,考虑了不同时期不同阶段、不同区域和不同产值规模下的生态效率情况;最后,探讨了不同工业系统具有的生态效率改进潜力。

(3) 在 Meta-frontier DNDEA 模型的基础上更进一步,同时在考虑存在规模异质性和区域异质性的前提下,提出了一个基于方向距离函数(directional distance function, DDF)的三层 Meta-frontier DDF-DNDEA 模型;另外,本研究将 Meta-frontier 分析方法和 Malmquist-Luenberger 指数进行了结合,提出了一个 Meta-frontier Malmquist-Luenberger 指数。基于此模型和指数方法实证研究了我国省级行政区工业系统的生态效率和全要素生态效率变化趋势,为促进省级行政区工业系统生态效率的提升提供了建议或策略。

1.3.2 研究方法

(1) 文献分析法。

本研究利用各类文献数据资料库收集、筛选和整理了相关的文献资料，然后利用 HistCite Pro 2.1 等文献引文分析计量工具和 Endnote 文献管理软件，厘清了 DEA 研究领域的发展脉络，以识别 NDEA 方法和 Meta-frontier 分析领域研究工业生态效率等相关的重要学术参考文献和追踪有关前辈学者的研究进展，由此形成本研究的理论基础。本研究基于目前工业生态效率评价问题的研究现状和研究不足，拟定研究方法、内容和思路。

(2) 数学模型法。

本研究结合 Meta-frontier 分析技术和 DEA 方法，根据工业系统的不同网络型结构特征，建立了 Meta-frontier SBM-NDEA、Meta-frontier SBM-DNDEA 和三层 Meta-frontier DDF-DNDEA 等数学模型，从而实现在考虑决策单元（decision-making unit，DMU）异质性的条件下合理有效地评价系统的生态效率。

(3) 统计分析方法。

本研究采用 Tobit 回归分析法来研究省级行政区工业系统生态效率影响因素的显著性。为考察我国各省级行政区工业系统生态效率及分解效率的收敛性和分布特征，本研究还利用了绝对 β 收敛和条件 β 收敛及核密度分布分析技术。此外，本研究采用了 Kruskal-Wallis 检验和 Mann-Whitney U 检验方法来考虑不同区域或者不同规模下生态效率结果是否具有显著差异性。

(4) 实证研究方法。

本研究从研究对象、研究目标以及研究方法入手，通过对国内外该领域的相关研究文献进行梳理，概括出目前已有研究的特点和存在的不足，由此确立理论模型创新方向，并据此建立了新的 NDEA 模型。本研究通过从有关数据库中获取我国各省级行政区规模以上工业行业的有关经营指标数据，经过整理、清洗、筛选和处理，根据所提出的 Meta-frontier NDEA 模型对省级行政区工业系统的生态效率进行了实证评价和分析，探讨了生态效率和全要素生态效率的变化趋势，分析了生态效率的影响因素和收敛性特征，从而为促进我国各省级行政区工业系统的可持续发展提供建议。

1.3.3 研究思路

本研究分析了考虑规模异质性、区域异质性及动态性条件下的省级行政区工业网络生产系统的生态效率评价问题。本研究还通过层层深入的方式分别构建了考虑规模异质性、考虑区域异质性及动态性，以及考虑规模、区域双层异质性及动态性条件下的工业系统生态效率评价 Meta-frontier NDEA 模型，并进行了相应的效率结果分析，得出了不同情形下的生态效率结果和提升策略建议。最后本研究得出结论，并提供了相关管理建议。本研究的技术路线见图 1-1：

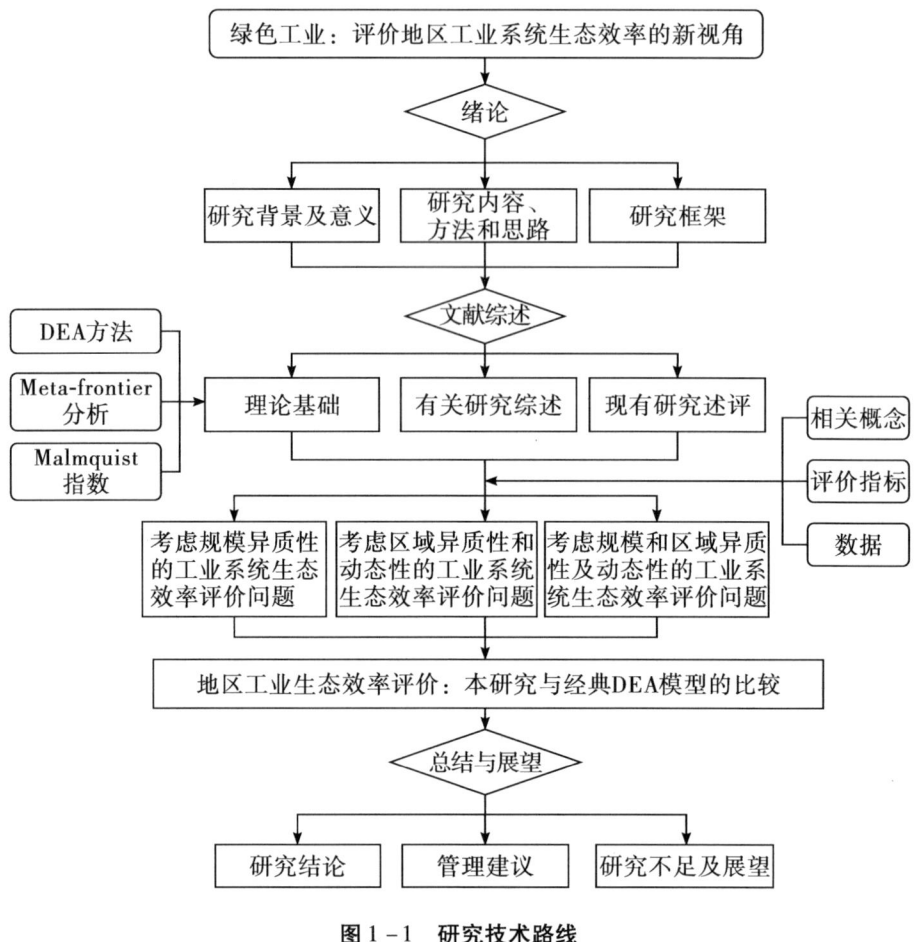

图 1-1 研究技术路线

1.4 研究结构安排

本书的具体行文结构安排如下：

（1）绪论。本书的第 1 章为绪论，主要介绍工业系统生态效率评价研究的相关背景，说明本研究的意义，阐述研究内容、研究方法和具体研究思路等，最后陈述了研究结构安排。

（2）文献综述。第 2 章为文献综述部分，主要对本研究相关的理论基础和文献资料进行了回顾概括，从而实现对已有研究做述评分析，厘清当前已有的应用 DEA 或 NDEA 方法研究工业系统或工业产业生态效率评估中可能存在的不足之处，为下文评价模型的建立和实证研究找到突破口。

（3）相关概念、评价指标与数据。第 3 章首先对本研究的有关概念进行界定，包括生态效率等概念；其次说明了本研究所采用评价指标体系的选择依据，并对本研究中实证数据资料的收集来源进行了说明，呈现了有关数据的描述性统计分析结果；最后是对异质性讨论中涉及的规模和区域的划分标准进行了界定说明，为下文考虑异质性的 DEA 生态效率评价建模和分析做铺垫。

（4）考虑规模异质性的中国地区工业系统生态效率评价。这一内容安排在本书的第 4 章。在该章中，我们考虑了一种一般化的串并联混合式的工业生产系统结构（见图 4-1），根据该网络结构类型，建立了一个 Meta-frontier SBM-NDEA 生态效率评价模型，并据此导出了效率差距模型和无效率分解模型。然后，Tobit 回归分析方法被用来分析地区经济发展水平、R&D、国际化程度和盈利能力对工业生态效率的影响。

（5）考虑区域异质性和动态性的中国地区工业系统生态效率评价。在第 5 章中，我们考虑了区域异质性和动态性共存的工业系统生态效率评价问题。我们将区域异质性和时间动态性集成到 DEA 评价模型中，提出了一个被称为 Meta-frontier SBM-DNDEA 方法的工业生态效率评价模型，相比于第 4 章，异质性的考虑方面不同，而且增加了动态性到模型中去。一方面，本章分析了技术差距率和无效率的分解，为生态效率改进提供方向；另一方面，本章评估了不同时期、不同区域和不同产值规模下生态效率的表现，提供了一个较为客观全面评价省级行政区工业系统生态效率的参考方向。

（6）考虑规模异质性和区域异质性及动态性的中国地区工业系统生态效率评价。第 6 章综合考虑了规模异质性和区域异质性共存的情况，构建了一个具有三层结构的生产前沿面，从而在动态性条件下建立了一个三层 Meta-frontier DDF-DNDEA 生态效率评价模型。而且，为了更好地刻画全要素生态效率的动态变化，我们构建了一个 Meta-frontier Malmquist-Luenberger 指数。在实证分析中，我们利用 Meta-frontier Malmquist-Luenberger 指数分析了我国省级行政区工业系统全要素生态效率的动态变化趋势，为工业生态效率的提升提供了策略和方向。

（7）地区工业生态效率评价：本研究与经典 DEA 模型的比较。第 7 章主要将本书第 4 章、第 5 章和第 6 章所提出的生态效率评价模型结果与经典 CCR 模型和传统 Two-stage DDEA 模型结果进行了比较，说明了本书所提出的工业生态效率评价模型具有一定的优越性和创新性。

（8）总结与展望。第 8 章对本研究的结论、管理建议和创新点进行了说明。首先，该章概括性地得出了本研究的结论，据此提出了一些提高工业生态效率的政策建议。其次，该章指出了本研究所具有的创新点。最后，该章还讨论了当前研究的不足，提供了一些可进一步开展的研究方向或研究思路等。

2 文献综述

2.1 理论基础

2.1.1 DEA 方法

绩效评价是管理的重要任务之一，通过绩效评价可以更好地了解 DMU 过去的成绩，并为其未来的发展做出战略性规划。[11]它的本质是了解在当前的投入水平下，该 DMU 预期可以增加多少产出；或者是在产生当前产出水平的情况下，该 DMU 预期可以减少多少投入。

在方法上，绩效评价主要有两种：一是以随机前沿分析（stochastic frontier analysis，SFA）为代表的参数方法。SFA 是由 Aigner 等[12]和 Meeusen 等[13]提出的一种参数前沿方法，该方法需要事先定义好生产函数的具体形式并考虑其他的随机因素。但设定不同的函数形式可能会使最终得到的评价结果完全不同，[14]这是 SFA 方法最大的局限性。二是以 DEA 为代表的非参数方法。Farrell[15]对美国 48 个州的农业生产效率的研究通常被认为是第一个关于非参数效率评价的实证研究。Farrell 在研究中以等产量线为标准，通过等产量线来衡量生产效率，将产出指标的数量限定为一个，并假定规模报酬不变。约 20 年后，Charnes 等[16]率先提出了一种被称为分式规划的方法，他们通过将所有产出聚合成一个虚拟产出，将所有投入聚合成一个虚拟投入，然后使用虚拟产出与虚拟投入的比率来表示 DMU 的相对效率。由于在他们所提出的对偶公式中，样本观测值被生产函数所形成的包络面包络了起来，因此该方法被称为数据包络分析（DEA）。Charnes 等[16]的研究假设规模报酬是固定不变的（constant returns to scale，CRS）。其后，这一假定在 Banker 等[17]的研究中被放宽处理，即假定为规模报酬可变（variable returns to scale，VRS）的情况。该方法因不需要事先指定生产函数的某种具体数学形式，所以常被称为非参数方法。DEA 方法很好地处理了 SFA 方法需要事先设定生产函数具体形式的局限性问题，这就使得该方法自诞生以来，已经逐渐成为效率评价研究的主要方法工具之一。DEA 不需要在生产边界上强加一种函数形式，因此，它可以避免模型的错误设定。此外，DEA 方法在灵活性方面优于其他方法，可以无限改进，适用于大多数效率评价模型。[18] 鉴于 DEA 方法的上述优点，我们选择利用基于 DEA 的方法进行工业系统生态效率的评价研究。

假定 X_{ij} 表示 DMU_j 在任意时期第 i 种投入要素的量（$i = 1, 2, \cdots, m$），Y_{rj} 则表示 DMU_j 在同时期第 r 种产出的量（$r = 1, 2, \cdots, s$）。v_i 表示第 i 种投入要素的对应权重，u_r 表示第 r 种产出指标的对应权重。据此，定义 DMU_j 的生产效率为 θ_j，其表达式为：

$$\theta_j = \frac{\sum_{r=1}^{s} u_r Y_{rj}}{\sum_{i=1}^{m} v_i X_{ij}} \tag{2-1}$$

根据不同的测量概念原理，DEA 效率评价的模型可以有不同的数学表现形式，主要有以下三种：

（1）基于产出投入比的效率评价模型。

Charnes 等[16]在 1978 年提出了一个分式规划效率评价模型，该模型常被后来的学者称为 CCR 模型。该评价模型的基本思想是允许被评估的 DMU 选择最有利于自身生产效率（最大化自身的生产效率）的一组权重，同时应使该组权重满足对于所有 DMU 的生产效率必小于或等于 1。下文将以投入导向的模型为例进行说明，对于任意 DMU_0，其相对生产效率评价的 CCR 模型为：

$$\theta_0 = \max \frac{\sum_{r=1}^{s} u_r Y_{r0}}{\sum_{i=1}^{m} v_i X_{i0}}$$

$$\begin{cases} \dfrac{\sum_{r=1}^{s} u_r Y_{rj}}{\sum_{i=1}^{m} v_i X_{ij}} \leq 1, j = 1, 2, \cdots, n, \\ v_i, u_r \geq \varepsilon, i = 1, 2, \cdots, m; r = 1, 2, \cdots, s. \end{cases} \tag{2-2}$$

其中，权重（或乘数）u_r 和 v_i 大于或等于一个很小的正数 ε，设置该约束条件的目的是避免因求解优化模型时赋予某些指标变量的权重为零值而忽略一些重要变量的情况出现。[19] 这个很小的正数 ε，也被称为非阿基米德数。[20] 若 $\theta_0 = 1$，则说明 DMU_0 处于帕累托最优状态，或者说 DMU_0 实现了帕累托效率（强有效）。若移除这个很小的正数 ε 对权重所施加的约束，仍有 $\theta_0 = 1$，那么 DMU_0 仅是弱有效的，[21] 此时仍可以减少一些投入或增加某些产出。

CCR 模型假定 CRS 的情况，即投入和产出以相同的比例增长。然而，在现实的生产实践中，由于固定投入的存在，规模报酬往往呈现出"增加—稳定—递减"的变化趋势，可见规模报酬常常是可变的。据此，Banker 等[17]在 1984 年扩展了 CCR 模型，使其允许 VRS，后被学者称为 Banker-Charnes-Cooper 模型（BCC 模型），其模型的基本形式如下：

$$\theta_0 = \max \frac{\sum_{r=1}^{s} u_r Y_{r0} - u_0}{\sum_{i=1}^{m} v_i X_{i0}}$$

$$\begin{cases} \frac{\sum_{r=1}^{s} u_r Y_{rj} - u_0}{\sum_{i=1}^{m} v_i X_{ij}} \leqslant 1, j = 1, 2, \cdots, n, \\ v_i, u_r \geqslant \varepsilon, i = 1, 2, \cdots, m; r = 1, 2, \cdots, s; u_0 \text{ 无约束}. \end{cases} \quad (2-3)$$

模型（2-3）和模型（2-2）的区别在于：在 VRS 的情况下，分子中存在一个截距项 u_0。

（2）基于距离函数（distance function，DF）的效率评价模型。

在基于产出投入比的效率评价模型中，效率是通过总产出与总投入的比值来刻画的。单从投入的角度来看，生产给定的产出所需要的最小投入量与实际投入量之间的比值即效率。同理，从产出的角度来看，使用给定的投入量下实际的产出与可能的最大产出的比值即效率。根据这一思想，经济学家们想到，可定义一个投入（产出）DF，通过测量最小投入（最大产出）与实际投入（实际产出）之间的相对距离来定义效率值。投入或产出 DF 模型考虑的分别是从投入方面或者产出方面作为衡量效率的基准，这个基准还不具备任意性，不能够既考虑从投入方面也考虑从产出方面任意选择支配点作为衡量效率的基准。因此，人们又想到了可定义一个方向距离函数（directional distance function，DDF）来实现这个目标。投入距离函数（input distance function，IDF）或产出距离函数（output distance function，ODF）是 DDF 的特例。在回顾基于 DF 的效率评价模型之前，我们需要先了解下生产可能性集（production possibility set，PPS）的概念。

在实际的生产生活中，尽管有时我们并不清楚生产函数的具体形式，但我们可以采用隐函数的形式表示，如 $P(X,Y) = P(X_1, X_2, \cdots, X_m; Y_1, Y_2, \cdots, Y_s)$，该式表示投入 m 种要素生产了 s 种产出。在生产前沿面上的 DMU，其投入和产出存在 $P(X,Y)=0$ 的关系，这说明该 DMU 的生产是有效率的。而若 $P(X,Y)<0$，则说明该 DMU 的生产是无效率的，这意味着在同样的投入下可以产出更多或者在同样的产出下可以投入更少。所有被评估 DMU 的投入和产出的所有生产可能性组合可以形成一个集合，即生产可能性集 T，数学表现形式为：

$$T = \{(X,Y) \mid 投入 X \geq 0, 可产出 Y \geq 0\} \quad (2-4)$$

若给定一定量的产出 Y_0，则可以写出 DMU 的投入可能性集 $I(Y_0)$，数学表达式为式（2-5）；类似地，在给定投入 X_0 时，产出可能性集为 $O(X_0)$，数学表达式为式（2-6）。生产可能性集 T、投入可能性集 $I(Y_0)$ 和产出可能性集为 $O(X_0)$ 分别利用 DDF、IDF 和 ODF 来建立效率评价模型的理论基础。

$$I(Y_0) = \{X \mid X \geq 0 可以产出 Y_0\} \quad (2-5)$$

$$O(X_0) = \{Y \mid 给定 X_0 可产出 Y \geq 0\} \quad (2-6)$$

假定有 n 个待评估的 DMU，对于任意 DMU_j，$j=1, 2, \cdots, n$，设该 DMU 的投入和产出组合为 $(X_j, Y_j) = (X_{1j}, X_{2j}, \cdots, X_{mj}; Y_{1j}, Y_{2j}, \cdots, Y_{sj})$。生产可能性集 T 通常具有凸性和可任意处置性等性质。[17] 凸性表示在 VRS 的情况下，投入和产出的凸约束线性组合仍满足生产可行性条件，数学语言可表示为：若 $(X_j, Y_j) \in T$，$j=1,2,\cdots,n$，那么对于任意 $\lambda_j \geq 0$，$j=1,2,\cdots,n$，且 $\sum_{j=1}^{n} \lambda_j = 1$，存在 $(\sum_{j=1}^{n} \lambda_j X_j, \sum_{j=1}^{n} \lambda_j Y_j) \in T$ 成立。而可任意处置性指的是更多的生产性投入和更少的产出，一定是生产可行的，其集合一定是生产可能性集 T 的子集，数学语言表达为：若存在 $(X_0, Y_0) \in T$，那么一定有，当任意 $X \geq X_0$，存在 $(X, Y_0) \in T$；当任意 $Y \leq Y_0$ 时，存在 $(X_0, Y) \in T$。结合 PPS 的上述两个性质，所有的 n 个 DMU，在 VRS 假设下，可以构建如下形式的 PPS：

$$T^{VRS} = \{(X,Y) \mid \sum_{j=1}^{n} \lambda_j X_j \leq X, \sum_{j=1}^{n} \lambda_j Y_j \geq Y, \sum_{j=1}^{n} \lambda_j = 1, \lambda_j \geq 0, j = 1,2,\cdots,n\}$$
(2-7)

若去掉式（2-7）中的约束 $\sum_{j=1}^{n} \lambda_j = 1$，则可以得到相应 CRS 假设下的 PPS：

$$T^{CRS} = \{(X,Y) \mid \sum_{j=1}^{n} \lambda_j X_j \leq X, \sum_{j=1}^{n} \lambda_j Y_j \geq Y, \lambda_j \geq 0, j = 1,2,\cdots,n\}$$
(2-8)

（A）基于 IDF 的效率评价模型。

IDF 是基于投入可能性集的距离函数，根据 Shephard（1953）[22]，Shephard（1970）[23]所定义的 IDF 为 $\phi(X, Y)$，表达式为：

$$\phi(X,Y) = \frac{\|X\|}{\|\theta(X,Y) \cdot X\|} = \frac{1}{\theta(X,Y)} \quad (2-9)$$

$$\theta(X,Y) = \min\{\theta \mid \theta X \in I(Y), \theta \geq 0\} \quad (2-10)$$

在式（2-10）中衡量 DMU_0 的实际投入与理想投入之间的距离实际上是一个线性规划问题，在 CRS 假设下，其规划式如下：

min θ

$$\begin{cases} \sum_{j=1}^{n} \lambda_j X_{ij} \leq \theta X_{i0}, i = 1,2,\cdots,m, \\ \sum_{j=1}^{n} \lambda_j X_{rj} \geq Y_{r0}, r = 1,2,\cdots,s, \\ \lambda_j \geq 0, j = 1,2,\cdots,n. \end{cases} \quad (2-11)$$

（B）基于 ODF 的效率评价模型。

ODF 是基于产出可能性集的距离函数，根据 Shephard（1953）[22]，Shephard（1970）[23]所定义的 ODF 为 $\Omega(X,Y)$，表达式为：

$$\Omega(X,Y) = \frac{\|Y\|}{\|\rho(X,Y) \cdot Y\|} = \frac{1}{\rho(X,Y)} \quad (2-12)$$

$$\rho(X,Y) = \max\{\rho \mid \rho Y \in O(X), \rho \geq 0\} \quad (2-13)$$

式（2-13）目的是求一个最大的 ρ，使得 ρY 仍然处于产出可能性集 $O(X_0)$ 内。测量 DMU_0 的实际产出和理想产出之间的相对距离 $\rho(X_0, Y_0)$ 的过程实际上也是一个线性规划问题的求解过程，在 CRS 假设下，其规划式如下：

$$\max \rho$$
$$\begin{cases} \sum_{j=1}^{n} \lambda_j X_{ij} \leq X_{i0}, i = 1, 2, \cdots, m, \\ \sum_{j=1}^{n} \lambda_j X_{rj} \geq \rho Y_{r0}, r = 1, 2, \cdots, s, \\ \lambda_j \geq 0, j = 1, 2, \cdots, n. \end{cases} \quad (2-14)$$

（C）基于 DDF 的效率评价模型。

IDF 将产出固定在当前水平，以找出能够产生当前产出水平的最小投入的缩减比例；而 ODF 将投入固定在当前水平，以找出当前水平投入下所能产生的产出最大扩增比例。然而，通常在衡量效率时，无论是投入还是产出都不应该固定，对投入和产出都有追求最优的愿望，即同时在投入和产出方向上去寻找最优的投入和产出，以实现最佳生产效率。

Chambers 等[24,25]基于生产可能性集 T 定义了一个 DDF，数学形式为：
$$\zeta(X,Y,f,g) = \max\{\zeta \mid (X - \zeta f, Y + \zeta g) \in T\} \quad (2-15)$$

f 和 g 是预先设定的调整方向，对于生产可能性集为 T 的 n 个 DMU 而言，在 VRS 的情形下，任意 DMU_0 将沿着方向 $(-f, g)$ 进行生产效率的调整优化，该问题实际上为下列线性规划问题：

$$\max \zeta$$
$$\begin{cases} \sum_{j=1}^{n} \lambda_j X_{ij} \leq X_{i0} - \zeta f_i, i = 1, 2, \cdots, m, \\ \sum_{j=1}^{n} \lambda_j X_{rj} \geq Y_{r0} + \zeta g_r, r = 1, 2, \cdots, s, \\ \sum_{j=1}^{n} \lambda_j = 1, \\ \lambda_j \geq 0, j = 1, 2, \cdots, n; \zeta \text{ 无约束}. \end{cases} \quad (2-16)$$

（3）基于 SBM 的效率评价模型。

基于产出投入比和 DF 的效率评价方法在本质上属于同一类方法，只是它们的模型形式有所不同，它们的基本思想均是衡量待评估的 DMU 与其指向相应前沿 DMU 经过原点的射线在生产边界上的投影之间的相对距离。这种效率评价方式属于径向测量，其缺点是只能从投入端和产出端去分开考虑优化路径，对于弱有效 DMU 的效率结果缺乏定义，此时便很难直接与低效的 DMU 进行效率的比较分析，也不能很好地得出最终的效率结果排名。考虑到这样的局限性,学者们后来提出了非径向的效率评价模型。基于 SBM 的方法就是非径向效率评价模型的典型代表,自 Tone[26] 的研究以来,越来越多的研究人员开始应用或者拓展 SBM-DEA 方法。

待评估的 DMU 与其前沿面上的标杆对象之间的差异,就是冗余量,代表的是 DMU 与标杆对象相比,投入的过剩量和产出的不足量(即 $X_0 - \sum_{j=1}^{n} \lambda_j X_j$ 和 $\sum_{j=1}^{n} \lambda_j Y_j - Y_0$)。基于 SBM 的效率评价方法不是根据从原点沿着被评估 DMU 方向的射线来测算效率的,因此,它是一种非径向的测量方法。常见的 SBM 模型主要有三种形式,即加性 SBM 模型、罗素测量 SBM 模型和罗素比率测量 SBM 模型,下文将一一进行介绍。在介绍模型之前,我们首先约定,s_i^- 表示第 i 种投入要素的冗余变量,$i = 1, 2, \cdots, m$。而 s_r^+ 则表示第 r 种产出要素的冗余变量,$r = 1, 2, \cdots, s$。

(A) 加性 SBM 模型。

最早使用冗余量来评价绩效的加性模型可以在 Charnes 等[27] 的研究中发现。考虑一般的 VRS 的情形下,加性 SBM 模型的基本思想是最大化投入和产出的冗余量之和,模型基本形式如下:

$$\max \left(\sum_{i=1}^{m} s_i^- + \sum_{r=1}^{s} s_r^+ \right)$$

$$\begin{cases} \sum_{j=1}^{n} \lambda_j X_{ij} = X_{i0} - s_i^-, i = 1, 2, \cdots, m, \\ \sum_{j=1}^{n} \lambda_j X_{rj} = Y_{r0} + s_r^+, r = 1, 2, \cdots, s, \\ \sum_{j=1}^{n} \lambda_j = 1, \\ \lambda_j \geq 0, s_i^- \geq 0, s_r^+ \geq 0, j = 1, 2, \cdots, n; i = 1, 2, \cdots, m; r = 1, 2, \cdots, s. \end{cases}$$

(2-17)

在模型(2-17)中,若所有投入和产出的冗余变量值均为零,则被评估的 DMU 便处于最优的生产效率状态。反之,则被评估的 DMU 不是有效的,相应的非零冗余变量值表示的是对应投入或产出要素可以改进的空间。

(B) 罗素测量 SBM 模型。

利用非阿基米德数 ε 对投入和产出的指标权重施加约束条件可以实现对弱有效 DMU 的识别。然而，弱有效 DMU 效率分数的确定仍然存在着一些问题。鉴于此，Färe 等[28]引入了罗素效率测量模型。根据模型形式的不同，具体又可以分为罗素投入测量 SBM 模型、罗素产出测量 SBM 模型、罗素投入产出平均测量 SBM 模型。

(a) 罗素投入测量 SBM 模型。

经典的 Shephard 投入距离函数模型中，对于任意 X_i，它们的投入缩减比例相同，均为 θ。而罗素投入测量模型的基本思想是允许不同投入要素可以有不同的缩减比例，即对于 X_i，缩减比例可为 θ_i。因此，经典 IDF 模型中的 $\theta(Y,X)$ 则变为：

$$\theta(Y,X) = \min\left\{\sum_{i=1}^{m}\frac{\theta_i}{m} \mid (\theta_1 X_1, \theta_2 X_2, \cdots, \theta_m X_m) \in I(Y), \theta_i \in (0,1]\right\}$$
(2-18)

对于任意 DMU_0，由于投入要素 X_i 的缩减比例 $\theta_i = \dfrac{X_{i0} - s_i^-}{X_{i0}} = 1 - \dfrac{s_i^-}{X_{i0}}$，因此，在 CRS 的情况下，罗素投入测量 SBM 模型为：

$$R_0^I = \min\left(1 - \frac{1}{m}\sum_{i=1}^{m}\frac{s_i^-}{X_{i0}}\right)$$

$$\begin{cases}\sum_{j=1}^{n}\lambda_j X_{ij} = X_{i0} - s_i^-, i = 1,2,\cdots,m, \\ \sum_{j=1}^{n}\lambda_j Y_{rj} \geq Y_{r0}, r = 1,2,\cdots,s, \\ \lambda_j \geq 0, j = 1,2,\cdots,n; s_i^- \geq 0, i = 1,2,\cdots,m.\end{cases}$$
(2-19)

(b) 罗素产出测量 SBM 模型。

Färe 等[29]认为，罗素测量模型也可以从产出的角度进行分析，即允许不同的产出具有不同的产出增加比例 ρ_r, $r = 1,2,\cdots,s$，根据 $\rho_r = \dfrac{Y_{r0} + s_r^+}{Y_{r0}} = 1 + \dfrac{s_r^+}{Y_{r0}}$，在 CRS 条件下，罗素产出测量 SBM 模型为：

$$R_0^O = \max\left(1 + \frac{1}{s}\sum_{r=1}^{s}\frac{s_r^+}{Y_{r0}}\right)$$

$$\begin{cases} \sum_{j=1}^{n}\lambda_j X_{ij} \leq X_{i0}, i = 1,2,\cdots,m, \\ \sum_{j=1}^{n}\lambda_j Y_{rj} = Y_{r0} + s_r^+, r = 1,2,\cdots,s, \\ \lambda_j \geq 0, j = 1,2,\cdots,n; s_r^+ \geq 0, r = 1,2,\cdots,s. \end{cases} \quad (2-20)$$

（c）罗素投入产出平均测量 SBM 模型。

投入模型和产出模型分别从投入和产出的角度进行建模，Färe 等[30]将投入和产出结合，提出了罗素投入产出平均测量模型。根据 $\theta_i = \frac{X_{i0} - s_i^-}{X_{i0}}$，$\rho_r = \frac{Y_{r0} + s_r^+}{Y_{r0}}$，于是罗素投入产出平均测量 SBM 模型如模型（2-21）所示。其中，当 $s_i^- = 0$，$s_r^+ = 0$ 时，R_0^{I-O} 取得最大值 1，表明决策单元 DMU$_0$ 已实现生产效率最优化。

$$R_0^{I-O} = \min \frac{1}{m+s}\left(\sum_{i=1}^{m}\frac{X_{i0} - s_i^-}{X_{i0}} + \sum_{r=1}^{s}\frac{Y_{r0} + s_r^+}{Y_{r0}}\right)$$

$$\begin{cases} \sum_{j=1}^{n}\lambda_j X_{ij} = X_{i0} - s_i^-, i = 1,2,\cdots,m, \\ \sum_{j=1}^{n}\lambda_j Y_{rj} = Y_{r0} + s_r^+, r = 1,2,\cdots,s, \\ \lambda_j \geq 0, j = 1,2,\cdots,n; s_i^- \geq 0, i = 1,2,\cdots,m; s_r^+ \geq 0, r = 1,2,\cdots,s. \end{cases}$$

$$(2-21)$$

（C）罗素比率测量 SBM 模型。

罗素投入产出平均测量 SBM 模型在评价效率时对投入和产出两个方面进行了很好的兼顾，其目标是 m 个投入和 s 个产出要素的缩减比率和增加比率的平均值。还有一种兼顾投入缩减和产出增加比率的罗素模型，该方法的基本原理是 m 种投入要素的平均缩减比率与 s 种产出要素的平均增加比率之比，这种方法通常被称为罗素比率模型。我们将冗余变量和缩减或增加比率联系起来后，在 CRS 的情况下，即得到以下的罗素比率 SBM 模型：

$$R_0^{I/O} = \min \frac{1 - \frac{1}{m}\sum_{i=1}^{m}\frac{s_i^-}{X_{i0}}}{1 + \frac{1}{s}\sum_{r=1}^{s}\frac{s_r^+}{Y_{r0}}}$$

$$\begin{cases} \sum_{j=1}^{n}\lambda_j X_{ij} = X_{i0} - s_i^-, i = 1,2,\cdots,m, \\ \sum_{j=1}^{n}\lambda_j Y_{rj} = Y_{r0} + s_r^+, r = 1,2,\cdots,s, \\ \lambda_j \geq 0, j = 1,2,\cdots,n, \\ s_i^- \geq 0, i = 1,2,\cdots,m; s_r^+ \geq 0, r = 1,2,\cdots,s. \end{cases} \quad (2-22)$$

模型（2－22）被 Tone [26] 称为基于 SBM 的 DEA 测量模型，现已成为 SBM-DEA 模型最常用的形式之一。本研究中也将使用这种 SBM 模型形式。尽管模型（2－22）和模型（2－21）同为非线性模型，但可以参考 Charnes 等[31]的方法将其转化为线性模型，从而便于进一步求解计算效率结果。

总结来说，DEA 效率评价模型主要分为径向模型和非径向模型两类。其中，径向模型利用从原点引出的射线穿过被评估的 DMU 测量效率，具体又可分为投入导向和产出导向模型。以上列出的产出投入比模型和投入或产出距离函数模型均属于径向 DEA 模型。径向模型的优点是，从单个投入或者产出评价的效率是相同的。径向模型的缺点是，在评价效率时通常只考虑投入或者产出，并且从投入角度和产出角度评价得出的效率结果很可能出现不一致的情况。此外，该模型对那些弱有效的 DMU 在使用效率结果进行进一步比较分析时，仍然存在困难。非径向模型具体可分为等比例测度和非等比例测度。等比例测度要求对于所有的投入和产出要素具有相同的缩减比例和增加比例。DDF 模型是等比例非径向 DEA 模型，它的优点是在评价效率时综合考虑了投入和产出两个方面。等比例非径向模型的缺点仍是弱有效的 DMU 在使用效率分数进行进一步比较时存在困难。非等比例测度允许所有的投入和产出有不同的缩减和增加比例，以上列出的 SBM 测量模型为非等比例非径向 DEA 模型。非等比例非径向模型的优点是在评价效率时既考虑了投入方面又考虑了产出方面，而且为弱效率 DMU 提供了定义良好的效率分数，使得那些弱有效的 DMU 在进行进一步比较分析时变得更为容易。其缺点是当将所有投入和产出要素聚合起来形成整体测量时，通常需要一组有说服力的权重，然而这通常是比较缺乏的。另外，当标杆 DMU 的一个坐标与被评估的 DMU 的坐标相对较远时，其相应的松弛变量会变得非常大，这会导致出现不太合理的小效率得分值，进而可能使最终排名存在问题。

2.1.2 Meta-frontier 分析

传统的 DEA 方法主要是对一组同质的 DMU 进行相对效率评估。然而，近年来由于 DEA 方法的实证研究领域不断扩大，各 DMU 往往在所有权结构、地理区位、经济基础、资源禀赋和社会环境等方面存在着普遍的差异，这就使得被评估的 DMU 往往很难满足同质性的要求。Meta-frontier 分析理论的产生，为合理评估该类具有异质性 DMU 的相对效率值提供了方法和思路。Hayami（1969）[32] 和 Hayami 等（1971）[33] 率先提出了 Meta-frontier 分析的概念。它是一种专门用于处理 DMU 因异质性而被划分到不同组的方法，[34] 特别是在进行非参数效率评价时，Meta-frontier 被认为是处理技术异质性的主要工具。Meta-frontier 分析的基本原理是，强调不同 DMU 在生产技术上具有异质性，以此反映各 DMU 在区域、类型或规模等方面的固有属性。然后根据异质性来源的不同，我们可以将所有的 DMU 进行分组，每个组可以形成一个生产边界，即组前沿。通过包络不同组别的边界，我们可以得到一个新的生产边界，即元前沿。[35] Meta-frontier 分析技术将 DMU 划分为组，以便使同一组内 DMU 的生产技术相同，而各组间 DMU 的生产技术不同。元前沿是一个"整体性"的前沿，它包含了特定组的技术前沿，[34] 可通过计算技术差距比率来量化特定组前沿与元前沿之间的差距。

假设有 n 个待评估的 DMU，则构建基于 Meta-frontier 分析技术的生产可能性集的基本步骤如下。

（1）组前沿生产可能性集。

根据 Meta-frontier 分析理论的基本思想，将那些具有相同或相似生产技术水平的 DMU 划分为一个组，从而每个组就会构成一个组前沿面。若假设所有被评估的 DMU 根据划分标准可以被划分为 H 个组，即有 H 个组前沿面，那么任意一个组在 CRS 下的生产可能性集可以表示为：

$$T^h = \left\{ (x_1, x_2, \cdots, x_m; y_1, y_2, \cdots, y_s)_h \,\Big|\, \sum_{j=1}^{n^h} \lambda_j x_{ij} \leq x_i, \sum_{j=1}^{n^h} \lambda_j y_{rj} \geq y_r, \lambda_j \geq 0 \right\}$$
(2-23)

（2）元前沿生产可能性集。

由于所有被评估的 n 个 DMU 被划分为 H 个组别，对于任意一个 h 组所包含的 DMU 数量为 n^h，所以有 $\sum_{h=1}^{H} n^h = n$。元前沿面将所有的组前沿面包络起来，刻画的是所有被评估 DMU 的最佳生产组合。在 CRS 条件下，元前沿生产可能性集可以表示为：

$$T^m = \left\{ (x_1, x_2, \cdots, x_m; y_1, y_2, \cdots, y_s)_m \,\Big|\, \sum_{h=1}^{H}\sum_{j=1}^{n^h} \lambda_j x_{ij} \leq x_i, \sum_{h=1}^{H}\sum_{j=1}^{n^h} \lambda_j y_{rj} \geq y_r, \lambda_j \geq 0 \right\}$$
(2-24)

需要注意，若在组前沿生产可能性集和元前沿生产可能性集中分别增加式 $\sum_{j=1}^{n^h} \lambda_j = 1$ 和式 $\sum_{h=1}^{H}\sum_{j=1}^{n^h} \lambda_j = 1$，则表示考虑的是 VRS 的情况。另外，组前沿生产可能性集和元前沿生产可能性集还具有以下两个重要性质：[36]

（a）对于 $\forall h$ 组，若存在 $(x_{ij}, y_{rj}) \in T^g$，则必有 $(x_{ij}, y_{rj}) \in T^m$ 成立。

（b）元前沿生产可能性集和组前沿生产可能性集之间存在着包含和被包含的关系，组前沿生产可能性集是元前沿生产可能性集的子集，即存在 $T^m = \{T^1 \cup T^2 \cup \ldots T^g \cup \ldots \cup T^H\}$。

图 2-1 描述了组前沿面和元前沿面之间的关系。如图 2-1 所示，较长的曲线表示的是所有 DMU 形成的元前沿面，有 3 条较短的曲线分别为组前沿面 1、组前沿面 2 和组前沿面 3，存在一被评估的 DMU 为 M，按其分组应对应于组前沿面 2。M 点在组前沿面 2 上的投影为点 M1，而在元前沿面上的投影为点 M2。其中，线段 MM1 表示点 M 相对于组前沿面 2 的改进潜力，线段 MM2 表示点 M 相对于元前沿面的改进潜力。由于 MM2 大于 MM1 恒成立，因此，任意点 M 的组前沿效率值大于或等于元前沿效率值。

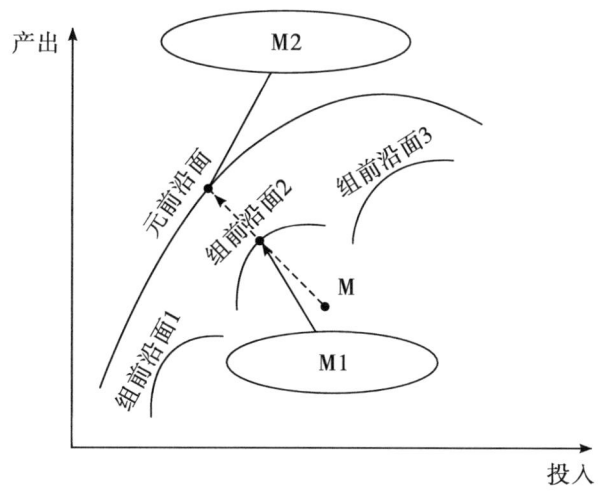

图 2 – 1　元前沿面和组前沿面关系

2.1.3　Malmquist 指数

（1）Malmquist 指数的原理。

Malmquist 指数评估的是 DMU 在两个时期之间全要素生产率（total factor productivity，TFP）的变化情况。TFP 通常指产出的变化不能归因于生产要素的那部分。[37]假定某 DMU 在时期 $t-1$ 和时期 t 的投入要素 X 保持不变，则其各时期产出和全要素生产率有如下关系：

$$Y_i = TFP_i \times f(X), i = t-1, t \qquad (2-25)$$

由于上式中通常 $f(X)$ 是未知的，故不能计算出 TFP。然而，我们可以刻画 TFP 的变化率，即 TFP 指数。其计算公式为：

$$TFP \text{ 指数}(t-1, t) = \frac{TFP_t}{TFP_{t-1}} = \frac{Y_t}{Y_{t-1}} \qquad (2-26)$$

Malmquist[38]的研究中最早提出了 TFP 指数的概念，因此，后来的学者们将该类指数命名为 Malmquist 全要素生产率指数（malmquist total factor productivity index，MI）。Färe 等[39]最先结合 DEA 方法来计算 MI，并且将 MI 进行了乘数分解：$MI = EC \times TC$，其中，EC 表示技术效率的变化（technical efficiency change），TC 则表示生产技术的变化（technological change）。利用 DEA 方法计算 MI 的原理为：

$$MI(t, t-1) = \frac{TFP(X_t, Y_t)}{TFP(X_{t-1}, Y_{t-1})} = \frac{TFP(X_t, Y_t)/TFP^*}{TFP(X_{t-1}, Y_{t-1})/TFP^*} \qquad (2-27)$$

TFP^* 表示 TFP 的标杆值（参考值）。由于 DEA 效率值的本质指的是被评估 DMU 的生产率与前沿生产率的比值，则借助这一原理可知，计算 $MI(t-1,t)$ 的本质是计算两个 DEA 效率的比值。对于 TFP^* 而言，由于存在两个不同的时期，因此可参考的前沿有两个，一个是 $t-1$ 时期的前沿生产率，另一个是 t 时期的前沿生产率。记参考 $t-1$ 和 t 时期前沿的 DEA 效率值分别为 θ_{t-1} 和 θ_t，那么以 $t-1$ 时期的生产前沿作为参考点，可以得到 $MI^{t-1}(t-1,t)$，具体公式为：

$$MI^{t-1}(t-1,t) = \frac{\theta_{t-1}(X_t,Y_t)}{\theta_{t-1}(X_{t-1},Y_{t-1})} \qquad (2-28)$$

同理，若以 t 时期的生产前沿作为参考点，可以计算出 $MI^t(t-1,t)$，具体公式为：

$$MI^t(t-1,t) = \frac{\theta_t(X_t,Y_t)}{\theta_t(X_{t-1},Y_{t-1})} \qquad (2-29)$$

Färe 等[39]参考 Caves 等[40]对 MI 的计算方法，利用上述 $MI^{t-1}(t-1,t)$ 和 $MI^t(t-1,t)$ 的几何平均值来表征被评估 DMU 的 MI 值，即：

$$\begin{aligned}MI(t-1,t) &= \sqrt{MI^{t-1}(t-1,t) \times MI^t(t-1,t)} \\ &= \sqrt{\frac{\theta_{t-1}(X_t,Y_t)}{\theta_{t-1}(X_{t-1},Y_{t-1})} \times \frac{\theta_t(X_t,Y_t)}{\theta_t(X_{t-1},Y_{t-1})}}\end{aligned} \qquad (2-30)$$

其中，$\theta_t(X_t,Y_t)$ 和 $\theta_{t-1}(X_{t-1},Y_{t-1})$ 表示被评价 DMU 在 t 时期和 $t-1$ 时期的技术效率值。$\theta_t(X_t,Y_t)$ 与 $\theta_{t-1}(X_{t-1},Y_{t-1})$ 的比值表示的是 $t-1$ 到 t 时期的技术效率变化（EC），即：

$$EC(t-1,t) = \frac{\theta_t(X_t,Y_t)}{\theta_{t-1}(X_{t-1},Y_{t-1})} \qquad (2-31)$$

根据 Färe 等[39]的研究，MI 可以进行如下的分解：

$$\begin{aligned}MI(t-1,t) &= \sqrt{\frac{\theta_{t-1}(X_t,Y_t)}{\theta_{t-1}(X_{t-1},Y_{t-1})} \times \frac{\theta_t(X_t,Y_t)}{\theta_t(X_{t-1},Y_{t-1})}} \\ &= \frac{\theta_t(X_t,Y_t)}{\theta_{t-1}(X_{t-1},Y_{t-1})} \times \sqrt{\frac{\theta_{t-1}(X_{t-1},Y_{t-1})}{\theta_t(X_{t-1},Y_{t-1})} \times \frac{\theta_{t-1}(X_t,Y_t)}{\theta_t(X_t,Y_t)}} \\ &= EC(t-1,t) \times TC(t-1,t)\end{aligned} \qquad (2-32)$$

上式中，TC 表示技术变化，且 $TC(t-1,t) = \sqrt{\frac{\theta_{t-1}(X_{t-1},Y_{t-1})}{\theta_t(X_{t-1},Y_{t-1})} \times \frac{\theta_{t-1}(X_t,Y_t)}{\theta_t(X_t,Y_t)}}$。MI 大于 1 表示全要素生产率提高，反之则表示全要素生产率降低。EC 和

TC 可做类似的解释。关于更多 MI 的经典分解方法可以参考 Fare 等[41]、Ray 等[42]和 Zofio [43]的相关研究。

不同时期的 MI 可通过参考不同时期的前沿进行计算，这类 MI 主要可分为相邻前沿参考和序列前沿参考等，其中，相邻前沿参考的 MI 计算方法最为常用，上文介绍的便是该类 MI 的计算公式。若采用所有时期参考同一前沿来计算 MI 的算法，则又可以将这类 MI 分为固定前沿参考和全局前沿参考等。固定前沿参考的 MI 计算模型由 Berg 等[44]提出，其原理是固定某一时期的前沿，以此作为各期 MI 值计算的参考前沿。全局前沿参考的 MI 计算模型是 Pastor 等[45]提出的一种 MI 计算方法，其原理是以所有时期共同构建的前沿作为参考对象来计算各期的 MI。通过参考全局前沿面来计算的 MI 也被称为 GMI（global Malmquist index，全局 Malmquist 指数），它和经典的相邻前沿参考计算的 MI 主要区别在于参考的前沿面不同，即 $\theta_g(X^t,Y^t)$ 表示参考全局前沿得出的效率值，其他 DEA 效率值也类似，同样也可以将 GMI 分解为 EC 和 TC。EC 的计算与式（2 – 31）相同，通过 EMI/EC 即可得出 TC 的值。

$$GMI(t-1,t) = \frac{\theta_g(X^t,Y^t)}{\theta_g(X^{t-1},Y^{t-1})} \qquad (2-33)$$

（2）Malmquist-Luenberger 指数。

MI 是通过比值法进行计算的，Chambers 等[46]探讨了 Shephard 的投入距离函数（input distance function）和 Luenberger 的收益函数（benefit function）之间的关系。受到该启发，Chung 等[36]将包含不良产出的 DDF 结合到 MI 模型中，提出了一个 Malmquist-Luenberger 指数（ML 指数）。ML 指数是 Malmquist 指数的一种，而且只要 Malmquist 模型中包含不良产出，则其计算得出的 MI 均为 ML 指数。由于 ML 指数的计算公式与经典的 MI 计算公式相比，只是引入了不良产出要素以及在 DEA 效率值的计算模型（DDF）方面存在一些差别，而关于利用 DDF 计算相对效率值的有关内容已在上文进行介绍，因此，这里不再过多地介绍 ML 指数的有关公式，若有需要，则可参考 Chung 等[36]的研究。

2.2 工业生态效率研究综述

利用 DEA 方法对工业系统生态效率进行的有关研究主要可分为这三

种：①传统的仅考虑单一阶段特征的工业生态效率评价研究；②考虑工业生产系统两阶段网络结构特征的生态效率评价研究；③在考虑工业系统网络结构属性的基础上，进一步将 DMU 之间的异质性情况与工业生态效率评价模型的构建协同考虑。因此，本节将分别针对以上三个方面来进行具体的文献回顾。

2.2.1 单一阶段 DEA 的有关研究

将工业生产系统视为从投入到产出过程的"黑盒"结构，不考虑系统内部结构，然后利用 DEA 的方法来分析系统的生态效率等有关问题的建模思路，便是利用单一阶段 DEA 方法研究工业生态效率的问题。关于这方面的研究，我们可以总结为以下三个主要方面：①基于 SBM-DEA 的方法评价系统的生态效率，然后采用 Tobit 回归模型来分析考察影响生态效率的有关因素。②利用三阶段 DEA 的方法对生态效率进行评价分析，虽然从字面意义上来看，像是三阶段的网络模型，然而实质上这类研究是将研究问题的过程分为三个阶段。第一阶段利用经典的或改进的 DEA 模型得出生态效率的分数。第二阶段使用 SFA 剔除外部环境因素和统计噪声的影响。第三阶段利用调整后的投入或产出再次使用同样的 DEA 模型进行生态效率结果计算。③DEA 的有关超效率模型进行生态效率的评价分析，超效率 DEA 模型对于全排序生态效率分数结果排名来说具有一定优势，被较多的应用研究人员所青睐。因此，下文将主要围绕这三个方面对使用单一阶段 DEA 方法评价工业生态效率的有关文献进行回顾。

（1）基于 SBM-DEA 的有关研究。

赵艳敏、董会忠[47]利用包含不良产出的 SBM-DEA 模型和空间分析方法研究了我国 2007—2018 年 30 个省级行政区工业能源生态效率的时空特征和影响因素。研究发现，我国工业能源生态效率呈现出"两极分化"的趋势。类似地，赵旭等[48]也采用了具有不良产出的 SBM-DEA 模型考察了 2007—2018 年的工业生态效率，不同的是，他们研究的对象是我国长江经济带沿线核心城市区域。该研究认为，我国长江沿线核心城市区域的工业生态效率呈现出由西向东、由上而下逐层递减的阶梯分布特征，并且具有显著的空间相关性。毛学锋[49]则从资源投入、经济产出和环境污染三个方面出发，利用 SBM-DEA 模型评价了云南省 16 个市州 2006—2019 年的工业生态效率水平，使用 Malmquist 指数模型分析了工业全要素生态效率的变化趋势，并采用面板 Tobit 模型对工业生态效率的影响因素进行了探讨。李根等[50]构建了一个 SBM 模型，测算了 2000—2016 年间我国 30 个省级行政区的制造业能源生态效率。与此前的较多研究一样，他们也使用了 Tobit 模型来分析能源生态效率的影响因素显著性情况。测算的结果表明，在样本期间，我国制造业的能源生态效率还处于中低等程度的水平，各个省级行政区之间制造业能源生态效率存在显著的差异。

Zhu 等[51]以淮河经济带安徽段为研究对象，综合运用包含不良产出的 SBM 模型和 DEA-Malmquist 模型测算了 2009—2018 年淮河经济带安徽段的工业生态效率。研究认为，在样本期间，淮河经济带安徽段的工业生态效率水平总体上还比较低，而且各城市之间存在显著差异，在空间上则呈现自北向南递增的特点。Wang 等[52]基于不良产出的 SBM 模型对 2006—2016 年福建省 9 个城市的工业生态效率进行了评价，然后运用 Tobit 回归模型讨论了城市工业生态效率的影响因素。最终发现，福建省的经济发展水平、对外开放程度、研发创新投入等因素正向显著影响工业生态效率，工业结构负向显著影响工业生态效率，而环境规制则对福建省城市工业生态效率的影响不显著。Gai 等[53]采用基于 SBM-DEA 的模型，结合大样本数据对 2001—2011 年中国纺织业的企业生态效率进行了评价，同样使用 Tobit 回归模型分析了影响生态效率的有关因素。研究认为，我国各区域的纺织业生态效率随时间呈现上升的趋势，大型企业的年均生态效率要高于中小型企业。Guo 等[54]采用带有不良产出的 SBM 模型对 2001—2015 年我国西部区域的工业环境效率进行了评价，并运用 Malmquist 指数分析了区域全要素工业环境效率的变化。结果发现，2001—2015 年我国西部区域工业环境效率还较低，重庆市是唯一一个经济环境协调性较强的地区。Liu 等[55]基于能值理论和 DEA 方法，利用含有不良产出的 SBM 模型对 2006—2015 年山西省循环经济系统的生态效率进行了评价。评价认为，山西省循环经济系统的生态效率除了 2011 年和 2012 年以外均无效，2013 年开始呈下降趋势，且生态效率水平与经济效率得分正相关。Hu 等[56]采用 SBM-DEA 模型，评价了 126 个国家级的工业园区 281 个污水处理厂的生态效率，他们的模型包含 5 个投入变量和 4 个产出变量。Guo 等[57]应用 SBM-DEA 模型，评价了我国主要生态工业园区 44 个燃煤热电联产电厂的生态效率。结果发现，各热电联产电厂的生态效率有很大差异，年发电工作时间是影响生态效率的最重要因素。Gao 等[58]采用 SBM-DEA 模型，包括 3 个投入指标和 6

个产出指标,以此评价了华中地区 18 个工业园区的生态效率。结果表明,中部地区各产业园区的生态效率水平参差不齐,效率得分在 0.06～1 之间,且合理的能源结构和产业结构以及较高的产业附加值有助于提高工业园区的生态效率。在 SBM-DEA 模型的基础上,Li 等[59]使用 SBM-DDF 模型对我国省级行政区工业系统生态效率问题进行了探讨。他们使用赤池信息准则(AIC)处理了当存在大量可替代变量时,如何选择合适的变量分析对生态效率评价结果的影响问题。Matsumoto 等[60]首先采用 SBM-DEA 对 2005—2015 年我国 30 个省级行政区的工业生态效率进行了评估,随后采用包含随机效应的 Tobit 模型分析确定影响生态效率得分的决定性因素。结果发现,我国地区工业生态效率整体呈现出提高的态势,然而各个省级行政区之间存在较大差异。东部地区省级行政区的工业生态效率得分普遍较高,而技术不够先进、环境政策基础薄弱、经济欠发达的西部地区省级行政区工业生态效率则普遍较低。Yang 等[61]利用 1985 年、1995 年、2005 年和 2008 年我国 30 个省级行政区的数据,探讨了中国工业生态效率的时空格局变化。与上述较多研究有所不同,他们结合了 SBM-DEA 模型与探索性空间数据分析(exploratory spatial data analysis,ESDA)的方法。结果发现,我国省级行政区工业生态效率极化趋势明显,高水平空间单元集中在东部地区,而低水平空间单元主要集中在西部地区和中部地区。该研究结果与本书的研究发现具有较大的相似性。

基于 SBM-DEA 对工业生态效率进行的有关研究不考虑评价对象的内部结构属性,主要从地区、区域或具体行业等方面来考虑工业生态效率评价的有关问题。得到效率评价结果后,大多数学者都采用 Tobit 统计分析模型来考察影响工业生态效率得分的有关因素的显著性。

(2)基于三阶段 DEA 的有关研究。

三阶段 DEA 方法首次由 Fried 等[62]提出,他们将参数 SFA 方法与非参数 DEA 方法相结合。姚凤阁、张蒙[63]利用三阶段 DEA 模型实证评价了我国石油加工业的生态效率。该研究发现,在研究期间,我国石油加工业的生态效率水平仍较低,提升空间还很大。赵爽、刘红[64]利用三阶段 DEA 模型对我国 30 个省级行政区 2014 年的工业企业生态效率进行了评价分析,结果发现我国工业企业生态效率中的纯技术效率水平比较高,而规模效率水平则欠佳。类似地,高文[65]同样使用三阶段 DEA 模型研究了 2008—2011 年间我国 31 个省级行政区的工业生态效率情况。研究发现,我国省级行政区工业企业的总体生态效率还处于较低水平，在研究期间没有明显的提升趋势。张会恒、刘士栋[66]则利用三阶段 DEA 模型研究了我国各工业行业在 2015 年的生态效率水平及影响因素。

Zhang 等[67]在综合考虑经济、能源资源和环境因素后，采用三阶段 DEA 建模方法对 2005—2013 年我国 30 个省级行政区的工业生态效率进行测度。与 Wang 等[52]的研究结论有所不同，Zhang 等[67]的研究认为，环境规制对我国地区工业生态效率有显著的影响，规模效率是引起区域整体工业生态效率变化的主要原因。已有的研究较多考虑将环境规制作为影响工业生态效率的因素，而 Feng 等[68]的研究则另辟蹊径，通过收集 2011—2015 年（"十二五"期间）我国 30 个地区的面板数据，利用三阶段 DEA 方法测算了我国工业环境规制效率。Li 等[69]以四阶段 SBM-DEA 为方法工具，对我国 65 家钢铁企业在 2005—2014 年间的全要素废气处理效率进行了研究分析，但其实质仍是传统的三阶段 DEA 方法的运用。与以往这类研究有所不同的是，他们将全要素废气处理效率分解为全要素废气管理效率和全要素废气环境效率，由此更加深入地研究了钢铁企业的全要素废气处理效率，提供了准确评价效率和效率改进的思路。Zhou 等[70]收集了我国 31 个工业部门在 2001—2015 年间的面板数据，应用传统的"BCC-SFA-BCC"模型，即一般的三阶段 DEA 模型，实证研究了存在异质性情况下的工业生态效率及其影响因素。研究表明，我国工业的生态效率水平总体上表现还欠佳，在研究期间呈现先下降后上升的趋势，较低的规模效率是造成生态效率低的最主要原因。鉴于我国工业系统整体绿色效率严重依赖基础能源工业部门，但基础工业部门绿色效率较低的现实情况，Zhang 等[71]采用三阶段 DEA 模型测算了 2010—2015 年 30 个省级行政区基础工业行业的绿色效率。

基于三阶段 DEA 的有关工业生态效率评价研究的基本路径也是从地区、区域或行业的工业入手，只不过该类生态效率评价的过程主要分为三步：第一步是利用传统的或改进的 DEA 模型测算工业生态效率；第二步是利用 SFA 方法剔除外部环境因素和随机噪声的影响，然后实现对投入或产出量的再调整；第三步则是利用经调整过的指标数据集，并再次利用原来的 DEA 模型对生态效率结果进行测算评价。如此才有了三个步骤，故将该类研究范式称为三阶段 DEA，其实质也是传统的"黑盒"模型。

(3) 超效率 DEA 的有关研究。

张晶[72]利用超效率 DEA 方法对徐州的工业生态效率进行了评价，该研究一方面对 1995—2008 年间徐州工业生态效率进行了纵向变化趋势的分析，另一方面还与江苏省内其他地区进行了横向的分析比较。戴志敏等[73]考虑了华东地区有关省市 2003—2013 年的工业生态效率，主要应用了超效率 DEA 模型进行生态效率测算，然后使用 Malmquist 指数进行全要素生态效率的动态分析，最后还使用了 Tobit 模型来识别影响生态效率的有关因素。郭露、徐诗倩[74]则以中部 6 省的工业为研究对象，对这些省份的工业生态效率做了与戴志敏等[73]类似的研究。王艳秋、徐晓庆[75]以大庆市石油化工业为研究对象，应用超效率 DEA 模型对其进行了生态效率评价，该研究最终进一步强调了工业不良产出的处理能力是影响工业生态效率评价的主要原因之一。因此，自 DEA 方法被引入工业领域生态效率评价以来，这类研究中一个很重要的工作通常是要确定选择哪些最能反映工业投入产出过程中影响绿色绩效的那些不良产出指标，只有在研究中纳入了这类不良产出指标，才能较为准确地评价工业生态效率水平。董会忠等[76]采用具有不良产出的超效率 SBM 模型，研究了 2010—2019 年间我国 30 个省级行政区工业生态效率情况。他们最后研究发现，东部、中部、西部区域相比较，东部区域工业生态效率水平是最高的，其次是中部区域，而西部区域的工业生态效率水平则相对欠佳；而且，工业生态效率在整体上表现为由东南向西北递减的变化规律。孔阳、潭江涛[77]基于超效率 DEA-Malmquist 模型研究我国西部地区的工业生态效率。研究认为，西部地区的工业发展，已不能指望生产要素作为主要的驱动力，通过优化工业产业结构和外商投资规模可以有效促进工业生态效率水平的提高，而研发投入则负向影响工业生态效率。张欣[78]则将研究对象确定为粤港澳大湾区 9 市，同样应用超效率 DEA-Malmquist 模型对其工业生态效率做了类似的研究。

Dai 等[79]以 2003—2013 年华东 6 省 1 市的工业生态效率评价为例，构建了生态效率评价指标体系，然后利用超效率 DEA 模型测算了各地区样本期间的工业生态效率，并应用 Malmquist 指数研究了全要素生态效率的动态变化，最后还通过 Tobit 回归模型分析了生态效率的影响因素。Wu 等[80]评价分析了我国 58 家燃煤电厂的生态效率，通过主成分分析法来对数据变量进行预处理，然后使用超效率 DEA 模型实证评价电厂的生态效率，接着使用 Kruskal-Wallis 秩和检验以确定宏观环境因素，最后利用 Tobit 回归模型识别影响生态效率的直接外部因素。Wang 等[81]采用改进的超效率 SBM-DEA 模型，对 2006—2015 年我国 30 个省级行政区的全要素工业生态效率进行了评价。他们选用的投入指标包括资本、劳动力、能源和水资源。研究结果表明，工业全要素工业生态效率呈现从沿海到内陆依次递减的趋势。Wang 等[4]结合了混合 DEA 与超效率 DEA，提出了一种混合超效率 DEA 模型，并引入了 Malmquist 指数。基于 2006—2015 年的实证数据集，模型计算结果显示，我国 22 个工业部门的生态效率在研究期间持续上升，但持续增长的动力仍然不足。Chen 等[82]结合能值综合和考虑不良产出的超效率 SBM-DEA 模型，对龙口矿区 2008—2020 年间循环经济产业链的生态效率进行了评价。研究发现，产业链生态效率表现出上升的变化趋势。Li 等[83]采用超效率 SBM-DEA 模型对东北 34 个地级市在 2004—2019 年的工业生态效率进行测度。研究发现，东北地区工业生态效率总体上呈现下降趋势。Song 等[84]利用超效率 DEA 模型，评价了 2008—2017 年间黄河流域沿线城市的工业生态效率水平。结果发现，黄河流域沿线城市的工业生态效率呈现"S"形的细长变化趋势，下游城市工业生态效率普遍要高于中上游城市，且黄河流域城市之间的工业生态效率总体上呈现出空间上的显著相关性，工业生态效率的影响因素在空间上具有异质性。Yu 等[85]则利用超效率 DEA 模型和 σ 收敛模型分析了 2007—2017 年我国沿海省级行政区工业生态效率的动态趋势和收敛性特征。结果发现，研究期间我国沿海省级行政区工业生态效率有显著的提高趋势，工业生态效率不存在收敛性的趋势，即工业生态效率的结果是不太稳定的。与以往的研究结论不同，他们在对工业生态效率空间相关性进行研究后发现，我国沿海省级行政区的工业生态效率不存在相关性，即分布状态是离散的。Liu 等[86]提出了 2009—2018 年长江经济带工业生态效率的超效率 DEA 测度方法，并利用空间计量模型研究了工业生态效率的影响因素。研究发现，工业生态效率最高的是长江经济带的东部地区，且经济发展、科技创新和人力资源与工业生态效率之间呈现出显著的正相关关系，而产业集聚则反之。超效率 DEA 的工业生态效率研究将注意力集中在最终效率结果的完全排名上，而超效率 DEA 模型或基于超效率 DEA 的改进模型的一大优点就是，改变了传统 DEA 模型效率评价结果中因出现多个效率值为 1 的 DMU 而使最终的效率结果无法进一步完全排名的情况。

除了利用以上三类主要的 DEA 方法进行工业生态效率的研究外，还有一些研究人员应用DEA交叉效率模型来进行该领域的研究,如翟丹妮、于尧[1]使用博弈交叉效率模型研究了2014—2018年间我国的工业生态效率水平。最终的结果表明,我国工业生态效率总体上还处于比较低的水平,而且东部、中部和西部地区之间存在显著差异,发展并不平衡,尤其是东部地区的工业生态效率水平显著高于中西部地区。吴静[87]建立了一个环境DEA交叉模型,以此对我国30个省级行政区2005—2016年间的工业生态效率进行实证研究。研究发现,相邻行政区对本行政区工业生态效率误差的影响程度,高于本行政区受到其他相邻行政区工业生态效率空间上溢出的影响程度,而且各区域的工业生态效率在空间上表现出显著的异质性。更多的内容还可以参考Geng等[88]、Liu等[89]和Meng等[90]的研究。也有学者使用DDF-DEA来做这方面的研究,如Gémar等[91]、Li等[92]、Oggioni等[93]和Ramli等[94]。另外,将生命周期评估(life cycle assessment, LCA)和DEA结合进行生态效率评估的研究也被一些学者所采纳,如Egilmez等[95]、Rebolledo-Leiva等[96]和Vasquez-Ibarra等[97]。

2.2.2 NDEA的有关研究

一般地,我们按照被研究系统的网络型结构特征,可以将网络系统进行具体分类,常见的网络系统主要有两阶段系统、串联系统、并联系统和串并联混合系统等。在这些网络系统中利用DEA的方法技术进行有关的效率评价时,所用到的具体方法便是NDEA。DEA方法在两阶段系统中的具体应用便是两阶段DEA。下文将围绕利用NDEA方法评价工业系统生态效率的有关文献进行简要回顾。

任胜钢等[98]对长江经济带有关省市的工业生态效率进行了研究,他们将工业系统划分为经济、环境和能源等三个子系统,然后使用NDEA方法进行工业生态效率的评价。程序[99]利用超效率NEBM方法对长三角城市群的工业生态效率进行了评价。张丹丹[100]针对我国省级行政区之间煤炭工业的生态效率进行了评价研究,采用的方法是含有不良产出的两阶段超效率NEBM。研究结果表明,我国省级行政区之间煤炭工业的综合生态效率在研究期间虽有提高趋势,但仍然效率不高。黄阳等[101]将两阶段DEA方法和DEA交叉效率方法结合,提出了两阶段DEA交叉效率模型,然后利用我国省级行政区工业系统的有关数据集,对我国29个省级行政区的工业生态效率进行了实证研究。

Wu 等[102]将工业生产系统视为一个两阶段的过程。其中，第一阶段为生产阶段，第二阶段为污染物处理阶段。第一阶段产生的工业污染物（如工业废水、废气和固体废物等），在第二阶段作为投入要素被再次使用，即不良产出在系统中作为中间产出。在此两阶段网络过程假设下，他们以我国内地 30 个省级行政区工业循环经济系统为实际案例，提出了一个可加性的两阶段 NDEA 模型来评价工业两阶段运行过程的效率表现。然而，他们所提出的效率评价模型对于更多（两个以上）阶段的工业系统还不具有普遍适用性。在这之后，Wu 等（2016）[103]在 Wu 等（2015）[102]的基础上，考虑到两个阶段之间存在共享投入要素，而且在第二阶段存在反馈资源到第一阶段使用的情况，根据这样一种网络结构特征，提出了一个可加性的非合作两阶段 DEA 模型，以 2010 年我国内地 30 个省级行政区的工业生产过程为实例进行了实证分析。他们给出的模型，为每个 DMU 分配了不同的权重。类似地，Chu 等[104]在研究我国省级行政区生态效率时，将被评估系统划分为包含生产系统和污染控制系统的两个子系统过程，并通过建立两阶段 DEA 模型和公平效率分解模型及算法，来评价区域生态效率及各阶段效率，其研究结果与已有的较多研究具有一致性，即我国东部地区的平均生态效率要普遍高于中西部地区。另外，Wang 等[105]也根据生产阶段和污染物治理阶段的两阶段工业系统框架，利用 DNDEA 方法，对我国两阶段工业生产过程在 2010—2015 年的生态效率进行了评价。该研究确认了不考虑动态特征，将会导致工业两阶段生态效率的低估。Bi 等[106]将燃煤电厂的生产过程划分为发电阶段和污染物治理阶段。根据这一网络结构，他们建立了一个两阶段 NDEA 模型，并用来对我国 28 个地区的 26 个燃煤发电部门的能源环境效率进行了评价分析。结果发现，在研究期内，我国燃煤电厂的效率表现较差，而且发电效率低下的主要原因是污染物治理阶段的无效率。Alizadeh 等[107]以伊朗地区电力公司为研究对象，发现该电力公司的运行过程包含发电阶段、输电阶段和配电阶段等三个串联的三阶段结构。根据该电力公司的复杂网络结构，他们提出了一个 DNDEA 模型，并借此对该电力公司的运营绩效表现进行了评价。Ding 等[108]利用合作博弈 NDEA 方法对我国长三角地区工业循环经济绩效进行了测度，认为该工业循环经济系统是一个一般化的两阶段网络型结构。此外，他们提出了一种扩展 Malmquist 指数方法来识别效率绩效随时间的动态变化。然而，他们收集到的研究数据较为陈旧，仅追溯到 2012 年，这使得评价结果的可信度不高。而且,由于效率绩效受时间波动影响,该研究未能利用 β 收敛性来研究效率的稳定情况。He 等[109]提出了一个混合两阶段的 DDEA 模型对我国省级行政区工业系统的生态效率进行了实证研究。他们的混合两阶段过程包括生产阶段和污染物治理阶段。然而,实质上该网络结构是一个包含串并联混合的网络系统。针对我国省级行政区工业运行效率或生态效率评价的有关问题,他们还做了一些研究,具体可以参考 He 等(2022)[110]、He 等(2023)[14]。这些研究都是假定工业系统是一个混合系统,包含了生产阶段、废水治理阶段、废气治理阶段和固体废物治理阶段。将工业网络型运行过程做类似划分的研究还有 Xu 等[111],只是他们的研究将工业系统划分为能源消耗、废水治理和废气治理等三个阶段,不过其基本原理和研究逻辑是相通的。与 Xu 等[111]的研究相似,但又有所不同的还有 Shao 等[6]的研究,他们利用基于 DDF 的 NDEA 模型对 2007—2015 年我国工业部门的生态效率进行评价。该方法包含一个两阶段结构,并且将工业过程分为三个相互关联的子过程,即生产过程、废水过程和废气处理过程。研究表明,我国工业生态效率和各子过程效率均有较大幅度的提升。另外,也有学者(如 Wang 等[9])将工业运行过程划分为生产阶段、废水治理阶段、固体废物治理阶段和废气治理阶段,并利用基于两阶段网络的超效率 DEA 方法评价了 2004—2015 年我国工业系统各子阶段(即生产阶段和三个污染物处理阶段)的整体效率和生态效率。还有,Zhang 等[112]也基于此种工业系统网络划分标准,提出了一个动态串并联循环 DEA 模型,即动态混合 DEA 模型,然后将模型应用到我国 30 个省级行政区工业运行系统的回收效率评价研究中。他们对工业运行过程的划分与本书部分章节对工业系统阶段划分的处理是相同的。这样做的目的是尽可能考虑到最真实的工业污染治理过程(即不同工业污染物治理过程可能存在着某些差异),为效率或绩效改进提供参考方向。Li 等[113]的研究认为,火电行业是一个包含能源生产和能源利用的两阶段过程,这两个阶段共享不良的固定和碳排放约束。为考察在此约束下,火电行业的能源生产利用效率,他们提出了一种基于广义平衡的有效前沿两阶段 DEA 方法,并对我国省级行政区火电行业的能源生产利用效率进行了案例分析。Li 等[114]将我国每个区域工业系统划分为生产过程和污染物处理过程,并首次将网络 SBM(network SBM,NSBM)模型与窗口 DEA(Windows-DEA)相结合,对我国省级行政区工业系统的动态环境效率进行了评价。结果表明,

63.3%和66.7%的我国省级行政区工业系统分别在生产过程和污染物处理过程中存在效率低下的情况,而且我国东部地区整体系统效率和两个子过程的效率得分均高于中西部地区。针对我国台湾地区半导体行业,Lin等[115]先是将层次分析法(analytic hierarchy process,AHP)和可加性NDEA进行结合,研究了我国台湾地区半导体行业成长阶段和能源利用阶段的可持续环境绩效表现情况。结果表明,我国台湾地区半导体制造业的可持续性整体表现为稳步上升的态势。后来,Lin等[116]又将杜邦分析和DNDEA方法进行结合,研究了我国台湾地区半导体行业的生态效率。他们通过经济发展效率和环境保护效率两个阶段过程来反映对生态效率的评价。Liu等[8]首先利用DNDEA模型对我国30个省级行政区工业部门的生态效率进行评价分析,然后使用面板Tobit回归模型研究产业政策对工业部门生态效率的影响。研究发现,我国这些省级行政区工业部门的生态效率水平存在较大的区域差异。其中,东部区域的生态效率最高,其次是西部和中部区域,而东北部区域的生态效率相对更低一些。在"一带一路"倡议的背景下,Meng等[117]将工业生态经济系统划分为制造和环境保护两个阶段,然后采用改进的GM(1,1)模型(一种灰色预测模型)和Topsis-DEA交叉效率模型对我国的一些省级行政区在2005—2020年的生态效率进行了评价。研究发现,工业生态经济系统和制造阶段的生态效率已达到较高水平,而环境保护阶段的生态效率则仍处于较低水平。Tang等[118]考虑了工业固体废物在两个相邻时期存在结转的情况,据此情景,他们提出了一个NSBM模型,以此测度了我国30个省级行政区发电业的整体效率和部门效率。但他们研究中的一个较大的局限性在于,未能考虑到工业固体废物处理量和结转量之间的权重分配。与以往的研究有所不同,Tang等[119]没有简单地将工业系统划分为生产阶段和污染物治理阶段,而是划分为"工业废气产生""二氧化硫治理、氮氧化物治理"和"烟尘治理"三个平行的子阶段。与以往研究的关注点相比,他们更多关注的是我国是否存在减少大气污染物产生和排放潜力的工业部门,因此,他们并未考虑其他工业污染物的治理(如工业废水治理和工业固体废物治理等)情况。Wang等[120]根据工业生产过程的两阶段网络结构,使用NSBM考察了我国工业部门的综合效率、工业生产效率和环境生产效率表现情况。研究认为,实现我国工业绿色转型的关键是提高环境生产效率。针对我国采矿业的情况,Zuo等[121]通过一个两阶段DEA模型测算了我国30个省级行政区的矿业技术创新效率、矿业生态效率和矿业综合效率。研究发现，矿业经济发展的程度越高，矿业综合效率也越高，而且西部地区的矿业技术创新效率、矿业生态效率均高于其他地区，其中两个阶段效率均大于1的省级行政区只有青海。

NDEA 的有关工业生态效率的研究已经关注到工业生产系统的网络型结构，在这一点上确实克服了已有的"黑盒"模型的局限。然而，绝大多数的研究仍然考虑的是传统的一般两阶段网络结构模型下的生态效率评价问题。事实上，工业污染物通常具有多种类型，每种类型可能具有不完全一致的运行过程，考虑到这种串并联混合式网络结构的 DEA 生态效率评价研究仍然不多，值得本研究去做进一步的分析。

2.2.3 Meta-frontier DEA 的有关研究

Meta-frontier 的概念是由 Hayami 等[33]提出的，他们认为，元生产函数可以被视为通常设想的新古典生产函数的包络线。近年来，Meta-frontier 的概念被广泛引入，以考虑区域异质性，其核心是决策单元可以被划分为独立的子组，决策单元的技术在组内是相同的，而在组间是异构的。[122-125] 由于我国各省级行政区工业系统区位因素和经济发展程度各不相同，本书对我国省级行政区工业系统的生态效率进行评价分析时，正好可以借助元前沿的概念，在考虑区域异质性和规模异质性的条件下，利用 DEA 方法的建模思路，建立 Meta-frontier NDEA 生态效率评价模型。下文将围绕本书的研究主题，对 Meta-frontier DEA 方法在工业领域生态效率评价的一些文献进行回顾总结。

对于电力行业的情况，徐斐[126]考虑到火电行业的区域技术差异性，建立了一个 Meta-frontier DEA 模型，并对我国火电行业的区域生态效率水平进行了评价比较。Munisamy 等[127]应用元前沿 Malmquist-Luenberger 方法评估了伊朗火电厂的生态效率和生产率变化。Long 等[128]采用基于元前沿定向松弛的方法，考察了我国长三角地区192家火电厂考虑异质性的环境效率。Wang 等[129]采用 Meta-frontier DEA 方法，对比研究了电力行业不同技术下的碳减排效率差距和管理水平。Sun 等[130]考虑我国电力供应链的绩效问题，应用 Meta-frontier 技术分析了我国省级行政区电力发电机组的可持续绩效和技术异质性。结果表明，我国电力市场发电企业的发展有赖于电力行业的市场化改革，但市场化改革对电力市场电网企业的发展影响有限。Eguchi 等[131]以我国燃煤火电厂发电效率为研究目标，采用 Meta-frontier DEA 分解框架调查了发电效率低下的根源。结果发现，大型发电厂的发电效率要比小型发电厂高 13%，我国东部和中部地区发电效率低下是由于运行效率过低，而西部地区效率低下则归因于技术差距。Nakaishi 等[132]采用 Meta-frontier DEA 分解框架，识别了我国 104 家燃煤电厂整体环境效率低下的根源。结果发现，环境效率低下主要是由发电公司内部的管理差距造成的。此外，Wang 等[133]采用含不良产出的超效率 Meta-frontier SBM-DEA 模型对我国水电火电发电效率进行了评价。结果发现，我国火力发电业平均元前沿效率水平总体表现为东部地区 > 中部地区 > 西部地区，且各地区效率水平均呈上升趋势。

汪克亮等[134]应用 Meta-frontier DEA 方法实证研究了我国 30 个省级行政区的工业生态效率，最终发现，研究期间我国省级行政区工业系统的生态效率平均得分仅为 0.236，且三大区域差异显著，东部区域显著高于中西部区域。陈平、罗艳[135]利用 Meta-frontier SBM-DEA 方法评价分析我国 30 个省级行政区的工业生态全要素能源效率，并分析了影响效率的有关因素。结果表明，我国中西部区域的元前沿生态全要素能源效率和元技术比率均低于东部区域，而且，产业结构、对外开放的程度、环境规制和研发投入等因素对工业生态全要素能源效率有显著的影响。Cheng 等[136]利用 DDF 构建了一个元前沿全要素碳排放效率指数，对我国 30 个省级行政区工业部门的元前沿全要素碳排放效率进行了评价和分析。结果发现，我国的元前沿工业全要素碳排放效率还处于较低水平；就区域比较而言，与许多研究结果类似，仍然表现为东部区域优于中西部区域。Feng 等[137]采用 Meta-frontier DEA 方法，从区域和省际两个角度出发，分析了我国金属工业产业绿色全要素生产率变化的来源及其低效率的根源。结果证实，在研究期间，我国金属行业的绿色全要素生产率仍比较低，且绿色全要素生产率的提高主要靠技术进步来驱动。Goyal 等[138]使用 Meta-frontier DEA 对印度纺织业的效率水平进行了分析，结果强调，印度纺织业效率低下，还有巨大的改进空间。Tian 等[139]运用 Meta-frontier DEA 方法对我国 30 个省级行政区轻工业部门的能源利用技术差距进行了研究。研究主要发现，促进新技术从东部向中部区域转移是可行的，节能基础设施建设和公共服务应优先在西部地区开展。Yu 等[140]基于 Meta-frontier DEA 技术对我国 30 个省级行政区的工业生态效率进行了评价研究，并应用动态空间计量模型检验了工业生态效率的空间收敛性。其结果依然是东部区域的平均工业生态效率高于中西部区域,同时,收敛性检验结果显示,所有制结构显著影响工业生态效率。Teng 等[141]采用 Meta-frontier DDF-DEA 对我国工业部门的节能减排绩效进行了评价,结果发现,通过增加工业污染排放处理费用来提高工业污染减排的效率是可行的。Chen 等[142]提出了一种三阶段全局 Meta-frontier SBM-DEA 方法,研究了安徽省 38 个工业子行业的全要素能源效率和碳排放效率。结果表明,安徽省工业部门全要素能源效率和碳排放效率均较低,而管理效率低下是安徽工业子行业总绩效损失的最主要根源。Ding 等[143]提出了一个交互式 Meta-frontier NDEA 方法,并应用于我国工业水和能源利用的效率评估。结果表明,东部和中部区域工业生产效率比较高,然而大部分地区的废水处理效率却相对较低。Haider 等[144]利用 Meta-frontier SBM-DEA 模型对印度钢铁工业生产中的能源效率进行评价分析。结果表明,北部地区的组前沿效率水平优于元前沿效率水平,南部和西部地区在元前沿下表现较好,而东部地区在两种前沿下的表现均较好。Xia 等[145]应用 Meta-frontier SBM-DEA 和 Tobit 模型对我国省级行政区采矿业的环境效率和影响因素进行了研究。结果表明,中西部区域的元前沿环境效率落后于东部区域,另外,技术差距比也有相同的结果。更多关于 Meta-frontier DEA 方法被应用于工业领域生态效率评价的问题还可以参考 Sun 等[146]、Yang 等[147]、Zhu 等[148]、Chen 等[149]、Li 等[150]和 Ouyang 等[18]的研究。

利用 Meta-frontier DEA 对工业生态效率进行评价的一些研究人员已经注意到,不同 DMU 之间的异质性是大量存在的,而既有的传统 DEA 模型对 DMU 同质性的假定往往得不到满足,会使最终的效率评价结果存在某些偏差。因此,在评价地区、区域或具体工业行业的生态效率时,非常有必要考虑到这种异质性对生态效率评价的影响。

2.3 已有研究述评

目前,国内外关于应用 DEA 的有关方法研究工业系统生态效率评价问题的成果还不太多,而且已有的研究呈现出以下四个特点:一是在研究对象方面,要么聚焦某一具体的工业行业(如钢铁业、发电业和轻工业等),

要么关注工业行业总体情况（如以整个工业系统整体为研究对象），要么对工业分行业进行讨论。二是在研究方法上主要集中在单一阶段的"黑箱"DEA 模型，或者是网络模型中的两阶段 DEA 方法。三是除了研究目的为评价工业生态效率外，还有不少的研究将注意力集中在与之相关的其他效率指标（如工业碳排放效率、工业能源效率、工业环境效率或全要素环境效率等）的评价上。实际上，这类研究的本质是相通的，因此，在上述的文献回顾中，我们也对一些这方面的文献进行了总结。四是在网络系统中应用 Meta-frontier DEA 方法的研究还比较少，更多的学者是在传统的"黑盒"结构框架下使用 Meta-frontier DEA 进行相关的效率评价研究。根据之前的文献回顾和对已有研究特点的总结，我们发现，目前该领域的研究还存在以下四方面的不足。

（1）截至目前，我们未发现有文献在异质性条件下探讨串并联混合多阶段工业网络系统的生态效率评价问题。尽管 Ding 等[143]和 Li 等[151]的研究涉及异质性效率评价问题，但他们是在一般的经典两阶段工业系统中进行考虑的，而且研究目标是我国工业水和能源利用的效率问题。混合式两阶段工业运行系统，不仅考虑了工业生产阶段和污染物处理阶段的基本两阶段属性，还对污染物处理阶段做了更细致的划分，使其被进一步划分为工业废水治理阶段、工业固体废物治理阶段和工业废气治理阶段，由此形成了一个串并联混合的多阶段网络结构。在这种特殊的工业网络结构下，合理有效地评价工业系统的生态效率，对于促进工业节能减排、转型升级，增强我国工业国际竞争力都具有重要的现实意义。

（2）与工业系统或工业行业生态效率评价相关的已有研究主要集中在应用传统的单一阶段 DEA 模型（即"黑盒"模型）或两阶段 NDEA 模型上，而考虑 DMU 异质性特点的 Meta-frontier DEA 模型的使用相对较少，既考虑到异质性又探讨了更为复杂的静态或动态混合式两阶段网络系统下的 Meta-frontier NDEA 模型的应用研究则更少。单一阶段 DEA 模型和两阶段 NDEA 模型对效率评价问题的建模仍缺乏对工业运行过程更为完整的把握，对效率提升提供的助力比较有限。

（3）目前应用 Tobit 模型分析影响效率有关因素的研究大多是在非异质性条件下展开的，而关于在异质性存在下的工业生态效率影响因素分析的研究，对于完善效率影响因素研究的范式，促进工业转型升级，优化工业资源配置和促进工业可持续健康发展都具有很重要的价值。

（4）现有的在 DEA 方法框架下使用 Malmquist 指数或 Malmquist-Luenberger 指数研究工业系统全要素效率变化的研究成果比较丰富，然而在异质性下构建 Meta-frontier Malmquist-Luenberger 指数分析工业系统全要素生态效率变化的研究还不多。目前也未发现有文献在混合网络系统中兼顾异质性和动态性特征下构建全局 Meta-frontier Malmquist-Luenberger（GMMLI）指数，并以此来分析工业全要素生态效率的变化情况。

2.4 本章小结

本章首先对本研究所涉及的有关研究方法或理论进行了简要介绍，包括 DEA 方法、Meta-frontier 分析和 Malmquist 指数等。其次，我们针对本书的研究对象和研究方法，对使用三类主要 DEA 模型研究工业生态效率评价问题的有关文献进行了回顾总结。最后，根据文献综述部分的内容，我们对已有的研究进行了述评，概括了这些研究所呈现的四个主要特点，并指出目前该领域的研究可能存在着四个方面的主要不足。

3 相关概念、评价指标与数据

3.1 相 关 概 念

(1) 生态效率。

可持续发展的理念催生出了生态效率的概念。生态效率最早由 Schaltegger 等[152]提出,之后由世界可持续发展商业理事会做出的正式定义是,以更少的环境影响创造更多的价值。[153]此外,还有其他一些国际组织也对生态效率做了不尽相同的定义,根据吕彬、杨建新[154]的研究可知:经济合作与发展组织认为,生态效率就是生态资源满足人类生产生活需求的效率;欧洲环境署认为,以最少的自然资源投入创造更多的社会福利就是生态效率;联合国贸易和发展会议对其定义是,在不减少股东价值的同时,能够减少对环境的破坏;等等。尽管目前学界或政界对于生态效率的定义可能不完全一致,但其本质是相通的,主要包括三个方向:一是尽量减少对自然生态资源的使用,二是最大限度生产产品或服务,三是尽可能减少对环境的不良影响。因此,本研究认为,生态效率是指在对环境造成的影响更小、资源消耗更少的情况下创造更多的商品或服务的能力,即它涉及环境、资源和经济的问题。[155,156]

工业生态效率是生态效率在工业产业领域具体应用的结果,主要刻画的是工业经济产出所带来的环境成本。工业生态效率的评价主要是评估某工业产业或某地区/区域的可持续发展能力水平。本研究对我国地区工业系统的生态效率水平进行测度,可以衡量我国各个地区在研究期间的可持续发展能力。工业生态效率的评价思路可以借鉴生态效率的比值方法,具体可以定义为:

$$工业生态效率 = \frac{工业物质经济产出}{资源环境影响程度} \tag{3-1}$$

在式（3-1）中，资源环境影响程度指的是工业生产过程中资源的消耗和工业污染物排放对生态环境的影响程度。工业生态效率强调的是工业物质经济产出的最大化和资源环境影响程度的最小化。评价不同对象层面的工业生态效率，式（3-1）中的具体变量应该以评价的对象和方式来确定。在以工业为考察对象的研究中，对工业生态效率的评价和对工业化水平的评价是存在差异的，不能一概而论。工业经济效益是工业化水平的主要评价原则，工业化水平是工业经济发展程度、工业经济结构优化程度、劳动力资源水平和信息技术融合发展程度的综合性指标。而工业生态效率根据字面意义，我们可以将其拆分为生态效率和工业效率，强调的是工业化发展和生态系统相互约束条件下的产出能力大小。

（2）经济效率、资源效率和环境效率。

经济生活的效率中存在很多变量，而数学中的效率评价是在一些变量固定的前提下进行的，是一种相对性的效率评价。根据本研究的目标和评价方法，我们需要注意的是，这里的经济效率、资源效率和环境效率的定义是一种相对效率的概念，因此它们也可被称为相对经济效率、相对资源效率和相对环境效率。

经济效率的定义是，各决策主体利用等量的投入资源，在造成相同环境影响的情况下，实现经济产出最大化的相对能力。经济效率越高，表明决策主体产出能力越强，反之则越弱。经济效率的概念不同于生态效率，某一生产系统的经济效率在高位运行时，要增加一种产出就必然要减少另一种产出，而生态效率的内涵实际上包含了物料的减少和经济的增长两个方面。较高的生态效率是经济和环境共赢的结果，提高生态效率是实现生产活动可持续增长的必由之路。

资源效率是指在经济产出和环境影响一定的情况下，决策主体最小化其资源投入要素的能力，衡量的是节能的潜力。具体到不同的资源要素，如人力资源、资本和能源资源，我们又可以借鉴该定义分别描述人力资源效率、资本使用效率、能源利用效率等。人力资源效率、资本使用效率、能源利用效率与资源效率之间的关系是需要进一步确定的，这常常根据研究对象或评价主体的不同而存在差异，但可以确定的是，资源效率是人力资源效率、资本使用效率和能源利用效率的综合性指标，在这个总体框架下可以实现对资源效率的定量评价。

环境效率则是指决策主体在给定的资源投入和经济产出的前提下对环

境造成不同影响程度的相对效率。工业生产的过程中，存在着诸多会对生态环境造成不良影响的工业污染物，如工业固体废物、废水和废气等。环境效率在本书中亦可解释为环境治理效率，我们考虑不同工业污染物的环境治理过程，可将其进一步分解为固体废物治理效率、废水治理效率、废气治理效率。固体废物治理效率、废水治理效率、废气治理效率与环境效率之间的关系虽然并不明确，但它们之间存在关系却是确定的，这并不影响我们对工业系统生态效率的评价研究。而且，与资源效率类似，环境效率也是固体废物治理效率、废水治理效率和废气治理效率的总称，本研究在考虑环境效率时，可以利用这种包含与被包含的关系定量来分析环境效率。当我们需要在网络系统中分工业生产过程阶段进行讨论时，又可以分别定量研究固体废物治理效率、废水治理效率和废气治理效率。

根据以上概念和本研究对象所具有的特点，我们沿用 Huang 等[157]的全要素生态效率分析框架，将生态效率分解为经济效率、资源效率和环境效率三个部分，以此反映工业系统和子系统以及生态效率和子效率之间的关系，如图 3-1 所示。

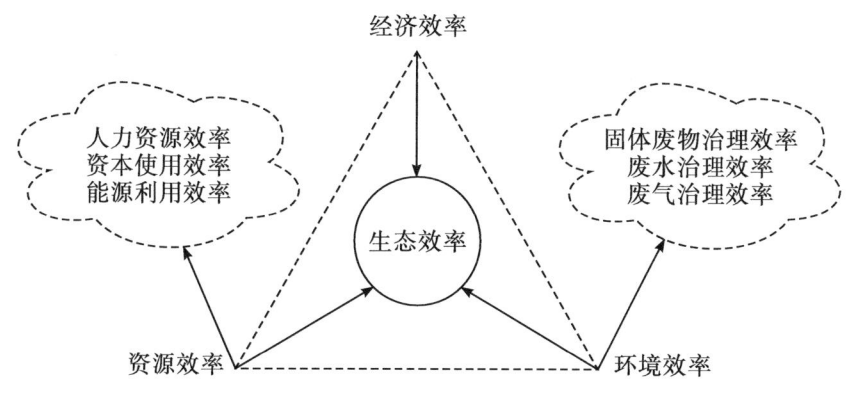

图 3-1　生态效率及其效率分解

常见的工业生态效率评价方法主要有六种类型：一是比值评价法。该方法直接来源于生态效率的基本定义。优点主要是清晰简单、便于理解；缺点是评价指标体系比较简单，未能反映其他的一些重要因素对生态效率的影响。而且，这种影响程度通常还较大，无法比较客观地反映生态效率的表现水平。二是生态足迹法。该方法通常被用于区域或产业研究领域，通过追溯环境的影响来计算环境影响的生态范围。但由于生态足迹是一个静态的变量，其在对生态环境的影响方面具有一定的滞后性，不能及时准确地反映工业经济的可持续性表现。三是层次分析法。该方法是一种量化方法，通过对评价问题进行从总目标到评价准则层的层层分解，得到多层分析结构模型、因素两两比较，最后综合评价得出明确的量化结果。然而，当指标变量太多的时候，不同层次因素的权重比较难以确定。四是物质流分析法。该方法不同于货币形式刻画效率的常见做法，而是通过跟踪环境影响物质因子在生产过程中的流动路径和模式来反映环境压力和工业可持续发展。使用该方法时，不同的统计口径可能会对最终的评价结果产生比较大的影响，物质流动的清晰度不能保证。五是指标评价法。该方法从评价主体的实际需求出发，从不同视角对评价对象的效率进行评价，在操作上比较直观，应用可行性比较大。但该方法的最大局限性是需要对不同评价指标进行主观性赋权，评价结果的客观真实性有待考证。六是非参数方法。第六种方法弥补了以上五种参数分析方法的局限性，可以处理评价对象多投入多产出的情况，而且指标单位的不同不影响效率评价结果，还可以避免主观性赋权的问题。由于该方法是非参数方法，所以通常无须再进行参数检验，稳健性有保证，尤其适用于同质评价单元之间的相对效率比较。该方法以客观的数据资料为导向，对数据的完整性和精确性要求比较高。当样本量为大数据集，而且评价对象的内部结构具有复杂的网络特征时，该方法对评价模型的建立和计算的时长有比较高的要求。尽管如此，在当前情况下，非参数方法仍不失为一种比较可靠的生态效率评价方法，尤其是以 DEA 为代表的非参数方法更是如此。目前，DEA 方法已经被广泛应用于各行各业的各种效率评价研究中。考虑到非参数 DEA 方法在效率评价时的巨大优势，本研究特选择 DEA 作为生态效率评价的基本方法，在传统的 DEA 模型的基础上提出了改进的 DEA 模型，并以此对我国的地区工业系统生态效率进行计量分析。

3.2　评价指标与数据

　　DEA 效率评价过程中很重要的一个环节是确定研究所采用的评价指标变量。因为不同评价对象的内在结构存在差异，会表现出不同的功能和特点。因此，根据研究的对象，全面评估其功能特点，选取最具代表性的评价指标体系，对于合理有效评价 DMU 的有关效率来说尤为重要。在接下来的三个小节中，第 3.2.1 小节阐述了本研究所采用评价指标体系的选定依据；第 3.2.2 小节的内容是数据的来源说明和描述性统计分析；第 3.2.3 小节的内容是对异质性特征的界定，包括规模和区域的分类划分标准。

3.2.1 评价指标的选定

随着生态优先、节约环保的理念越来越深入人心，工业系统的生产运行常常内在地包含了生产过程和工业污染物治理过程。生产过程通过消耗人力、资本和能源等资源要素，产出经济社会发展所需要的产品或服务。污染物治理过程则负责把生产过程中所产生的工业废物进行必要处理后再排放。这两个过程分别关注经济效应和环境效应。

表 3-1 是对近年来工业系统生态效率研究中使用的投入和产出变量的总结。根据表 3-1 的总结，我们可以得出的结论是：劳动力、资本和能源耗费是评价工业生态效率最常用的投入指标，而工业总产值和工业增加值是最常用的期望产出。工业废水、废气和固体废物是最常用的不良产出。参考以往学者们在研究工业系统生态效率问题时所采用的投入产出指标选择情况以及数据的可获得性，本研究所选用的评价指标体系如表 3-2 所示。

表 3-1 以往文献中工业系统生态效率评价研究的投入产出指标

作者	年份	投入变量	产出变量
Zuo 等[121]	2022 年	全职研发人员当量、研发内部支出、固定资产投资、能源消耗量	专利申请数量、科技论文发表量、工业总产值、固体废物排放量、烟尘排放量、废水排放量
He 等[109]	2022 年	能源耗费、固定资产净值、年平均员工人数、固体废物治理投资、废气治理设施、废气治理投资、废水治理设施数量、废水治理投资	工业增加值、固体废物综合利用量、SO_2 排放量、废水排放量
Wang 等[105]	2021 年	工业能耗、固定资产原价、员工总数、污染处理设施的数量、处理设施运营支出、工业处理投资	工业增加值、SO_2 排放量、氮氧化物排放量、化学需氧量（COD）排放量

续表 3-1

作者	年份	投入变量	产出变量
Meng 等[117]	2021 年	员工人数、固定资产投资总额、能源消耗、环境污染治理投资	地区 GDP、工业废水排放量、工业废气排放量、固体废物排放量、森林覆盖率、固体废物综合利用率
Matsumoto 等[60]	2021 年	总能耗、总资产、年平均员工人数、工业用水供应及使用	工业增加值、工业废气、工业废水、固体废物、CO_2 排放量
Li 等[59]	2021 年	工业用水量、能源耗费	工业增加值、COD 排放量、氮排放量、SO_2 排放量、烟粉尘排放量、工业固体废物排放量
Yu 等[85]	2020 年	总资产、员工人数、水资源消耗总量、能源耗费总量	利润、工业总产值、工业废水排放、工业废气排放、工业固体废物排放量
Zhou 等[70]	2020 年	固定资产净值、年平均就业人数、总能耗、CO_2 排放量、SO_2 排放量、COD 排放量、氨氮排放量、工业固体废物排放量	GDP
Liu 等[8]	2020 年	工业能源耗费、年平均就业人数、工业污染治理投资	工业增加值、CO_2 排放量、工业废水治理量、SO_2 移出量
Wang 等[4]	2019 年	能源、水资源、资本投资和劳动力	工业总产值，工业废水、废气和固体废物排放总量
Shao 等[6]	2019 年	劳动力、能源、资本、废水和废气运营成本	工业增加值、COD 移除量、SO_2 移除量、烟尘移除量
Yu 等[140]	2018 年	资本存量、员工总数、工业用地面积、工业用水量、能源耗费	工业总产值，工业废水、废气、固体废物和烟尘的排放量

续表 3-1

作者	年份	投入变量	产出变量
Zhang 等[67]	2017年	固定资产净值、就业人数、能源耗费总量、SO₂排放量	工业总产值
Zhang 等[158]	2008年	水资源、原始矿资源、能源消耗	COD排放量、SO₂排放量、烟尘排放量、固体废物产生量、工业增加值

表 3-2 投入-产出变量

阶段	投入/产出	变量	单位
生产阶段	投入	能源消费总量	万吨标准煤
		固定资产净值	亿元
		全部从业人员年均人数	万人
	产出	工业增加值	亿元
		工业废水产生量	万吨
		工业SO₂产生量	万吨
		工业固体废物产生量	万吨
固体废物治理阶段	投入	工业固体废物产生量	万吨
		工业固体废物治理投资	万元
	产出	工业固体废物综合利用量	万吨
废气治理阶段	投入	工业SO₂产生量	万吨
		工业废气治理设施数量	套
		工业废气治理投资	万元
	产出	工业SO₂排放总量	万吨
废水治理阶段	投入	工业废水产生量	万吨
		工业废水治理设施处理能力	万吨/日
		工业废水治理投资	万元
		工业废水治理设施数量	套
	产出	工业废水治理设施处理能力	万吨/日
		工业废水排放总量	万吨

3.2.2 数据收集与描述性统计

在选择评价指标变量的时候，我们除了要考虑变量的合理性，还要兼顾数据来源的可用性。本研究所选用的评价指标变量数据来源清晰、有效，变量概念界定清楚，因此，所收集到的数据是完全可用的，能够应用于评价模型。收集数据的时间范围是2011—2020年，共计10个统计年度，涵盖了我国"十二五"和"十三五"规划期间，内地30个省级行政区规模以上工业系统的生产和减排等相关数据。这些数据主要来源于《中国能源统计年鉴》《中国工业统计年鉴》《中国统计年鉴》《中国环境统计年鉴》以及各省级行政区统计年鉴等。西藏自治区由于缺乏部分数据，因此未被纳入本研究的对象范围内。表3-3列出了具体的变量数据来源。河北省有关工业增加值的数据部分来源于《河北经济年鉴》。另外，由于部分省级行政区的工业固体废物治理投资、工业SO_2产生量、工业废气治理投资及工业废水产生量的某些年份数据缺失，因此，对于所缺失的少量数据，我们用前后两年数据的均值来填充。变量的描述性统计结果参见表3-4和表3-5。

表3-3 数据来源

变量	数据来源
能源消费总量	《中国能源统计年鉴》《各省市自治区统计年鉴》《中国统计年鉴》
固定资产净值	《中国工业统计年鉴》《各省市自治区经济普查年鉴》
全部从业人员年均人数	《中国工业统计年鉴》《各省市自治区统计年鉴》《中国统计年鉴》
工业增加值	《中国统计年鉴》《各省市自治区统计年鉴》
工业废水产生量	《中国环境统计年报》
工业SO_2产生量	《中国环境统计年报》《中国能源统计年鉴》
工业固体废物产生量	《中国统计年鉴》
工业固体废物治理投资	《中国统计年鉴》
工业固体废物综合利用量	《中国环境统计年鉴》
工业废气治理设施数量	《中国环境统计年鉴》

续表 3-3

变量	数据来源
工业废气治理投资	《中国统计年鉴》
工业 SO_2 排放总量	《中国环境统计年鉴》
工业废水治理设施处理能力	《中国环境统计年鉴》
工业废水治理投资	《中国统计年鉴》
工业废水治理设施数量	《中国环境统计年鉴》
工业废水排放总量	《中国环境统计年鉴》

表 3-4　2011—2015 年数据的描述性统计

变量	统计指标	2011 年	2012 年	2013 年	2014 年	2015 年
能源消费总量（单位：万吨标准煤）	均值	9519.76	9839.53	10040.77	10034.48	9827.72
	标准差	6892.79	7029.40	7090.41	6905.97	6891.69
固定资产净值（单位：亿元）	均值	7620.88	8544.48	9681.50	10909.13	11512.69
	标准差	5696.24	6227.32	6967.84	7979.18	8452.80
全部从业人员年均人数（单位：万人）	均值	307.99	329.01	326.13	332.30	325.61
	标准差	330.23	329.87	342.59	345.92	345.15
工业增加值（单位：亿元）	均值	7706.05	7887.71	8394.35	9000.06	8813.73
	标准差	6904.63	6299.40	6721.46	6900.04	7460.80
工业废水产生量（单位：万吨）	均值	193500.43	175805.00	164136.33	166590.97	148157.67
	标准差	189957.75	160267.48	155799.11	164034.96	136453.99
工业 SO_2 产生量（单位：万吨）	均值	199.49	205.08	210.67	211.03	211.38
	标准差	132.46	130.29	130.36	142.16	156.52
工业固体废物产生量（单位：万吨）	均值	10749.07	10955.97	10911.33	10841.23	10889.30
	标准差	9808.33	9803.45	9453.98	9558.54	9505.51

续表 3-4

变量	统计指标	2011 年	2012 年	2013 年	2014 年	2015 年
工业固体废物治理投资（单位：万元）	均值	10454.00	8272.93	4894.20	5020.87	5473.83
	标准差	14517.26	12955.13	7411.43	7452.27	7905.04
工业固体废物综合利用量（单位：万吨）	均值	6506.90	6748.50	6863.63	6810.77	6626.57
	标准差	4975.24	4947.66	5022.43	5180.77	5172.63
工业废气治理设施数量（单位：套）	均值	7208	7522	7802	8703	9687
	标准差	4969	5252	5451	6037	6841
工业废气治理投资（单位：万元）	均值	70541.03	85898.87	213621.40	263082.73	173926.73
	标准差	59895.05	73383.97	160727.29	260622.16	158984.12
工业 SO_2 排放总量（单位：万吨）	均值	67.24	63.72	61.17	58.01	51.89
	标准差	40.29	37.84	36.32	34.05	30.05
工业废水治理设施处理能力（单位：万吨/日）	均值	1046.76	887.13	854.49	843.63	824.03
	标准差	1296.14	766.91	797.09	768.24	743.99
工业废水治理投资（单位：万元）	均值	52560.40	46750.90	41345.77	38158.37	39430.30
	标准差	56928.83	51483.40	38428.80	37789.44	41738.72
工业废水治理设施数量（单位：套）	均值	3049	2855	2676	2735	2773
	标准差	2544	2528	2380	2363	2378
工业废水排放总量（单位：万吨）	均值	76946.03	73850.13	69933.30	68433.23	66483.33
	标准差	64238.68	60471.70	56128.01	53776.65	53039.13

表 3－5　2016—2020 年数据的描述性统计

变量	统计指标	2016 年	2017 年	2018 年	2019 年	2020 年
能源消费总量（单位：万吨标准煤）	均值	9707.60	9799.78	10214.61	10465.94	10639.27
	标准差	6954.90	6961.80	7146.61	7282.11	7328.42
固定资产净值（单位：亿元）	均值	12128.58	12773.46	13393.60	11767.75	11744.08
	标准差	8908.50	9755.84	10515.15	7401.96	7582.05
全部从业人员年均人数（单位：万人）	均值	315.37	295.40	278.48	264.23	258.46
	标准差	338.07	323.26	304.47	292.60	282.44
工业增加值（单位：亿元）	均值	9407.15	9948.13	10016.99	10083.16	10388.30
	标准差	8412.50	9176.32	8554.39	8851.90	9677.54
工业废水产生量（单位：万吨）	均值	143039.00	155675.27	142276.07	149853.47	106076.90
	标准差	130668.72	168004.90	132724.65	121289.99	88874.62
工业 SO_2 产生量（单位：万吨）	均值	36.74	29.17	21.77	15.23	10.59
	标准差	24.65	19.21	13.70	9.47	6.52
工业固体废物产生量（单位：万吨）	均值	12346.33	12864.93	13505.77	14585.80	12186.83
	标准差	10033.28	10628.10	11192.71	12263.07	10669.31
工业固体废物治理投资（单位：万元）	均值	15557.77	4525.70	4630.07	6434.37	6453.37
	标准差	38812.17	12838.59	12829.80	13511.71	12276.43
工业固体废物综合利用量（单位：万吨）	均值	7032.47	6870.07	7225.73	7731.67	6787.07
	标准差	5314.09	5358.76	5462.13	5714.28	5270.89

续表 3－5

变量	统计指标	2016年	2017年	2018年	2019年	2020年
工业废气治理设施数量（单位：套）	均值	10218	11486	12286	15482	12421
	标准差	11181	9634	10606	12995	11707
工业废气治理投资（单位：万元）	均值	187155.13	148752.93	148752.93	122566.53	80873.03
	标准差	198052.90	160413.08	160413.08	148649.89	85671.79
工业 SO_2 排放总量（单位：万吨）	均值	25.68	17.66	14.88	13.17	8.42
	标准差	17.51	11.34	9.61	8.25	5.15
工业废水治理设施处理能力（单位：万吨/日）	均值	739.60	801.07	745.43	787.77	542.50
	标准差	672.25	836.70	680.07	612.90	416.08
工业废水治理投资（单位：万元）	均值	36079.37	25449.30	25449.30	23300.13	19294.83
	标准差	38191.37	28611.36	28611.36	25414.86	32462.79
工业废水治理设施数量（单位：套）	均值	2241	2344	2430	2699	2270
	标准差	2031	2195	2219	2403	2152
工业废水排放总量（单位：万吨）	均值	62122.48	66371.45	61395.20	67319.65	50075.50
	标准差	53147.03	66024.24	51999.13	53962.88	50136.50

我们根据表 3－4 和表 3－5 的描述性统计结果，绘制图 3－2 所示的主要指标在研究期内的变化趋势。图 3－2 显示，在研究期内，我国内地年均工业增加值呈现逐年上升的趋势，工业年均能源消费总量也不断攀升。在工业污染物方面，工业固体废物产生量年均增加趋势明显，年均工业废水产生量稳中有降，而年均工业 SO_2 产生量则表现出明显的下降趋势。总体来看，随着工业实体经济的不断增长，其能源消费总量在不断攀升，而各工业污染物的产生或排放量则呈现时增时减的趋势。因此，为了实现工业

产业节能减排和持续健康发展,同时兼顾经济效益和环境效益,我们有必要研究如何合理有效地评价工业系统的生态效率,从而为工业经济的绿色永续发展提供必要的指导。

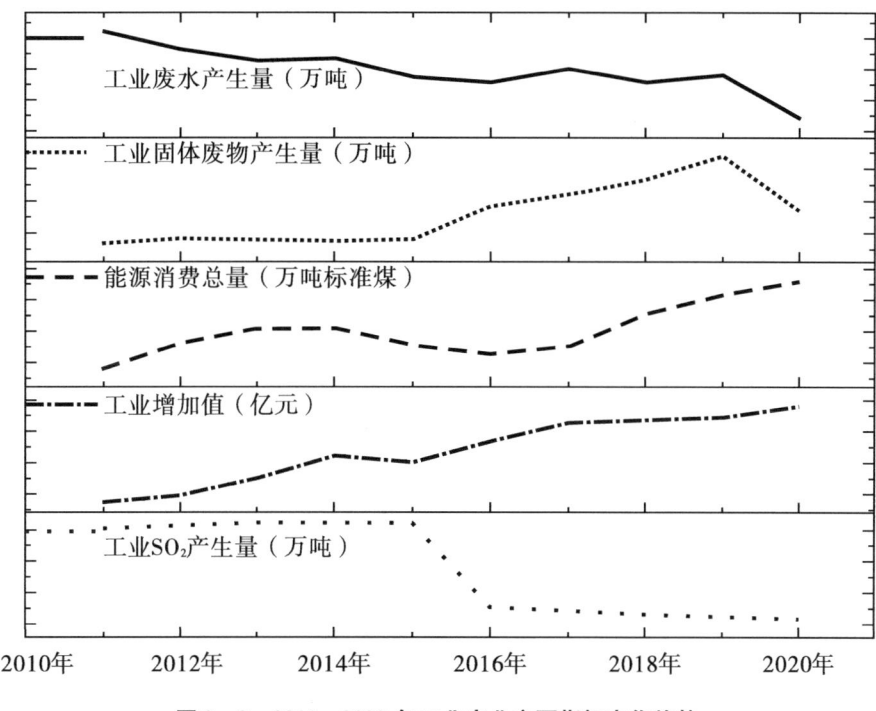

图 3-2 2011—2020 年工业产业主要指标变化趋势

3.2.3 规模分类和区域划分

按照各省级行政区年均工业增加值的体量规模,我们可以将研究对象划分为三类:规模 1 类包含 10 个省级行政区(年均工业增加值<5000),规模 2 类包含 9 个省级行政区(5000≤年均工业增加值<10000),规模 3 类包含 11 个省级行政区(年均工业增加值≥10000)。具体的省级行政区规模类别划分如表 3-6 所示。

表 3-6 省级行政区规模类别划分

规模类别	省级行政区
规模 1 类	海南、宁夏、青海、甘肃、新疆、贵州、黑龙江、北京、云南、内蒙古

续表3-6

规模类别	省级行政区
规模2类	吉林、广西、重庆、山西、天津、江西、上海、陕西、辽宁
规模3类	安徽、湖南、四川、福建、河北、湖北、浙江、河南、山东、广东、江苏

除了以上按年均工业增加值的规模来划分类别外，我们还将30个省级行政区划分为东部、中部、西部三个类别，这一划分标准始于1986年的"七五"计划，经过几轮调整后，形成了目前的划分格局，即东部地区包括11个省级行政区，中部地区包括8个省级行政区，西部地区包括12个省级行政区。具体的区域划分详情如表3-7所示。通过将30个省级行政区划分为三个区域类别，我们可以进一步考虑在规模技术异质性存在的情况下，省级行政区工业系统生态效率的表现情况；而且，将30个省级行政区划分为三个区域类别，可以为效率结果分析提供更多的信息，从而为提高工业系统生态效率提供更多有价值的建议。

表3-7 省级行政区区域类别划分

区域类别	省级行政区
东部	北京、天津、河北、辽宁、上海、江苏、浙江、福建、山东、广东、海南
中部	山西、吉林、黑龙江、安徽、江西、河南、湖北、湖南
西部	四川、重庆、贵州、云南、西藏、陕西、甘肃、青海、宁夏、新疆、广西、内蒙古

3.3 本章小结

本章首先对生态效率、工业生态效率等相关概念做出了定义，并对工业生态效率评价的主要方法进行了概述。其次，我们选定了本研究所使用的评价指标变量。最后，我们对数据的来源进行了说明，对变量的描述性统计进行了分析。

4 考虑规模异质性的中国地区工业系统生态效率评价

4.1 问题描述

可持续发展、绿色协调和生态文明的概念越来越深入人心，这预示着人们正在努力改变资源枯竭和环境恶化的现状。生态效率是一个综合性的指标，它涉及经济、资源和环境等多个方面，[159]可以被用来衡量某个行业、某个国家或地区的可持续发展能力。改革开放之初，高能耗和重污染的粗放型工业经济发展方式使我国经济得到了快速发展，但同时荒漠化、雾霾和极端天气等生态问题也越发严重。

鉴于工业的可持续发展关乎人类福祉，目前已有许多学者致力于工业系统生态效率[6,59,67,79,121,140]、环境效率[160-164]和能源效率[165-167]的研究。然而，相关效率概念定义存在不一致性及生态效率和其他效率关系的不明确性，仍然不利于该领域研究成果的总结和发展。比如，就环境效率而言，有的学者将其定义为"能源环境绩效"（Kang 等[168]、Wang 等[169]、Zhang 等[170]），也有的学者称其为"全要素环境效率"（Li 等[171]、Wang 等[162]）或"环境治理效率"（Peng 等[172]、Li 等[150]）。就能源效率而言，有"能源生态效率"的说法，如赵艳敏、董会忠[47]以及油建盛等[173]的研究；也有"全要素能源效率"的说法，如吴江等[174]的研究。在生态效率方面，有"生态经济效率"的提法，如朱南、刘一[175]的研究。实际上，这些概念的本质与生态效率的含义相通。此外，在考虑工业系统的生态效率时，较多的研究忽视了工业系统的多阶段网络型结构和 DMU 之间的异质性特点（Wang 等[4]、Li 等[59]），这可能将导致因建立的评价模型不合适而出现效率评价偏差。

生态效率是一个综合性的概念,对生态效率指标进行进一步的效率分解可以得到更多反映 DMU 绿色发展的信息。同时,考虑评价系统的多阶段网络型结构和 DMU 之间的技术异质性,能够更为准确、客观地反映评价系统的生态可持续性。为此,本章在 Meta-frontier 分析的框架下,构建了一个包含四个阶段的工业系统生态效率及分解效率评价模型,如图 4-1 所示。尽管 Huang 等[157]、Wang 等[176]已经提出了类似的包含生态效率、能源效率、环境效率和经济效率的全要素框架,但他们的研究并未考虑到工业系统的生产运行是一个网络型结构,不能进一步发现 DMU 效率偏低的真正原因,而且对于促进工业生态效率的提高的作用还较为有限。

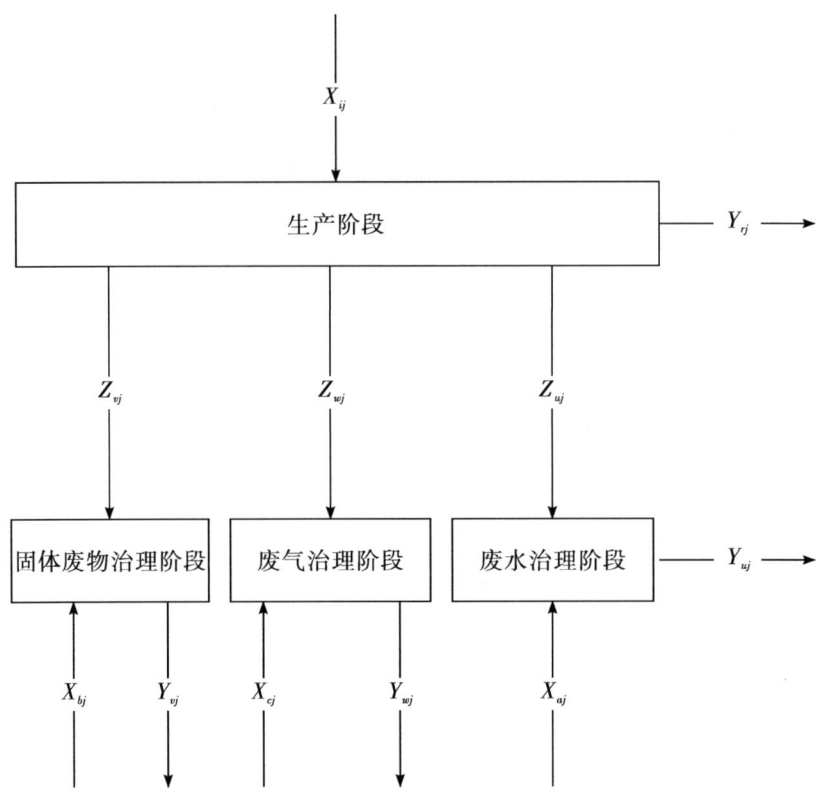

图 4-1 DMU_j 的一般化工业生产系统结构

本研究根据所涉及的效率内涵的差异,提出了一个综合生态效率评价模型。该模型基于一种新的 DEA 方法,被称为基于 SBM 的 Meta-frontier

NDEA 模型（即 Meta-frontier SBM-NDEA）。该方法考虑了 DMU 技术异质性、不良产出、松弛变量和多阶段网络结构特征。Meta-frontier 分析方法考虑了 DMU 之间的技术异质性，[177] Meta-frontier SBM-NDEA 的方法可以比较属于不同组群的 DMU 的效率。基于 2011—2020 年我国省级行政区工业系统的面板数据，我们利用该方法评价了我国各省级行政区的工业系统在经济发展、资源消耗和环境影响等方面的绩效表现。

假定待评估的 DMU 的数量为 J，且这些 DMU 存在着某种生产技术的异质性。根据 DMU 的生产技术异质性，我们可以将其划分为 H（$H>1$）组，每个组含有 DMU 的数量为 J_h，且满足 $\sum_{h=1}^{H} J_h = J$。考虑到这类 DMU 生产系统的结构特点，为便于建立效率评价模型，我们可以将其一般化为图 4-1。

对于任意 DMU_j（$j = 1,2,\cdots,J$），其在生产阶段通过投入生产资料 X_{ij}（$i = 1,2,\cdots,I$），得到了期望产出 Y_{rj}（$r = 1,2,\cdots,R$）和三种不良中间产出物，即 Z_{uj}（$u = 1,2,\cdots,U$）、Z_{vj}（$v = 1,2,\cdots,V$）和 Z_{wj}（$w = 1,2,\cdots,W$）。这些不良产出将进入下一个阶段，得到处理后，再排出系统。在废水治理阶段，中间产出 Z_{uj} 和外部投入 X_{aj}（$a = 1,2,\cdots,A$）作为投入要素，最终得到不良产出 Y_{uj}。在固体废物治理阶段，中间产出 Z_{vj} 和外部投入 X_{bj}（$b = 1,2,\cdots,B$）作为投入要素，最终得到期望产出 Y_{vj}。在废气治理阶段，中间产出 Z_{wj} 和外部投入 X_{cj}（$c = 1,2,\cdots,C$）作为投入要素，最终得到不良产出 Y_{wj}。

本章首先构建了测量我国省级行政区工业系统生态效率及其分解效率的 DEA 模型，然后对生态效率的收敛性和生态无效率的分解进行了分析。本章提出的 DEA 效率评价模型具有以下三个特点：第一，该模型在评价某一组别中具体省级行政区工业系统的生态效率时，也能给出所有工业系统的生态效率；第二，在评价整个工业系统的生态效率及其分解效率时，该模型考虑了不同规模组别地区工业系统之间的规模技术异质性；第三，该模型解构了工业系统生态效率的收敛性和无效率值，为生态无效率的省级行政区工业系统的效率改进提供了决策支持。

4.2 Meta-frontier SBM-NDEA 模型

图 4-1 中各阶段的从投入到产出的生产技术过程可以用一般化的生产可能性集来表述。生产可能性集描述的是生产活动中投入产出的某种关系的集合。一般来说，现实经济活动中的大多数生产活动，其期望产出和不良产出总是共同产生的。[5] 假定 DMU_j $(j=1,2,\cdots,J)$ 使用 I 种类型的投入 $X(X \in R_+^I)$ 联合生产了 G 种不同的期望产出 $Y^G(Y^G \in R_+^G)$ 和 B 种不同的不良产出 $Y^B(Y^B \in R_+^B)$。不良产出（如二氧化硫、固体废物等）被引入生产过程，用于分析该生产行为的环境影响。[178] 于是，环境生产可能性集 T 可以表示为：

$$T = \{(X, Y^G, Y^B) \mid X \text{ 能生产}(Y^G, Y^B)\} \tag{4-1}$$

通常，T 满足以下一些标准公理和性质：①T 是封闭有界的，即有限的投入产生有限的产出。[179] ②期望产出和不良产出满足零链接性，即存在 $(X, Y^G, Y^B) \in T$，若 $Y^B = 0$，则 $Y^G = 0$。该性质表明，只要产生期望产出，不良产出则不可避免地存在。[180] ③投入和期望产出强可处置性（自由处置性）[181]，即若 $(X, Y^G, Y) \in T$，存在 $X' > X$ 或者 $Y^{G'} < Y^G$，则 $(X', Y^G, Y^B) \in T$ 或者 $(X, Y^{G'}, Y^B) \in T$。④不良产出的弱可处置性，即若 $(X, Y^G, Y^B) \in T$，存在 $0 < \theta \leq 1$，则 $(X, \theta Y^G, \theta Y^B) \in T$。该性质意味着减少不良产出不是完全自由的，但按比例同时减少期望产出和不良产出则是可行的。[182]

参考 Zhou 等[182]、Zhang 等[183]、Lin 等[181] 以及 Kai 等[14] 的研究，在 VRS 的情况下，参照元前沿的多阶段环境生产可能性集 T^{Meta} 可以表示为：

$$\begin{cases}
\text{\% 生产阶段}^{\text{Meta}} \\
\sum_{h=1}^{H}\sum_{j=1}^{J_h}\lambda_j^h X_{ij}^h \leq X_i^h, i=1,2,\cdots,I, \\
\sum_{h=1}^{H}\sum_{j=1}^{J_h}\lambda_j^h Y_{rj}^h \geq Y_r^h, r=1,2,\cdots,R, \\
\sum_{h=1}^{H}\sum_{j=1}^{J_h}\lambda_j^h Z_{uj}^h = Z_u^h, u=1,2,\cdots,U, \\
\sum_{h=1}^{H}\sum_{j=1}^{J_h}\lambda_j^h Z_{vj}^h = Z_v^h, v=1,2,\cdots,V, \\
\sum_{h=1}^{H}\sum_{j=1}^{J_h}\lambda_j^h Z_{wj}^h = Z_w^h, w=1,2,\cdots,W, \\
\lambda_j^h \geq 0, j=1,2,\cdots,J; h=1,2,\cdots,H, \\
\sum_{h=1}^{H}\sum_{j=1}^{J_h}\lambda_j^h = 1, \\
\text{\% 固体废物治理阶段}^{\text{Meta}} \\
\sum_{h=1}^{H}\sum_{j=1}^{J_h}\gamma_j^h Z_{vj}^h = Z_v^h, v=1,2,\cdots,V, \\
\sum_{h=1}^{H}\sum_{j=1}^{J_h}\gamma_j^h X_{bj}^h \leq X_b^h, b=1,2,\cdots,B, \\
\sum_{h=1}^{H}\sum_{j=1}^{J_h}\gamma_j^h Y_{vj}^h \geq Y_v^h, v=1,2,\cdots,V, \\
\gamma_j^h \geq 0, j=1,2,\cdots,J_h; h=1,2,\cdots,H, \\
\sum_{h=1}^{H}\sum_{j=1}^{J_h}\gamma_j^h = 1, \\
\text{\% 废水治理阶段}^{\text{Meta}} \\
\sum_{h=1}^{H}\sum_{j=1}^{J_h}\eta_j^h Z_{uj}^h = Z_u^h, u=1,2,\cdots,U, \\
\sum_{h=1}^{H}\sum_{j=1}^{J_h}\eta_j^h X_{aj}^h \leq X_a^h, a=1,2,\cdots,A, \\
\sum_{h=1}^{H}\sum_{j=1}^{J_h}\eta_j^h Y_{uj}^h \geq Y_u^h, u=1,2,\cdots,U, \\
\eta_j^h \geq 0, h=1,2,\cdots,H; j=1,2,\cdots,J_h, \\
\sum_{h=1}^{H}\sum_{j=1}^{J_h}\eta_j^h = 1, \\
\text{\% 废气治理阶段}^{\text{Meta}} \\
\sum_{h=1}^{H}\sum_{j=1}^{J_h}\mu_j^h Z_{wj}^h = Z_w^h, w=1,2,\cdots,W, \\
\sum_{h=1}^{H}\sum_{j=1}^{J_h}\mu_j^h X_{cj}^h \leq X_c^h, c=1,2,\cdots,C, \\
\sum_{h=1}^{H}\sum_{j=1}^{J_h}\mu_j^h Y_{wj}^h \geq Y_w^h, w=1,2,\cdots,W, \\
\mu_j^h \geq 0, h=1,2,\cdots,H; j=1,2,\cdots,J_h, \\
\sum_{h=1}^{H}\sum_{j=1}^{J_h}\mu_j^h = 1.
\end{cases} \quad (4-2)$$

$T^{\text{Meta}} = \{T^1 \cup T^2 \cup \cdots \cup T^H\}$，$\lambda_j^h$、$\gamma_j^h$、$\eta_j^h$ 和 μ_j^h 分别表示 h 组中的 DMU_j 于生产阶段、固体废物治理阶段、废水治理阶段和废气治理阶段在元前沿下的强度变量。在实际的生产活动中，随着投入要素的不断增加，规模报酬（returns to scale, RTS）常常表现为先递增，后稳定，最后递减的趋势，[11] 也就是说 RTS 是可变的，而不是固定不变的。为了更加符合实际的工业生产情况，我们在建立模型时考虑 VRS 的情况更具有现实性。

VRS 在生产可能性集中表现为增加了以下的约束条件，即 $\sum_{h=1}^{H}\sum_{j=1}^{J_h}\lambda_j^h = 1$、$\sum_{h=1}^{H}\sum_{j=1}^{J_h}\gamma_j^h = 1$、$\sum_{h=1}^{H}\sum_{j=1}^{J_h}\eta_j^h = 1$ 和 $\sum_{h=1}^{H}\sum_{j=1}^{J_h}\mu_j^h = 1$。若去掉这几个约束条件，$T^{\text{Meta}}$ 将是 CRS 的。

在工业网络生产结构中，生产阶段和各污染物治理阶段通常是连续的组织活动，各个阶段之间的链接关系可以描述为：

$$\begin{cases} \sum_{h=1}^{H}\sum_{j=1}^{J_h}\lambda_j^h Z_{vj}^h = \sum_{h=1}^{H}\sum_{j=1}^{J_h}\gamma_j^h Z_{vj}^h, v = 1,2,\cdots,V, \\ \sum_{h=1}^{H}\sum_{j=1}^{J_h}\lambda_j^h Z_{uj}^h = \sum_{h=1}^{H}\sum_{j=1}^{J_h}\eta_j^h Z_{uj}^h, u = 1,2,\cdots,U, \\ \sum_{h=1}^{H}\sum_{j=1}^{J_h}\lambda_j^h Z_{wj}^h = \sum_{h=1}^{H}\sum_{j=1}^{J_h}\mu_j^h Z_{wj}^h, w = 1,2,\cdots,W. \end{cases} \quad (4-3)$$

4.2.1 效率评价模型

（1）生态效率评价模型。

基于 SBM 的方法可以有效处理投入过剩和产出不足的问题，[26] 从而识别出系统效率低下的原因，为提高效率指明方向和途径。本小节将构建一个基于 SBM 和环境不良产出的 Meta-frontier SBM-NDEA 模型，其非导向模型的最优解通过模型（4-4）进行求解。

其中，s_i^{h-} 是 h 组中 DMU_0（当前被评估决策单元，以下表示为 DMU_{h0}）在元前沿下初始外部投入资源要素 X_{i0}^h 所对应的冗余变量（松弛变量）；s_b^{h-} 是 h 组中 DMU_0（当前被评估决策单元）在元前沿下固体废物治理阶段外部投入 X_{b0}^h 所对应的冗余变量；同理，s_a^{h-} 是废水治理阶段外部投入 X_{a0}^h 的对应冗余变量；s_u^{h-} 是废水治理阶段不良产出 Y_{u0}^h 的冗余变量；s_c^{h-} 是废气治理阶段外部投入 X_{c0}^h 的冗余变量；s_w^{h-} 是废气治理阶段不良产出 Y_{w0}^h 的冗余变量。类似地，s_r^{h+} 是生产阶段期望产出 Y_{r0}^h 的冗余变量；而 s_v^{h+} 则是固体废物综合利用量 Y_{v0}^h 的冗余变量。$\rho_{h0}^{\text{Meta}*}$ 衡量的是 DMU_{h0} 在 VRS 情况下的元前沿效率，而且该效率测量的是生产系统的生态效率。生态效率刻画的是经济、资源和环境协调的综合程度，意在减少资源消耗和不良产出的同时，兼顾提高期望产出。[157] 因此，该测量模型是非导向模型。

$$\rho_{h0}^{\text{Meta}*} = \min \frac{1 - \frac{1}{I+B+A+U+C+W}\left(\sum_{i=1}^{I}\frac{s_i^{h-}}{X_{i0}^h} + \sum_{b=1}^{B}\frac{s_b^{h-}}{X_{b0}^h} + \sum_{a=1}^{A}\frac{s_a^{h-}}{X_{a0}^h} + \sum_{u=1}^{U}\frac{s_u^{h-}}{Y_{u0}^h} + \sum_{c=1}^{C}\frac{s_c^{h-}}{X_{c0}^h} + \sum_{w=1}^{W}\frac{s_w^{h-}}{Y_{u0}^h}\right)}{1 + \frac{1}{R+V}\left(\sum_{r=1}^{R}\frac{s_r^{h+}}{Y_{r0}^h} + \sum_{v=1}^{V}\frac{s_v^{h+}}{Y_{v0}^h}\right)}$$

$$\begin{cases} \sum_{h=1}^{H}\sum_{j=1}^{J_h}\gamma_j^h Z_{vj}^h = Z_v^h, v=1,2,\cdots,V, \\ \sum_{h=1}^{H}\sum_{j=1}^{J_h}\gamma_j^h X_{bj}^h = X_{b0}^h - s_b^{h-}, b=1,2,\cdots,B, \\ \sum_{h=1}^{H}\sum_{j=1}^{J_h}\gamma_j^h Y_{vj}^h = Y_{v0}^h + s_v^{h+}, v=1,2,\cdots,V, \\ \gamma_j^h \geq 0, j=1,2,\cdots,J_h; h=1,2,\cdots,H, \\ \sum_{h=1}^{H}\sum_{j=1}^{J_h}\gamma_j^h = 1, \\ \sum_{h=1}^{H}\sum_{j=1}^{J_h}\eta_j^h Z_{uj}^h = Z_u^h, u=1,2,\cdots,U, \\ \sum_{h=1}^{H}\sum_{j=1}^{J_h}\eta_j^h X_{aj}^h = X_{a0}^h - s_a^{h-}, a=1,2,\cdots,A, \\ \sum_{h=1}^{H}\sum_{j=1}^{J_h}\eta_j^h Y_{uj}^h = Y_{u0}^h - s_u^{h-}, u=1,2,\cdots,U, \\ \eta_j^h \geq 0, h=1,2,\cdots,H; j=1,2,\cdots,J_h, \\ \sum_{h=1}^{H}\sum_{j=1}^{J_h}\eta_j^h = 1, \\ \sum_{h=1}^{H}\sum_{j=1}^{J_h}\mu_j^h Z_{wj}^h = Z_w^h, w=1,2,\cdots,W, \\ \sum_{h=1}^{H}\sum_{j=1}^{J_h}\mu_j^h X_{cj}^h = X_{c0}^h - s_c^{h-}, c=1,2,\cdots,C, \\ \sum_{h=1}^{H}\sum_{j=1}^{J_h}\mu_j^h Y_{wj}^h = Y_{w0}^h - s_w^{h-}, w=1,2,\cdots,W, \\ \mu_j^h \geq 0, h=1,2,\cdots,H; j=1,2,\cdots,J_h, \\ \sum_{h=1}^{H}\sum_{j=1}^{J_h}\mu_j^h = 1, \end{cases} \begin{cases} \sum_{h=1}^{H}\sum_{j=1}^{J_h}\lambda_j^h X_{ij}^h = X_{i0}^h - s_i^{h-}, i=1,2,\cdots,I, \\ \sum_{h=1}^{H}\sum_{j=1}^{J_h}\lambda_j^h Y_{rj}^h = Y_{r0}^h + s_r^{h+}, r=1,2,\cdots,R, \\ \sum_{h=1}^{H}\sum_{j=1}^{J_h}\lambda_j^h Z_{uj}^h = Z_u^h, u=1,2,\cdots,U, \\ \sum_{h=1}^{H}\sum_{j=1}^{J_h}\lambda_j^h Z_{vj}^h = Z_v^h, v=1,2,\cdots,V, \\ \sum_{h=1}^{H}\sum_{j=1}^{J_h}\lambda_j^h Z_{wj}^h = Z_w^h, w=1,2,\cdots,W, \\ \lambda_j^h \geq 0, j=1,2,\cdots,J; h=1,2,\cdots,H, \\ \sum_{h=1}^{H}\sum_{j=1}^{J_h}\lambda_j^h = 1, \\ \sum_{h=1}^{H}\sum_{j=1}^{J_h}\lambda_j^h Z_{vj}^h = \sum_{h=1}^{H}\sum_{j=1}^{J_h}\gamma_j^h Z_{vj}^h, v=1,2,\cdots,V, \\ \sum_{h=1}^{H}\sum_{j=1}^{J_h}\lambda_j^h Z_{uj}^h = \sum_{h=1}^{H}\sum_{j=1}^{J_h}\eta_j^h Z_{uj}^h, u=1,2,\cdots,U, \\ \sum_{h=1}^{H}\sum_{j=1}^{J_h}\lambda_j^h Z_{wj}^h = \sum_{h=1}^{H}\sum_{j=1}^{J_h}\mu_j^h Z_{wj}^h, w=1,2,\cdots,W. \end{cases}$$

(4-4)

根据模型（4-4），我们可以求得工业系统的元前沿生态效率 $\rho^{\text{Meta}*}$ 以及各阶段的元前沿生态效率。同理，若去掉模型（4-4）中的 $\sum_{h=1}^{H}$，则可以计算工业系统的组前沿生态效率 ρ^{h*} 及各阶段的组前沿生态效率。由于该模型考虑了各个省级行政区规模的异质性（即技术异质性），因而可以分析在不同规模类别下，工业生态效率在研究期间的变化趋势和特点。

（2）经济效率评价模型。

$$\theta_{h0}^{\text{Meta}*} = \min \frac{1}{1 + \frac{1}{R}\sum_{r=1}^{R} \frac{s_r^{h+}}{Y_{r0}^h}}$$

$$\begin{cases}
\sum_{h=1}^{H}\sum_{j=1}^{J_h} \lambda_j^h X_{ij}^h \leq X_{i0}^h, i=1,2,\cdots,I, \\
\sum_{h=1}^{H}\sum_{j=1}^{J_h} \lambda_j^h Y_{rj}^h = Y_{r0}^h + s_r^{h+}, r=1,2,\cdots,R, \\
\sum_{h=1}^{H}\sum_{j=1}^{J_h} \lambda_j^h Z_{uj}^h = Z_u^h, u=1,2,\cdots,U, \\
\sum_{h=1}^{H}\sum_{j=1}^{J_h} \lambda_j^h Z_{vj}^h = Z_v^h, v=1,2,\cdots,V, \\
\sum_{h=1}^{H}\sum_{j=1}^{J_h} \lambda_j^h Z_{wj}^h = Z_w^h, w=1,2,\cdots,W, \\
\lambda_j^h \geq 0, j=1,2,\cdots,J; h=1,2,\cdots,H, \\
\sum_{h=1}^{H}\sum_{j=1}^{J_h} \lambda_j^h = 1, \\
\sum_{h=1}^{H}\sum_{j=1}^{J_h} \lambda_j^h Z_{vj}^h = \sum_{h=1}^{H}\sum_{j=1}^{J_h} \gamma_j^h Z_{vj}^h, v=1,2,\cdots,V, \\
\sum_{h=1}^{H}\sum_{j=1}^{J_h} \lambda_j^h Z_{uj}^h = \sum_{h=1}^{H}\sum_{j=1}^{J_h} \eta_j^h Z_{uj}^h, u=1,2,\cdots,U, \\
\sum_{h=1}^{H}\sum_{j=1}^{J_h} \lambda_j^h Z_{wj}^h = \sum_{h=1}^{H}\sum_{j=1}^{J_h} \mu_j^h Z_{wj}^h, w=1,2,\cdots,W, \\
\sum_{h=1}^{H}\sum_{j=1}^{J_h} \gamma_j^h Z_{vj}^h = Z_v^h, v=1,2,\cdots,V, \\
\sum_{h=1}^{H}\sum_{j=1}^{J_h} \gamma_j^h X_{bj}^h \leq X_{b0}^h, b=1,2,\cdots,B, \\
\sum_{h=1}^{H}\sum_{j=1}^{J_h} \gamma_j^h Y_{vj}^h \geq Y_{v0}^h, v=1,2,\cdots,V, \\
\gamma_j^h \geq 0, j=1,2,\cdots,J_h; h=1,2,\cdots,H, \\
\sum_{h=1}^{H}\sum_{j=1}^{J_h} \gamma_j^h = 1,
\end{cases}$$

$$\begin{cases}
\sum_{h=1}^{H}\sum_{j=1}^{J_h} \eta_j^h Z_{uj}^h = Z_u^h, u=1,2,\cdots,U, \\
\sum_{h=1}^{H}\sum_{j=1}^{J_h} \eta_j^h X_{aj}^h \leq X_{a0}^h, a=1,2,\cdots,A, \\
\sum_{h=1}^{H}\sum_{j=1}^{J_h} \eta_j^h Y_{uj}^h \leq Y_{u0}^h, u=1,2,\cdots,U, \\
\eta_j^h \geq 0, h=1,2,\cdots,H; j=1,2,\cdots,J_h, \\
\sum_{h=1}^{H}\sum_{j=1}^{J_h} \eta_j^h = 1, \\
\sum_{h=1}^{H}\sum_{j=1}^{J_h} \mu_j^h Z_{wj}^h = Z_w^h, w=1,2,\cdots,W, \\
\sum_{h=1}^{H}\sum_{j=1}^{J_h} \mu_j^h X_{cj}^h \leq X_{c0}^h, c=1,2,\cdots,C, \\
\sum_{h=1}^{H}\sum_{j=1}^{J_h} \mu_j^h Y_{wj}^h \leq Y_{w0}^h, w=1,2,\cdots,W, \\
\mu_j^h \geq 0, h=1,2,\cdots,H; j=1,2,\cdots,J_h, \\
\sum_{h=1}^{H}\sum_{j=1}^{J_h} \mu_j^h = 1.
\end{cases} \quad (4-5)$$

经济效率、资源效率和环境效率的评价与生态效率的评价有所不同。生态效率是一个综合性的指标，在评价时需要考虑到多个方面；而在评价经济效率时只需关注经济增长性，在评价资源效率时只需关注资源的消耗情况,在评估环境效率时则只需关注环境污染的情况。因此,对这些效率的评价采取以投入或产出为导向的评价模型。其中,投入导向模型关注的是在产出既定的情况下尽可能缩减投入要素,而产出导向模型关注的则是在投入要素既定的情况下产出价值的最大化。根据以上定义,在评价系统的经济效率时,我们应该采用产出导向的测度模型。而且,在评价系统的经济效率时,我们常假设某个决策单元的资源性投入和不良产出与其他的 DMU 是相同的,因此,除了生产阶段的期望产出外,其余变量的冗余值均等于零。具体的经济效率评价模型如模型(4-5)所示。

其中,$\theta_{h0}^{\text{Meta}*}$ 是以元前沿为参考点的 DMU_{h0} 的经济效率。其余变量的定义同上所述。根据模型(4-5),我们可以求得工业系统的元前沿经济效率 $\theta^{\text{Meta}*}$ 以及各阶段的元前沿经济效率。同理,我们若去掉模型(4-5)中的 $\sum_{h=1}^{H}$,则可以计算工业系统的组前沿经济效率 θ^{h*} 及各阶段的组前沿经济效率。

(3) 环境效率评价模型。

工业系统网络生产结构的特点决定了环境效率内在地包含了固体废物治理效率、废水治理效率和废气治理效率。在固体废物治理阶段,固体废物的综合利用量是系统的期望产出,即在处理工业固体废物时,我们总是希望提高固体废物的综合利用率,从而降低工业固体废物给生态环境带来的不良影响。工业废气和工业废水的最终排放是我们所不期望的,是一类不良产出,考虑的是尽可能地减少排放。基于上述分析,在建立环境效率评价模型时,我们有必要采用非导向的模型。同经济效率评价的假设类似,我们在评价环境效率时,假设除了环境影响的相关变量的冗余值不为零外,其余变量相同且冗余值均为零。因此,所建立的非导向环境评价模型如模型(4-6)所示。

其中,$\zeta_{h0}^{\text{Meta}*}$ 是以元前沿为参考点的 DMU_{h0} 的环境效率。其余变量的定义同上。根据模型(4-6),我们可以求得工业系统的元前沿环境效率 $\zeta^{\text{Meta}*}$ 以及各阶段的元前沿环境效率。同理,若去掉模型(4-6)中的 $\sum_{h=1}^{H}$,我们则可以计算工业系统的组前沿环境效率 ζ^{h*} 及各阶段的组前沿环境效率。

$$\zeta_{h0}^{\text{Meta}*} = \min \frac{1 - \frac{1}{U+W}\left(\sum_{u=1}^{U}\frac{s_u^{h-}}{Y_{u0}^h} + \sum_{w=1}^{W}\frac{s_w^{h-}}{Y_{w0}^h}\right)}{1 + \frac{1}{V}\sum_{v=1}^{V}\frac{s_v^{h+}}{Y_{v0}^h}}$$

$$\begin{cases}
\sum_{h=1}^{H}\sum_{j=1}^{J_h}\lambda_j^h X_{ij}^h \leq X_{i0}^h, i=1,2,\cdots,I, \\
\sum_{h=1}^{H}\sum_{j=1}^{J_h}\lambda_j^h Y_{rj}^h \geq Y_{r0}^h, r=1,2,\cdots,R, \\
\sum_{h=1}^{H}\sum_{j=1}^{J_h}\lambda_j^h Z_{uj}^h = Z_u^h, u=1,2,\cdots,U, \\
\sum_{h=1}^{H}\sum_{j=1}^{J_h}\lambda_j^h Z_{vj}^h = Z_v^h, v=1,2,\cdots,V, \\
\sum_{h=1}^{H}\sum_{j=1}^{J_h}\lambda_j^h Z_{wj}^h = Z_w^h, w=1,2,\cdots,W, \\
\lambda_j^h \geq 0, j=1,2,\cdots,J; h=1,2,\cdots,H, \\
\sum_{h=1}^{H}\sum_{j=1}^{J_h}\lambda_j^h = 1, \\
\sum_{h=1}^{H}\sum_{j=1}^{J_h}\lambda_j^h Z_{vj}^h = \sum_{h=1}^{H}\sum_{j=1}^{J_h}\gamma_j^h Z_{vj}^h, v=1,2,\cdots,V, \\
\sum_{h=1}^{H}\sum_{j=1}^{J_h}\lambda_j^h Z_{uj}^h = \sum_{h=1}^{H}\sum_{j=1}^{J_h}\eta_j^h Z_{uj}^h, u=1,2,\cdots,U, \\
\sum_{h=1}^{H}\sum_{j=1}^{J_h}\lambda_j^h Z_{wj}^h = \sum_{h=1}^{H}\sum_{j=1}^{J_h}\mu_j^h Z_{wj}^h, w=1,2,\cdots,W, \\
\sum_{h=1}^{H}\sum_{j=1}^{J_h}\gamma_j^h Z_{vj}^h = Z_v^h, v=1,2,\cdots,V, \\
\sum_{h=1}^{H}\sum_{j=1}^{J_h}\gamma_j^h X_{bj}^h \leq X_{b0}^h, b=1,2,\cdots,B, \\
\sum_{h=1}^{H}\sum_{j=1}^{J_h}\gamma_j^h Y_{vj}^h = Y_{v0}^h + s_v^{h+}, v=1,2,\cdots,V, \\
\gamma_j^h \geq 0, j=1,2,\cdots,J_h; h=1,2,\cdots,H, \\
\sum_{h=1}^{H}\sum_{j=1}^{J_h}\gamma_j^h = 1,
\end{cases}$$

$$\begin{cases}
\sum_{h=1}^{H}\sum_{j=1}^{J_h}\eta_j^h Z_{uj}^h = Z_u^h, u=1,2,\cdots,U, \\
\sum_{h=1}^{H}\sum_{j=1}^{J_h}\eta_j^h X_{aj}^h \leq X_{a0}^h, a=1,2,\cdots,A, \\
\sum_{h=1}^{H}\sum_{j=1}^{J_h}\eta_j^h Y_{uj}^h = Y_{u0}^h - s_u^{h-}, u=1,2,\cdots,U, \\
\eta_j^h \geq 0, h=1,2,\cdots,H; j=1,2,\cdots,J_h, \\
\sum_{h=1}^{H}\sum_{j=1}^{J_h}\eta_j^h = 1, \\
\sum_{h=1}^{H}\sum_{j=1}^{J_h}\mu_j^h Z_{wj}^h = Z_w^h, w=1,2,\cdots,W, \\
\sum_{h=1}^{H}\sum_{j=1}^{J_h}\mu_j^h X_{cj}^h \leq X_{c0}^h, c=1,2,\cdots,C, \\
\sum_{h=1}^{H}\sum_{j=1}^{J_h}\mu_j^h Y_{wj}^h = Y_{w0}^h - s_w^{h-}, w=1,2,\cdots,W, \\
\mu_j^h \geq 0, h=1,2,\cdots,H; j=1,2,\cdots,J_h, \\
\sum_{h=1}^{H}\sum_{j=1}^{J_h}\mu_j^h = 1.
\end{cases} \quad (4-6)$$

(4) 资源效率评价模型。

$$\xi_{h0}^{\text{Meta}*} = \min\left[1 - \frac{1}{I+B+A+C}\left(\sum_{i=1}^{I}\frac{s_i^{h-}}{X_{i0}^h} + \sum_{b=1}^{B}\frac{s_b^{h-}}{X_{b0}^h} + \sum_{a=1}^{A}\frac{s_a^{h-}}{X_{a0}^h} + \sum_{c=1}^{C}\frac{s_c^{h-}}{X_{c0}^h}\right)\right]$$

$$\begin{cases}
\sum_{h=1}^{H}\sum_{j=1}^{J_h}\lambda_j^h X_{ij}^h = X_{i0}^h - s_i^{h-}, i=1,2,\cdots,I, \\
\sum_{h=1}^{H}\sum_{j=1}^{J_h}\lambda_j^h Y_{rj}^h \geq Y_{r0}^h, r=1,2,\cdots,R, \\
\sum_{h=1}^{H}\sum_{j=1}^{J_h}\lambda_j^h Z_{uj}^h = Z_u^h, u=1,2,\cdots,U, \\
\sum_{h=1}^{H}\sum_{j=1}^{J_h}\lambda_j^h Z_{vj}^h = Z_v^h, v=1,2,\cdots,V, \\
\sum_{h=1}^{H}\sum_{j=1}^{J_h}\lambda_j^h Z_{wj}^h = Z_w^h, w=1,2,\cdots,W, \\
\lambda_j^h \geq 0, j=1,2,\cdots,J_h; h=1,2,\cdots,H, \\
\sum_{h=1}^{H}\sum_{j=1}^{J_h}\lambda_j^h = 1, \\
\sum_{h=1}^{H}\sum_{j=1}^{J_h}\lambda_j^h Z_{vj}^h = \sum_{h=1}^{H}\sum_{j=1}^{J_h}\gamma_j^h Z_{vj}^h, v=1,2,\cdots,V, \\
\sum_{h=1}^{H}\sum_{j=1}^{J_h}\lambda_j^h Z_{uj}^h = \sum_{h=1}^{H}\sum_{j=1}^{J_h}\eta_j^h Z_{uj}^h, u=1,2,\cdots,U, \\
\sum_{h=1}^{H}\sum_{j=1}^{J_h}\lambda_j^h Z_{wj}^h = \sum_{h=1}^{H}\sum_{j=1}^{J_h}\mu_j^h Z_{wj}^h, w=1,2,\cdots,W, \\
\sum_{h=1}^{H}\sum_{j=1}^{J_h}\gamma_j^h Z_{vj}^h = Z_v^h, v=1,2,\cdots,V, \\
\sum_{h=1}^{H}\sum_{j=1}^{J_h}\gamma_j^h X_{bj}^h = X_{b0}^h - s_b^{h-}, b=1,2,\cdots,B, \\
\sum_{h=1}^{H}\sum_{j=1}^{J_h}\gamma_j^h Y_{vj}^h \geq Y_{v0}^h, v=1,2,\cdots,V, \\
\gamma_j^h \geq 0, j=1,2,\cdots,J_h; h=1,2,\cdots,H, \\
\sum_{h=1}^{H}\sum_{j=1}^{J_h}\gamma_j^h = 1, \\
\sum_{h=1}^{H}\sum_{j=1}^{J_h}\eta_j^h Z_{uj}^h = Z_u^h, u=1,2,\cdots,U, \\
\sum_{h=1}^{H}\sum_{j=1}^{J_h}\eta_j^h X_{aj}^h = X_{a0}^h - s_a^{h-}, a=1,2,\cdots,A, \\
\sum_{h=1}^{H}\sum_{j=1}^{J_h}\eta_j^h Y_{uj}^h \leq Y_{u0}^h, u=1,2,\cdots,U, \\
\eta_j^h \geq 0, h=1,2,\cdots,H; j=1,2,\cdots,J_h, \\
\sum_{h=1}^{H}\sum_{j=1}^{J_h}\eta_j^h = 1, \\
\sum_{h=1}^{H}\sum_{j=1}^{J_h}\mu_j^h Z_{wj}^h = Z_w^h, w=1,2,\cdots,W, \\
\sum_{h=1}^{H}\sum_{j=1}^{J_h}\mu_j^h X_{cj}^h = X_{c0}^h - s_c^{h-}, c=1,2,\cdots,C, \\
\sum_{h=1}^{H}\sum_{j=1}^{J_h}\mu_j^h Y_{wj}^h \leq Y_{w0}^h, w=1,2,\cdots,W, \\
\mu_j^h \geq 0, h=1,2,\cdots,H; j=1,2,\cdots,J_h, \\
\sum_{h=1}^{H}\sum_{j=1}^{J_h}\mu_j^h = 1.
\end{cases} \quad (4-7)$$

由于投入资源的多元化特点，资源效率的评价通常采用目标（理想）投入与实际投入的比率来表示。[157,178,184-187]资源是作为投入要素进入系统内部的，我们通常希望能通过最少的资源投入产生最大化的经济产出或环境效益。因此，采用投入导向的模型来评价资源使用效率是比较合理的。类似于经济效率和环境效率关于除投入要素外的冗余变量的假设，这里假设除了涉及的投入资源变量的冗余值不一定为零外，其余的期望产出和不良产出相同且冗余值都为零。资源效率的评价涉及两个步骤，一是确定目标或理想的投入量，二是根据定义计算资源效率。确定理想的投入资源量可通过模型（4-7）进行求解。

通过模型（4-7），我们可以求得冗余变量 s_i^{h-}、s_a^{h-}、s_b^{h-} 和 s_c^{h-} 的值。需要注意的是，ξ_{h0}^{Meta*} 测量的是系统的整体资源性效率。根据资源效率的定义，若要计算各种具体资源的使用效率，我们可以通过以下各式进行计算：

$$\alpha_{i0}^{Meta*} = \frac{X_{i0}^h - s_i^{h-}}{X_{i0}^h} \quad (4-8)$$

$$\beta_{a0}^{Meta*} = \frac{X_{a0}^h - s_a^{h-}}{X_{a0}^h} \quad (4-9)$$

$$\chi_{b0}^{Meta*} = \frac{X_{b0}^h - s_b^{h-}}{X_{b0}^h} \quad (4-10)$$

$$\delta_{c0}^{Meta*} = \frac{X_{c0}^h - s_c^{h-}}{X_{c0}^h} \quad (4-11)$$

在模型（4-8）—模型（4-11）中，$X-s$ 分别表示 DMU_{h0} 相对于元前沿参考点的理想投入量。α_{i0}^{Meta*}、β_{a0}^{Meta*}、χ_{b0}^{Meta*}、δ_{c0}^{Meta*} 分别表示第 i、a、b、c 种资源的使用效率。根据模型（4-8）—模型（4-11），我们可以求得工业系统的元前沿资源效率 α_{i0}^{Meta*}、β_{a0}^{Meta*}、χ_{b0}^{Meta*}、δ_{c0}^{Meta*}，以及各阶段的元前沿资源效率。同理，若去掉模型（4-7）中的 $\sum_{h=1}^{H}$，则我们可以计算工业系统的组前沿资源效率 α^{h*}、β^{h*}、χ^{h*}、δ^{h*}，以及各阶段的组前沿资源效率。

4.2.2 效率差距模型

元前沿效率结果和组前沿效率结果是基于不同的生产前沿面所评价的效率结果。由于组前沿生产可能性集是元前沿生产可能性集的子集。因此，组前沿效率结果往往大于元前沿效率结果，[125] 即 $\rho_j^h \geq \rho_j^{Meta}$。为衡量元前沿和组前沿生产技术之间的差距，根据 O'Donnell 等[125] 的研究，我们可以采用技术差距率（technology gap ratio，TGR）或者称为元技术比率（meta-technology ratio，MTR）[188] 来表征组前沿和元前沿之间的技术差距情况。鉴于本书主要是讨论工业系统的生态效率情况，故这里只以生态效率的"元-组"技术差距率为例进行分析，其他的经济效率和环境效率等可做类似的讨论和分析。进而，在组 h 中 DMU_j 的生态效率技术差距率 TGR_j^h 可以通过式（4-12）进行计算，第 h 组的平均技术差距率 TGR^h 可以通过式（4-13）进行求解。

$$TGR_j^h = \frac{\rho_j^{\text{Meta}}}{\rho_j^h} \tag{4-12}$$

$$TGR^h = \frac{\sum_{j=1}^{J_h} TGR_j^h}{J_h} \tag{4-13}$$

其中，TGR 值越接近于 1，组前沿和元前沿的技术异质性越小，组前沿生态效率和元前沿生态效率越接近同一水平，[35] 即 TGR 值越大，技术差距越小。当 $TGR=1$ 时，表明对于生态效率而言，组前沿技术和元前沿技术没有差异，不存在技术差距，此时考虑技术异质性和不考虑技术异质性的模型结果差异不大。而当 $TGR=0$ 时，组前沿面和元前沿面的生产技术差异性达到最大，此时是否考虑技术的异质性对于生态效率评价的结果存在较大的影响。由此可见，在评价工业系统生态效率时，考虑生产技术的异质性对于客观、全面地评价工业生态效率具有十分重要的现实意义。

4.2.3 无效率分解模型

组前沿生态效率和元前沿生态效率的值可以通过模型（4-4）进行求解，TGR 确定了这两个效率值之间的差异性，这为考虑生态无效率的来源提供了很有价值的信息。借鉴 Lin 等[189]、Chiu 等[190] 的研究成果，元前沿生态无效率可以被分解为两个部分，即技术差距无效率（technology gap inefficiency，TGI）和组前沿管理无效率（group frontier managerial inefficiency，GMI），计算公式如式（4-14）和式（4-15）所示。同一组内的 DMU 具有相同或相似的生产技术，因此，组前沿下生态无效率被认为是由管理的无效率造成的，而不是由技术上的因素造成的。

$$TGI_j^h = \rho_j^h(1 - TGR_j^h) = \rho_j^h - \rho_j^{\text{Meta}} \tag{4-14}$$

$$GMI_j^h = 1 - \rho_j^h \tag{4-15}$$

根据式（4-14）和式（4-15），DMU_j 在元前沿框架下的生态无效率值 $\rho_j^{\text{Meta}'}$ 可通过式（4-16）求解。第 h 组的平均技术差距无效率 TGI^h 和平均管理无效率 GMI^h 分别利用式（4-17）和式（4-18）进行计算。

$$\rho_j^{\text{Meta}'} = TGI_j^h + GMI_j^h = 1 - \rho_j^{\text{Meta}} \tag{4-16}$$

$$TGI^h = \frac{\sum_{j=1}^{J_h} TGI_j^h}{J_h} \quad (4-17)$$

$$GMI^h = \frac{\sum_{j=1}^{J_h} GMI_j^h}{J_h} \quad (4-18)$$

4.3 实证分析

工业是国民经济发展的重要支柱，工业部门是经济发展的重要物质生产部门。[191]在生产阶段，工业系统通过消耗资本、劳动力和能源资源，产出工业增加值，同时也会产生固体废物、二氧化硫和废水等工业污染物。[105,111]工业增加值是工业持续发展的动力。由于工业系统具有工业废物多样性，所以在工业废物治理阶段，就内在地包含了三个有一定差异的废物治理阶段，即固体废物治理阶段、废气治理阶段和废水治理阶段。在各工业废物治理阶段，产生于生产阶段的固体废物、二氧化硫和工业废水将分别进入各废物治理系统，得到一定的处理后再排放。这一过程需要投入废物治理资金，并配备相应的废物治理设施设备（见图 4-2）。相关的投入和产出指标的选择，可参见本书第 3.2.1 小节。本研究选择了 30 个省级行政区规模以上工业系统作为研究对象，并根据各省级行政区工业增加值的规模大小将这些工业系统划分为三种规模类型，故 $J=30$，$H=30$。根据上一章的规模划分标准，有 $j_1=10$，$j_2=9$，$j_3=11$。我们收集了 2011—2020 年期间所有研究对象的相关投入和产出数据，数据的描述性统计结果请参见本书第 3.2.2 小节。

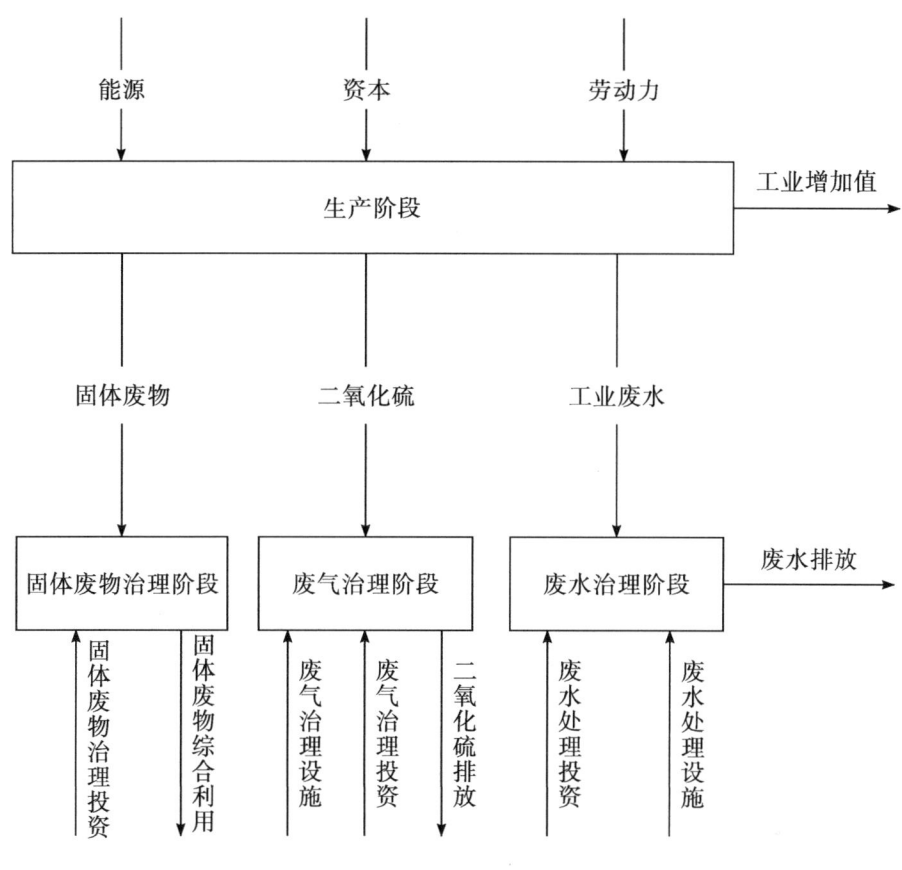

图4-2 工业系统网络结构

4.3.1 结果讨论

(1) 省级行政区工业系统生态效率表现现状。

根据模型（4-4）—模型（4-7），我们可以计算出2011—2020年我国内地30个省级行政区的元前沿生态效率及其分解子效率。表4-1报告了研究期间我国省级行政区工业系统生态效率及其分解效率在区域层面的平均表现。根据表4-1的结果，我国内地总体上来说，工业生产系统的生态效率为0.4034，表明仍然存在巨大的效率提升空间。在生态效率的分解子效率中，经济效率最高，其次是资源效率，环境效率则相对较低（<0.5000）。基于此，我国内地省级行政区工业系统生态方面的低效率主要是由较低的环境效率所致。表4-1显示，在三个区域中，东部区域工业系统拥有最高的生态效率表现，得分为0.5324，其次是中部和西部区域（得分分别为

0.3599、0.3249）。三个区域的工业生态效率都有很大的提升空间，并且提升的路径有较大的相似性，即首先应着重提高环境效率，然后是提高资源效率，并且稳步提升经济效率。

表4-1　省级行政区工业系统区域生态效率及其分解效率

区域	生态效率	经济效率	环境效率	资源效率
东部	0.5324	0.9862	0.4525	0.7567
中部	0.3599	0.8679	0.2941	0.7019
西部	0.3249	0.9258	0.3299	0.7098
总体	0.4034	0.9305	0.3612	0.7233

为便于比较分析，我们计算了各省级行政区这四种效率的年平均得分，汇总在表4-2中，从中可以观察到各地区相关效率在研究期内的平均水平。根据表4-2的结果，我们有以下四点发现。

表4-2　省级行政区工业系统生态效率及其分解效率

省级行政区	生态效率		经济效率		环境效率		资源效率	
	分数	排名	分数	排名	分数	排名	分数	排名
北京	0.7792	2	1.0000	1	0.7813	2	0.8718	6
天津	0.5604	5	0.9737	14	0.5141	6	0.7352	14
河北	0.6886	4	0.9915	11	0.6878	4	0.8931	3
山西	0.4088	10	0.8022	28	0.4995	7	0.7343	15
内蒙古	0.2357	28	0.9984	9	0.3689	9	0.7584	12
辽宁	0.3659	15	0.9417	18	0.2840	18	0.8529	7
吉林	0.3680	14	0.8819	24	0.2684	19	0.7461	13
黑龙江	0.2370	27	0.6718	30	0.1760	28	0.6741	20
上海	0.4315	8	0.9853	12	0.2926	17	0.6058	23
江苏	0.4733	7	0.9992	8	0.3809	8	0.9091	2
浙江	0.3987	12	1.0000	1	0.2496	20	0.5749	26
安徽	0.4283	9	0.8846	23	0.3302	12	0.7984	8
福建	0.3074	21	0.9706	15	0.1753	30	0.5645	29
江西	0.3168	18	0.8815	25	0.1984	24	0.6643	21
山东	0.4989	6	1.0000	1	0.5700	5	0.8775	4
河南	0.4069	11	0.9562	16	0.3081	15	0.7710	10
湖北	0.3146	19	0.9193	20	0.2386	22	0.5762	25
湖南	0.3987	13	0.9453	17	0.3338	11	0.6507	22

续表 4-2

省级行政区	生态效率		经济效率		环境效率		资源效率	
	分数	排名	分数	排名	分数	排名	分数	排名
广东	0.3336	17	1.0000	1	0.1781	26	0.5710	27
广西	0.3084	20	0.9027	22	0.2347	23	0.6981	17
海南	0.9857	1	1.0000	1	0.9811	1	0.9886	1
重庆	0.2966	22	0.9325	19	0.2471	21	0.6886	19
四川	0.2477	24	0.8263	27	0.1898	25	0.5837	24
贵州	0.3362	16	1.0000	1	0.3180	13	0.6930	18
云南	0.2456	25	0.8482	26	0.1759	29	0.5658	28
陕西	0.2782	23	0.9743	13	0.1760	27	0.5182	30
甘肃	0.2422	26	0.7130	29	0.3153	14	0.7598	11
青海	0.7750	3	1.0000	1	0.7217	3	0.8765	5
宁夏	0.2013	30	0.9969	10	0.3473	10	0.7954	9
新疆	0.2329	29	0.9170	21	0.2939	16	0.7023	16
平均值	0.4034	—	0.9305	—	0.3612	—	0.7233	—

第一，我国的省级行政区工业系统的经济效率高于环境效率和资源效率。从 2011—2020 年，我国的省级行政区工业系统年均经济效率为 0.9305，而其他三个效率值均小于 0.8000，特别是环境效率和生态效率得分仅为 0.3612 和 0.4034，远远低于经济效率得分。Chen 等[192]的研究结果也显示我国省级行政区工业的环境效率并不乐观，需要工业界和政府部门采取积极主动的措施来处理工业企业的不良产出问题。Yu 等[140]的研究结果同样表明，长远来看，工业生态效率的提高还有很大的空间。这些研究结果均反映了我国省级行政区工业系统生态问题的严重性，目前的工业经济高速增长所付出的代价是高能耗和重污染。

第二，海南是表 4-2 中唯一一个生态效率及分解子效率得分均为 1 的省级行政区，即相对来说，海南工业系统实现了经济效益和生态效益的双重最大化，这与 Wu 等[166]的研究结果有一定的相似之处。近年来，海南强调始终坚持绿色发展和生态优先的理念，努力建设生态文明试验区，努力打造具有一流生态环境的自由贸易港。宁夏的工业生态效率表现则不尽如人意，得分仅为 0.2013。宁夏受历史和自然等不可抗力因素的制约，经济发展水平相对比较落后,生态环境质量基础较差,而且工业污染治理技术也相对薄弱,工业污染治理投资相对不足。这些原因都有可能造成宁夏工业生态效率不高的状况。另外,工业生态效率表现较佳的前三个省级行政区分别是海南、北京和青海。

第三,当且仅当某一省级行政区经济效率、环境效率和资源效率得分均较高或排名均靠前时,生态效率得分才有比较好的结果。这说明要提高某一工业系统的生态效率,要同时兼顾经济效益和资源环境效益的提高。例如,海南的工业经济效率(1.0000)、环境效率(0.9811)和资源效率(0.9886)均为领先水平,因此最终其生态效率得分(0.9857)也处于领先地位。类似地,北京、青海等地的状况也可用同样的方式来解释。

第四,在研究期内,我国工业生态效率得分仍然较低,仅为0.4034,远低于工业经济效率(0.9305)。图4-3还显示,大部分省级行政区的经济效率>资源效率>生态效率>环境效率。这说明,目前工业发展关注较多的仍然是产值的提升,而对于工业生态环境领域的关注还较为缺乏。

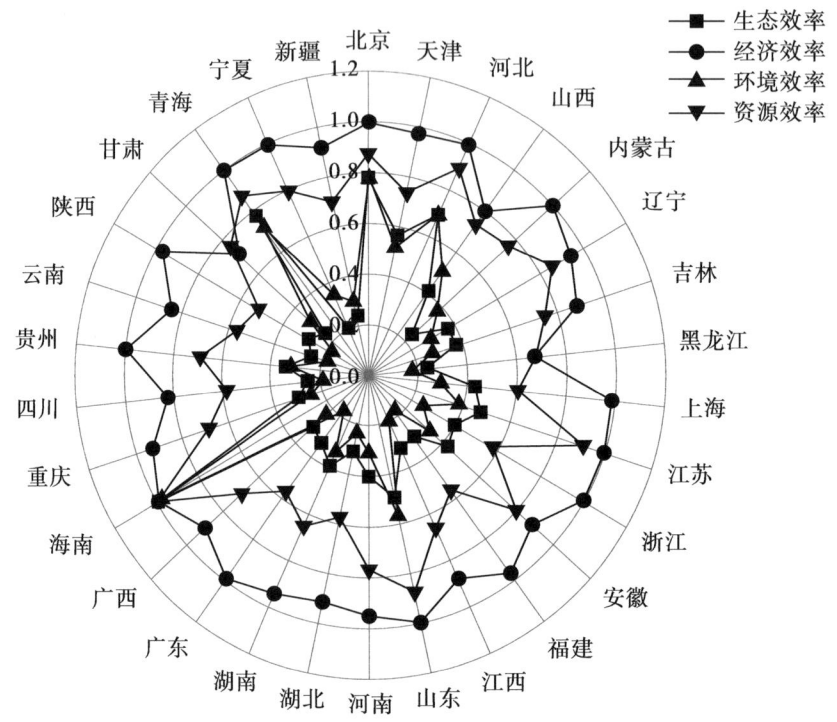

图4-3　各省级行政区生态效率指标情况

(2) 省级行政区工业系统生态效率变化趋势。

我们通过计算生态效率及其分解子效率在30个省级行政区每年的平均效率水平，绘制出各效率的年均变化趋势图（见图4-4）。图4-4表示的是工业生态效率及其分解子效率在研究期内的平均变化趋势。根据图4-4，我们可以了解到我国工业系统生态效率在2011—2020年间没有得到提高，且波动比较大，易受经济发展水平的影响。环境效率和资源效率在研究期间都呈现下降的趋势，尤其是资源效率下降最为明显。而经济效率除2014年外，表现出了稳步提升的态势。2014年，我国规模上工业增加值出现过连续数月下滑的情况，一方面是受到APEC（亚太经济合作组织）会议期间停产限产的影响，但最根本的原因还是工业去产能、调结构所带来的低迷状态仍未得到明显改善。在这之后，工业产业去产能、结构优化调整取得一定成效，工业经济开始缓步复苏。

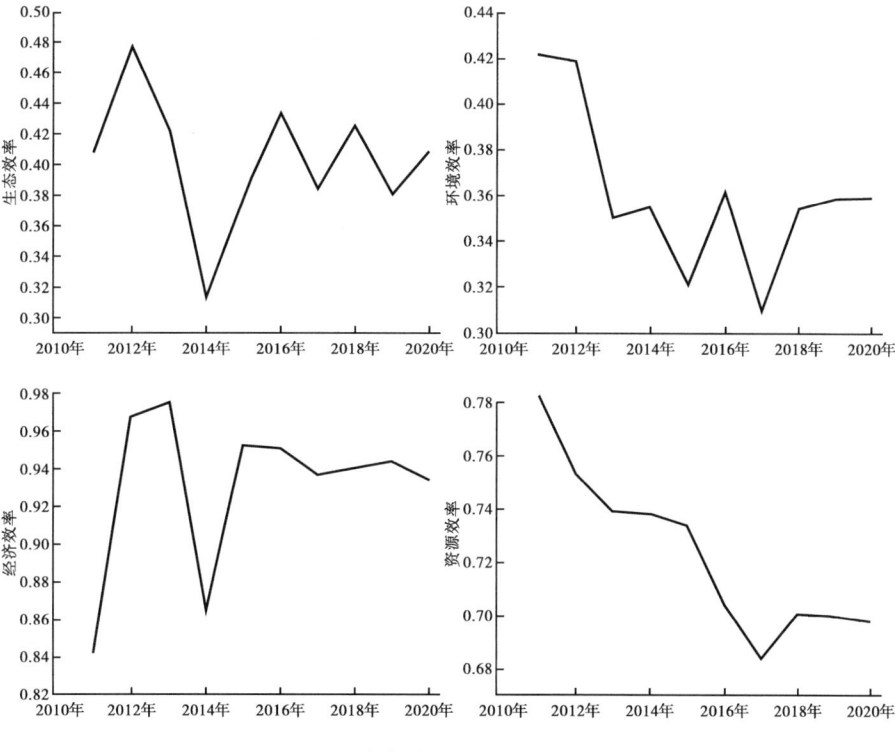

图4-4 生态效率指标年均变化趋势

图4-5、图4-6和图4-7显示了我国区域工业系统在2011—2020年间的生态效率、经济效率、环境效率和资源效率的变化趋势。图4-5显

示，2011—2020年，东部区域工业经济效率和资源效率呈现缓慢降低的趋势。而工业生态效率和环境效率则表现为"波浪式"的变化趋势，区域工业环境效率和生态效率的变化趋势非常相似。这说明在研究期间，该区域的工业生态效率不高主要是由其环境效率水平较低导致的。图4-6显示，中部区域的工业生态效率和环境效率的变化趋势和东部区域有一定的相似之处，较为不同之处表现在2018—2020年期间，东部地区是先降后升，而中部区域则是缓慢下降。总体来看，中部区域工业生态效率、资源效率和环境效率在2011—2018年间变化趋势较为相似，但2018年后出现了差异。由此可见，中部区域工业生态效率不高是由资源效率和环境效率双重低位运行的共同作用导致的。图4-7显示，西部区域工业环境效率和资源效率的变化趋势相似，而生态效率和经济效率的变化趋势相似。这充分说明，西部区域工业生态效率很大程度上是由经济效率来决定的，要提高该区域的工业生态效率，就要加大力度发展工业经济，继续坚持各项针对广大西部地区发展的国家政策，如西部大开发政策、成渝双城经济圈一体化建设等。只有经济发展了，才能够同步提升工业资源环境的开发利用效率，进而不断提高西部区域的工业生态效率，并提升西部区域工业发展的质量和效益。

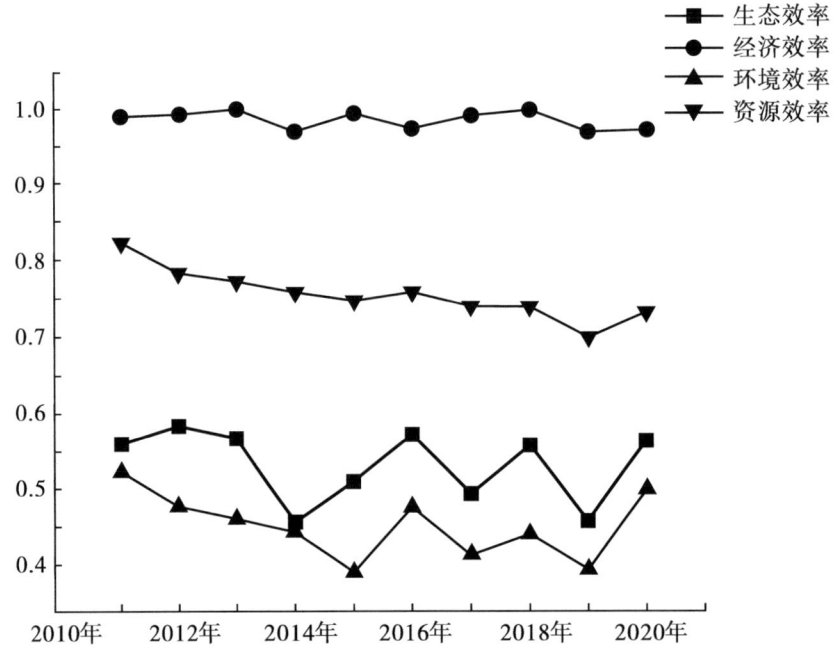

图4-5 东部区域生态效率及其分解效率变化趋势（2011—2020年）

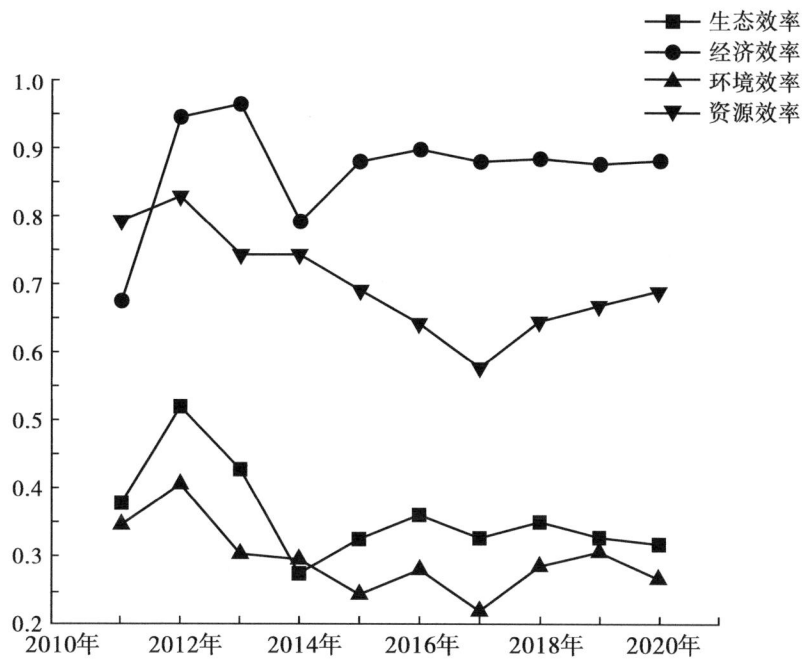

图 4-6 中部区域生态效率及其分解效率变化趋势（2011—2020 年）

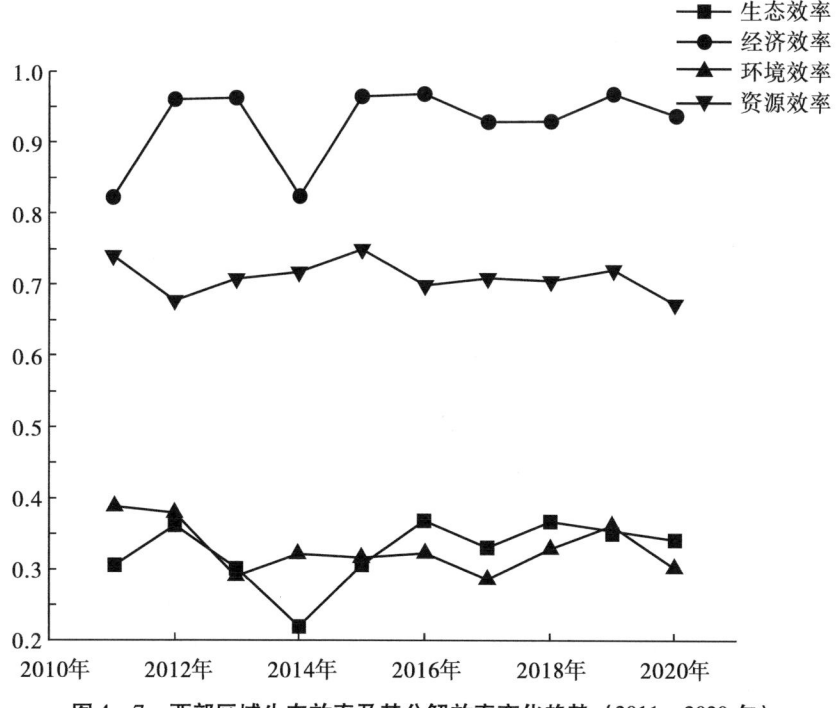

图 4-7 西部区域生态效率及其分解效率变化趋势（2011—2020 年）

4.3.2 生态效率收敛性分析

上一小节讨论了我国省级行政区工业系统在区域和省级层面的生态效率及其分解效率的变化趋势。本节将利用绝对 β 收敛、条件 β 收敛及核密度分布分析来进一步考察 2011—2020 年我国各省级行政区工业系统生态效率及分解效率的收敛性和分布特征。

（1）绝对 β 收敛。

根据 Barro 等[193]的研究，绝对 β 收敛检验模型为：

$$\frac{1}{t}\ln\left(\frac{y_{it}}{y_{i0}}\right) = \beta\ln(y_{i0}) + \alpha + \varepsilon_{it} \tag{4-19}$$

y_{it} 为个体 i 在 t 时期的待检验变量值，y_{i0} 为个体 i 在初期的待检验变量值，ε_{it} 为个体 i 在 t 时期的误差项，α 为常数项，β 为收敛性检验系数。若 $\beta<0$，则表明检验变量为绝对 β 收敛，反之则不为绝对 β 收敛。并且检验变量的收敛率 τ 可通过式（4-20）进行计算，其中 T 表示时间跨度的大小。

$$\tau = -\frac{1}{T}\ln(1+\beta) \tag{4-20}$$

表 4-3 显示了我国内地工业系统生态效率及其分解效率的绝对 β 收敛检验结果。该表表明，在 1% 的显著性水平下，生态效率的绝对 β 系数为 -0.1101。我国省级行政区工业系统的生态效率表现出绝对 β 收敛性，然而，其收敛率为 0.0117，这意味着工业系统的生态效率还需要较长的时间才能达到一定的稳定状态。关于分解效率，表 4-3 显示，在 1% 的显著性水平下，经济效率、环境效率和资源效率的绝对 β 收敛系数分别为 -0.1487、-0.0849 和 -0.0637。因此，我国省级行政区工业系统的经济效率、环境效率和资源效率均表现出绝对 β 收敛性。而且，根据收敛率的大小可以发现，经济效率将比环境效率和资源效率更快达到稳定状态，这是符合当前我国工业经济发展形势的。目前，我国工业经济发展态势有所放缓，稳增长、稳就业、调结构和转型升级是工业经济发展的未来趋势。但由于受限于生态环境和自然资源的客观压力，接下来很长一段时间内，我们会更加注重工业产业发展的生态环保性。未来，环境效率和资源效率预计会有较大幅度的提高。因此，工业产业发展的环境效率和资源效率的稳定性需要很长一段时间才能实现。

表4-3 中国工业系统生态效率及其分解效率的绝对 β 收敛

检验结果	生态效率	经济效率	环境效率	资源效率
β 值	-0.1101	-0.1487	-0.0849	-0.0637
置信区间	[-0.1345, -0.0857]	[-0.1680, -0.1294]	[-0.1097, -0.0601]	[-0.0866, -0.0409]
t 值	-8.8800	-15.1500	-6.73	-5.48
R^2	0.2093	0.4350	0.1320	0.0916
调整的 R^2	0.2067	0.4331	0.1291	0.0886
显著性水平	***	***	***	***
P 值	0.0000	0.0000	0.0000	0.0000
收敛率	0.0117	0.0161	0.0089	0.0066

注：在此表及后文的表格中，*、**、***分别表示在10%、5%和1%的显著性水平下。

(2) 条件 β 收敛。

式（4-19）、式（4-20）的绝对 β 收敛检验忽略了异质性的问题。我国省级行政区工业系统由于经济规模和地理分布等各种因素的差异，因而总是存在这种异质性且不可避免。为此，我们在式（4-19）的基础上增加了一个虚拟变量来捕获这些异质性，并且通过一个时间虚拟变量来表示时间趋势。于是，式（4-19）的绝对 β 收敛检验可以转化为条件 β 检验模型，如式（4-21）：

$$\frac{1}{t}\ln\left(\frac{y_{it}}{y_{i0}}\right) = \beta\ln(y_{i0}) + \alpha_i + \gamma_t + \varepsilon_{it} \qquad (4-21)$$

表4-4 中国工业系统生态效率及其分解效率的条件 β 收敛

检验结果	生态效率	经济效率	环境效率	资源效率
β 值	-0.0281	-0.0701	-0.0697	-0.0999
置信区间	[-0.1358, 0.0795]	[-0.1298, -0.0105]	[-0.2034, 0.0640]	[-0.3342, 0.1345]
t 值	-0.5100	-2.3200	-1.0300	-0.8400
R^2	0.6109	0.6771	0.4855	0.3141
调整的 R^2	0.5542	0.6300	0.4106	0.2142
显著性水平	***	***	***	***
P 值	0.0000	0.0000	0.0000	0.0000
收敛率	0.0029	0.0073	0.0072	0.0105

表4-4报告了我国省级行政区工业系统生态效率及其分解效率的条件β收敛检验结果。该表显示，在1%的显著性水平下，我国省级行政区工业系统生态效率的条件β收敛系数为-0.0281，生态效率表现出了条件β收敛的性质；而且，生态效率的条件β收敛率小于其绝对β收敛率。对于生态效率的分解效率而言，在1%的显著性水平下，经济效率、环境效率和资源效率的条件β收敛系数均是负值，这说明它们均存在条件β收敛的性质。对比表4-3和表4-4，我们可以发现，对于经济效率和环境效率而言，条件β收敛率小于绝对β收敛率；然而，资源效率的条件β收敛率大于绝对β收敛率。在考虑到各项因素的异质性后，经济效率和环境效率的稳定性有所下降，资源效率的稳定性有所提升。尽管如此，各效率指标要达到相对稳定的状态，还需要相当长的时间。

（3）核密度分布分析。

β收敛性检验考察的是我国省级行政区工业系统的生态效率及其分解效率是否处于平衡稳定的状态，而核密度分布分析可以用来考察我国省级行政区工业系统中生态效率及其分解效率的极化现象和动态分布情况。图4-8、图4-9、图4-10、图4-11分别描述了系统生态效率及其分解效率的核密度分布情况。核密度曲线向右移动，其相关效率水平不断提高。

根据图4-8，我们可以发现，我国省级行政区工业系统的生态效率在0.3附近存在较为密集的"坡峰"分布（呈左偏态分布），这说明大多数省级行政区工业产业的生态效率水平集中在0.3左右。而且，从核密度分布曲线来看，右尾拉得比较长，表示省级行政区工业系统生态效率存在着地域或空间的差异。从2012—2020年，曲线右拖尾还存在逐年拉长的现象，意味着在全国范围内，工业生态效率的空间差距存在逐步扩大的趋势。图4-9显示，省级行政区工业系统经济效率的核密度曲线波形向左移动，呈现比较极端的右偏态分布，且波峰垂直高度上升，波峰数量较少，这表明经济效率的核密度趋于向效率值降低的方向移动，即我国省级行政区工业系统的经济效率地区差距呈现出一定的缩小态势，表现为动态收敛性的特征。根据图4-10，我们可以发现我国省级行政区工业系统环境效率的核密度曲线和生态效率的核密度曲线存在着一定的相似性，较多省级行政区的工业环境效率水平集中在0.2～0.3区间，且有较明显的曲线右尾拉长现象，表明省级行政区工业产业环境效率有较大的空间差异性，而这种差异还有不断变大的趋势。图4-11显示的工业系统资源效率的核密度曲线和图4-8、图4-9、图4-10所显示的核密度曲线结果差异是比较明显的，资源效率的核密度曲线没有出现明显拖尾较长的现象，整个曲线表现得扁而宽,坡峰值较低且有较多省级行政区的工业资源效率水平处于0.6～0.8区间。这说明各省级行政区工业系统资源效率水平的差异比较大。

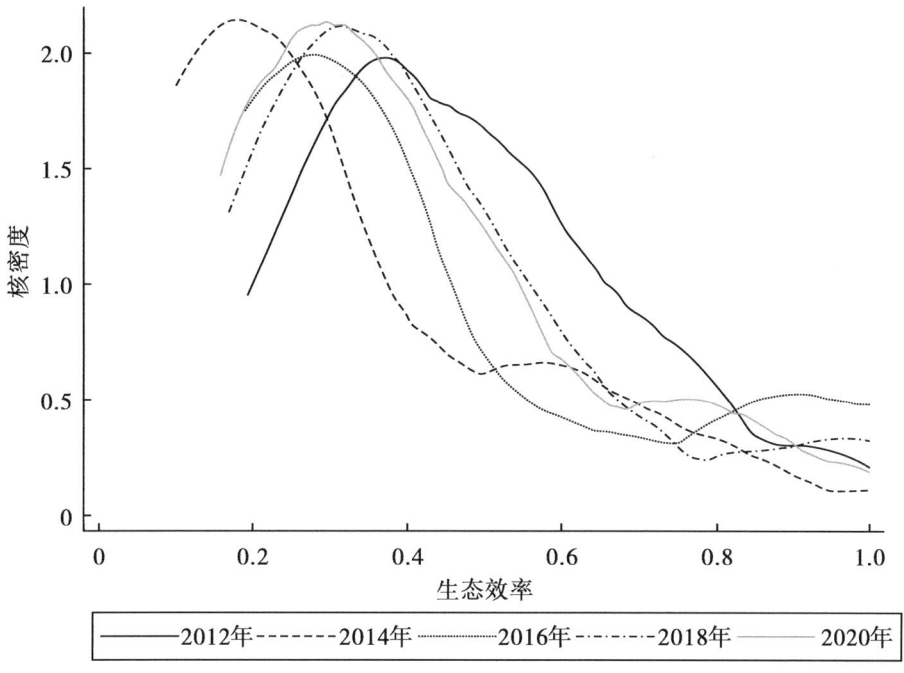

图4-8 中国省级行政区工业系统生态效率的核密度分布

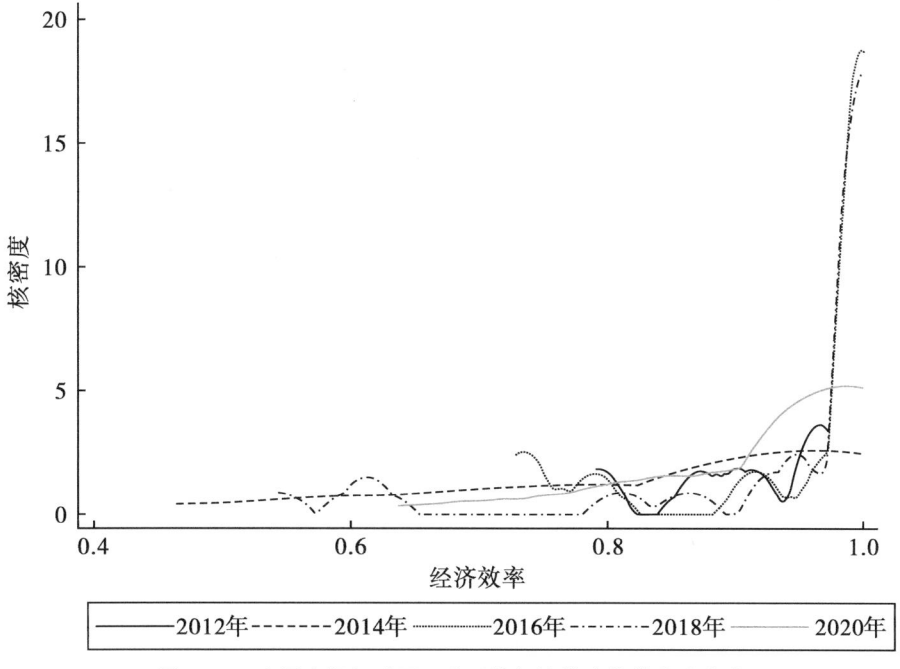

图4-9 中国省级行政区工业系统经济效率的核密度分布

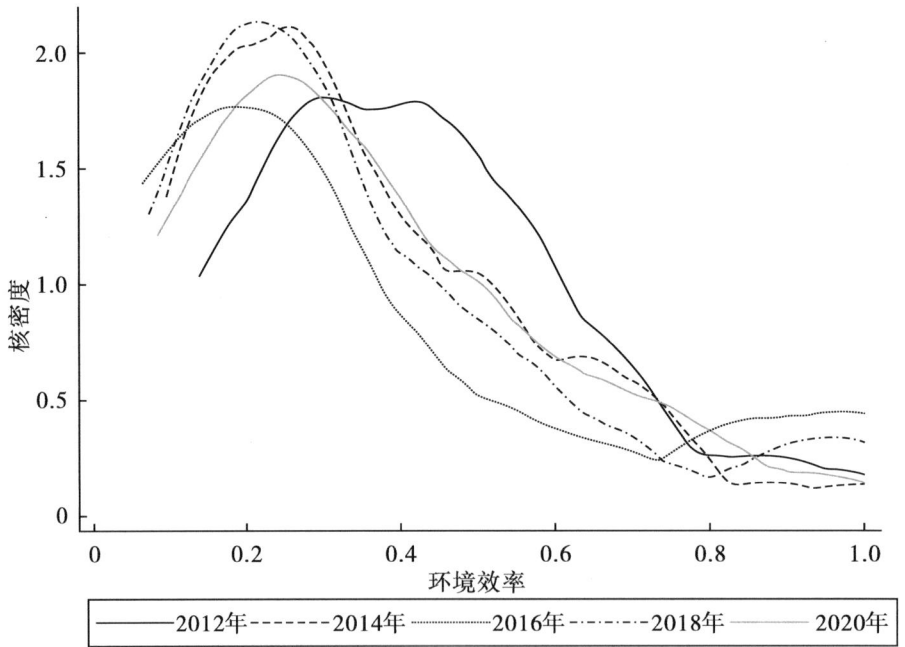

图4-10 中国省级行政区工业系统环境效率的核密度分布

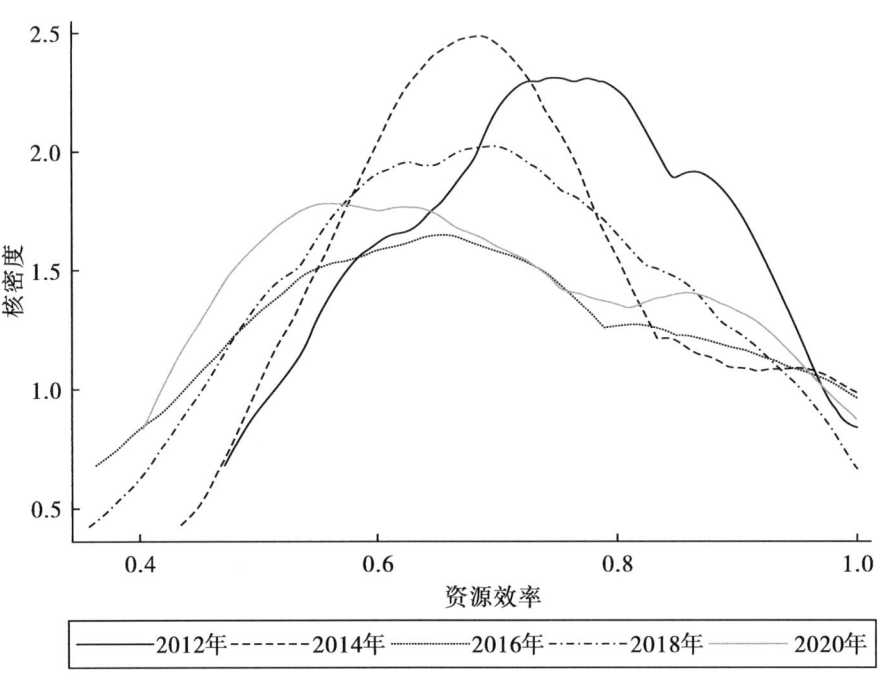

图4-11 中国省级行政区工业系统资源效率的核密度分布

4.3.3 生态无效率分解分析

（1）生态效率的技术差距率。

工业系统生态效率的技术差距率 TGR 可以通过式（4-12）、式（4-13）进行计算。图 4-12 显示了 2011—2020 年东部、中部和西部区域平均生态效率技术差距率的变化趋势，还显示了东部区域的生态效率技术差距率明显高于中部、西部区域，且东部区域的生态效率技术差距率均值约为 0.7385。因此，中国东部区域省级行政区具有相对较好的工业生态环保技术。该结果与东部省级行政区在工业生态方面表现出的高效率是一致的。2011—2014 年，中部区域的技术差距率总体优于西部区域，但 2014 年以后，情况有所变化，西部区域的生态效率技术差距率开始反超中部区域。从整个调查期间来看，中部、西部区域的生态效率技术差距率相差不大，分别为 0.5134 和 0.5469。因此，建议中部、西部区域工业行业进一步提升或从东部区域引进工业生态环保技术，以促进中部、西部区域工业产业节能环保系统的改进。表 4-9 列出了各省级行政区工业系统在研究期内的平均生态效率技术差距率。图 4-13 显示的是不同区域工业系统生态效率方面的技术差距。表 4-5 列出的是生态效率技术差距的非参数 Kruskal-Wallis 检验结果。检验的结论是拒绝原假设，即认为就生态效率技术差距而言，在 5% 的显著性水平下，三大区域存在着显著差异。图 4-13 显示西部区域工业系统的 TGR 值最分散，但有大多数西部区域工业产业的 TGR 值高于平均值，这表明西部区域省级行政区之间在生态效率技术方面存在显著差异。西部区域的工业经济基础相对比较薄弱，工业基础设施也相对比较落后，工业技术水平、管理能力和内部治理差异较大。中部区域工业系统的 TGR 值最为集中，但相对较小，且大多数中部区域工业产业的平均 TGR 值接近 0.5，这表明中部区域工业的生态技术水平也不理想。东部区域的平均工业生态技术水平最高，TGR 值的集中程度一般，但该区域省级行政区工业系统的元前沿生态效率水平是最佳的，这表明东部区域工业生态技术水平高于中部、西部区域。同理，三大区域工业经济、环境和资源效率 TGR 的 Kruskal-Wallis 检验结果均显示在 5% 的显著性水平下，三大区域存在着显著差异（见表 4-6、表 4-7、表 4-8，图 4-14、图 4-15、图 4-16）。

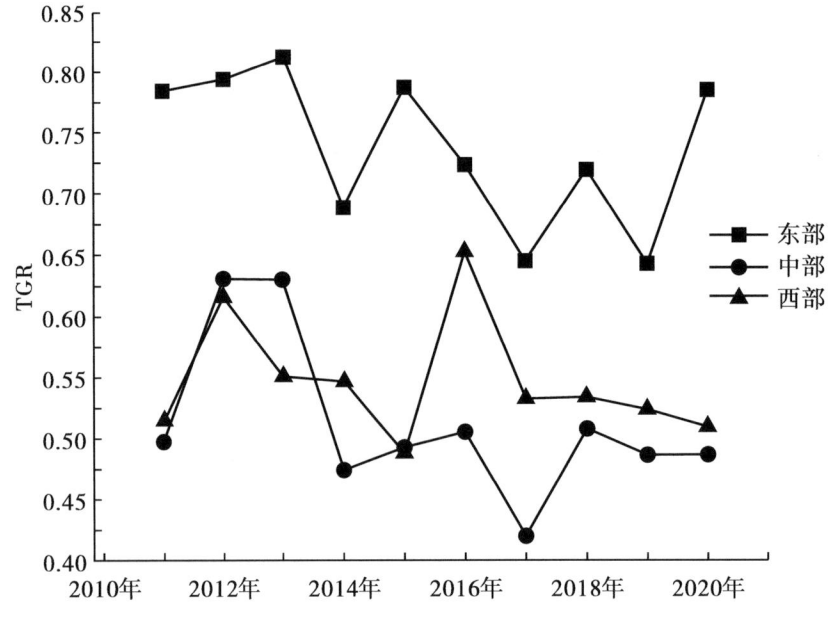

图 4-12　东部、中部和西部区域 TGR 变化趋势

表 4-5　三大区域工业生态效率 TGR 的 Kruskal-Wallis 检验结果

原假设	H 值	显著性水平	P 值
三大区域效率分布中心相同	8.274	**	0.016

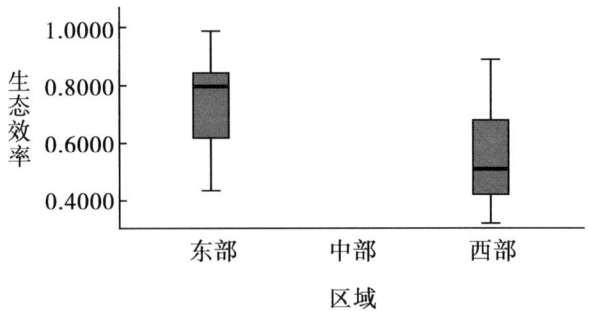

图 4-13　省级行政区工业系统生态效率 TGR 箱图

表 4-6　三大区域工业经济效率 TGR 的 Kruskal-Wallis 检验结果

原假设	H 值	显著性水平	P 值
三大区域效率分布中心相同	10.234	**	0.006

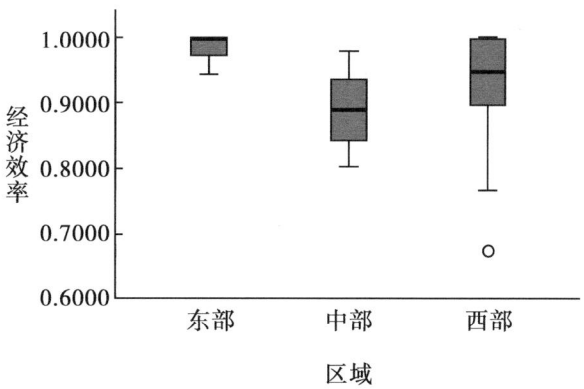

图 4-14　省级行政区工业系统经济效率 TGR 箱图

表 4-7　三大区域工业环境效率 TGR 的 Kruskal-Wallis 检验结果

原假设	H 值	显著性水平	P 值
三大区域效率分布中心相同	6.763	**	0.034

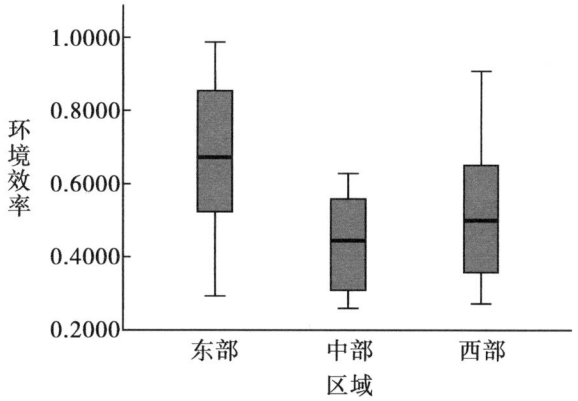

图 4-15　省级行政区工业系统环境效率 TGR 箱图

表 4-8　三大区域工业资源效率 TGR 的 Kruskal-Wallis 检验结果

原假设	H 值	显著性水平	P 值
三大区域效率分布中心相同	5.922	**	0.042

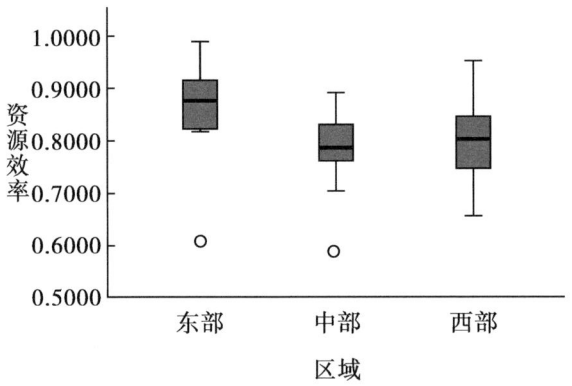

图 4-16　省级行政区工业系统资源效率 TGR 箱图

（2）工业生态无效率分解。

生态无效率有两个部分，分别是 TGI 和 GMI，它们分别是由技术差距无效率和管理无效率造成的，可以通过式（4-14）和式（4-15）进行计算。各省级行政区工业系统的平均 TGI 和 GMI 结果列于表 4-9 中。以西部区域的四川为例，工业生态无效率为 0.7523，其中，技术差距无效率为 0.2260，管理无效率为 0.5263。因此，四川工业生态效率的 GMI > TGI，这意味着生态效率的损失主要是由内部管理上的无效率造成的。还有一些省级行政区产生生态无效率的原因主要是技术差距的无效率，如天津、山西、内蒙古和吉林等。北京、上海和海南的 GMI 为 0.0000，这表明这三个地区工业生态无效率是由技术差距的无效率造成的，与内部的管理基本没有关系。

表 4-9　生态无效率分解

省级行政区	生态效率			省级行政区	生态效率		
	TGI	GMI	TGR		TGI	GMI	TGR
北京	0.2208	0.0000	0.7792	湖北	0.3102	0.3752	0.5077
天津	0.2917	0.1479	0.6406	湖南	0.3377	0.2636	0.5518
河北	0.1361	0.1753	0.8410	广东	0.0822	0.5842	0.8159
山西	0.4547	0.1365	0.4827	广西	0.4528	0.2388	0.4239
内蒙古	0.4173	0.3470	0.3545	海南	0.0143	0.0000	0.9857
辽宁	0.2663	0.3678	0.5800	重庆	0.4070	0.2964	0.4208

续表 4-9

省级行政区	生态效率			省级行政区	生态效率		
	TGI	GMI	TGR		TGI	GMI	TGR
吉林	0.4879	0.1441	0.4351	四川	0.2260	0.5263	0.5291
黑龙江	0.3765	0.3865	0.4366	贵州	0.4042	0.2596	0.4867
上海	0.5685	0.0000	0.4315	云南	0.5842	0.1702	0.3197
江苏	0.0603	0.4664	0.8894	陕西	0.3740	0.3478	0.4426
浙江	0.0971	0.5042	0.8073	甘肃	0.1654	0.5924	0.6212
安徽	0.3508	0.2209	0.5573	青海	0.1848	0.0402	0.8036
福建	0.1903	0.5023	0.6149	宁夏	0.0860	0.7127	0.7388
江西	0.4670	0.2162	0.4127	新疆	0.2251	0.5420	0.5311
山东	0.0600	0.4411	0.8902	平均值	0.2819	0.3147	0.6018
河南	0.1587	0.4344	0.7229				

根据图4-17，我们可以了解到东部区域省级行政区拥有最高的生态效率技术水平，生态无效率是最低的。东部区域工业生态效率的平均TGI值为0.1928，GMI值为0.2748。而中部、西部区域造成工业生态无效率的TGI值分别为0.3679、0.2989，造成工业生态无效率的GMI值分别为0.2722、0.3762。另外，我们从图4-17中还可发现，东部区域的生态无效率水平保持得比较平稳，近年来没有显著变动。中部区域的生态无效率水平有上升的趋势，说明该区域的工业生态技术水平存在落后的趋势。西部区域近年来的工业生态无效率在降低，说明生态环保技术水平在缓慢提升，工业生态效率水平也有提高的趋势。总之，较大的技术差距和较低的管理水平均是中西部区域工业生态效率损失的重要原因。一方面，工业企业要持续改善工业生态友好的技术条件，通过节能减排等技术的研发、交流和传播，尽快缩小中西部区域与东部区域的技术差距。另一方面，加强对工业行业的基础设施、技术人才和减排行为的管理，对于提高工业产业生态效率水平来说尤为重要。

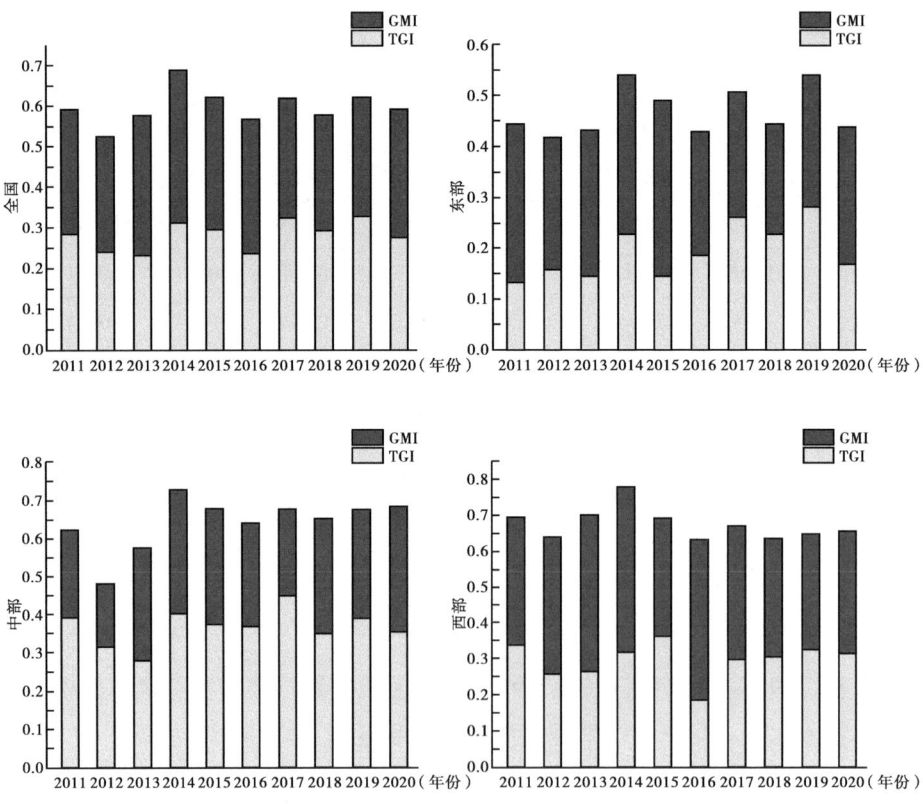

图 4-17 生态无效率在东部、中部和西部区域的分解

根据工业系统生态无效率的分解，我们可以将省级行政区工业系统生态效率的提升潜力划分为 GMI 和 TGI。图 4-18 给出了各省级行政区工业系统为提高工业生态效率可以采取的不同策略组合。其中，第 Ⅰ 象限包含 4 个省级行政区工业系统，即湖北、黑龙江、陕西和内蒙古，它们同时存在技术差距和管理落后的问题。这些地区工业产业应更新生产技术和设备，同时还需注重提高企业的管理能力。第 Ⅱ 象限包括 11 个省级行政区工业系统，包括浙江、广东等，这些地区工业系统的生产技术水平普遍较高，但在管理方面还有待改进，可以向组内管理水平较高的地区学习先进的管理方法。第 Ⅲ 象限包括 4 个省级行政区工业系统，即河北、青海、海南和北京，这些地区工业系统的技术水平和管理能力协调得比较好，应该继续稳中求进。而第 Ⅳ 象限则包含了 11 个省级行政区工业系统，它们在工业企业管理上有一定的优势，但其工业生产技术水平还比较落后，应该重点谋划提升生产

技术水平,增加技术研发投入或者吸收借鉴工业生产技术水平较高地区(如广东、江苏或浙江等)工业系统的经验。

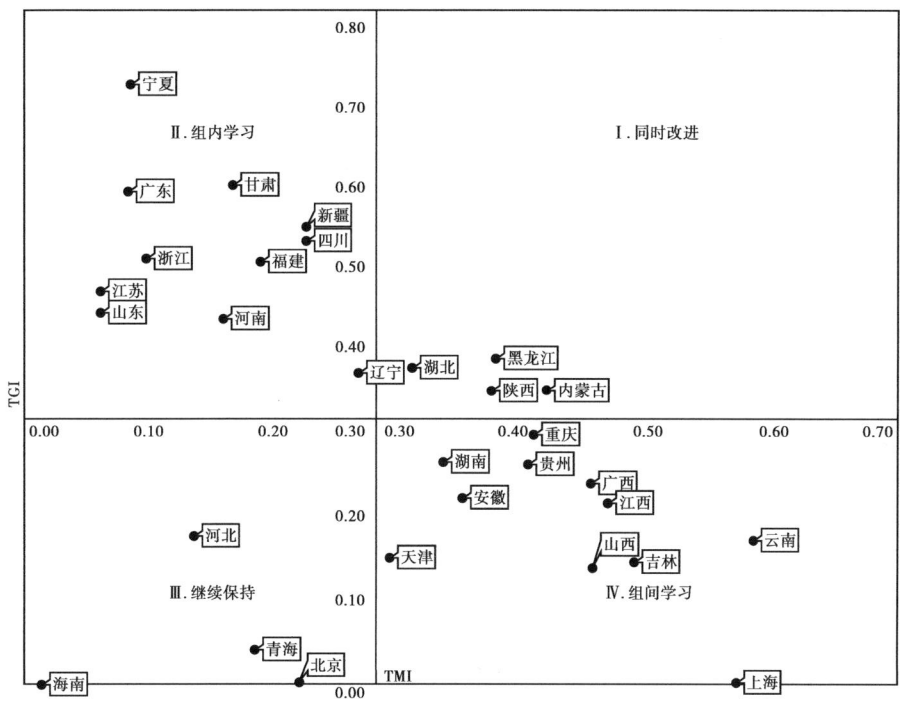

图 4-18 省级行政区工业系统生态效率改进策略

4.4 生态效率的影响因素分析

本研究应用 Tobit 回归分析模型,分析了地区经济发展水平、R&D、国际化程度和盈利能力对工业生态效率的影响。由于工业生态效率的取值范围在 0~1 之间,因此使用普通最小二乘法(OLS)来估计回归系数可能会导致估计值出现偏差,使得回归系数与实际情况不一致。因此,我们借鉴 Dai 等[79]、Zhou 等[70]和 Liu 等[8]的研究思路,将生态效率设定为因变量,用给定的自变量(即可能的影响因素)对工业生态效率的影响进行 Tobit 回归分析。相关变量的定义及其解释如表 4-10 所示。

表 4-10 回归变量的定义和解释

变量	变量缩写	定义及解释
经济发展水平	GRP	人均地区生产总值（亿元/万人）
科研重视程度	RD	单位工业增加值 R&D 经费投入量（%）
国际化程度	FDI	单位工业增加值的外商资本投入量（%）
盈利能力	NPR	营业利润/营业收入（%）

基础的 Tobit 模型为：

$$y_i = \begin{cases} 0, & y_i^* \leq 0 \\ y_i^*, & y_i^* > 0 \end{cases} \tag{4-22}$$

根据本研究的方案，影响因素的回归模型表达式为：

$$y_{it}^* = \beta_0 + \beta_1 GRP_{it} + \beta_2 RD_{it} + \beta_3 FDI_{it} + \beta_4 NPR_{it} + \varepsilon_{it} \tag{4-23}$$

其中，y^* 表示工业系统生态效率；GRP 是人均地区生产总值，用来刻画地区经济发展水平；RD 是单位增加值 R&D 经费使用量，表示科研的重视程度；FDI 是单位增加值的外商资本的投入量，用来衡量工业企业的国际化程度；而 NPR 则表示盈利能力。β_i 是模型的待定系数，ε_{it} 是服从正态分布的随机误差项。$i = 1, 2, \cdots, J$；$t = 1, 2, \cdots, T$。研究的时间跨度为 2011—2020 年，目的是分析我国 30 个省级行政区工业系统生态效率的影响因素，其 Tobit 回归结果见表 4-11。

表 4-11 中国省级行政区工业系统生态效率影响因素的 Tobit 回归结果

变量	系数	标准差	T统计值	P值
GRP	0.0012	0.0002	6.64***	0.000
RD	-1.7578	0.9228	-1.90*	0.058
FDI	1.1517	0.2008	5.74***	0.000
NPR	-0.3614	0.4413	-0.82	0.414
截距	0.2667	0.0430	6.20	0.000

模型似然比检验的 P 值为 0.0000 < 0.05，说明选定的 4 个解释变量能够用于讨论对被解释变量的影响，即模型的构建是有意义的。从表 4-11 可知，在 1% 的显著性水平下，地区经济发展水平对地区工业生态效率具有显著的正向影响关系，这也验证了上文的结果，一般经济发展水平较高

的地区，其工业生态效率水平通常也较高。工业企业的研发重视程度对工业生态效率的影响结果与我们的直觉认知有所不同，结果显示在10%的显著性水平下，研发的重视程度甚至负向影响生态效率，造成这种现象的原因可能是：工业企业的研发项目更多地偏向于生产更多更高技术含量的产品，更多地关注经济效益，而忽视了对节能减排等方面的清洁生产技术的研发，这也揭示了目前工业清洁生产技术相对落后的现状。一直以来，外商资本的过多引入常被人们认为是转移本国工业垃圾到东道国，从而攫取经济利益的一种高级手段，在这种模式下，工业生产所产生的废物只会排放在东道国，在没有造成自身国家工业环境污染的同时又能获得高额利润。经济发展水平较低的国家或地区常常遭遇这种手段，而且对此无计可施。本研究的回归结果显示，在1%的显著性水平下，当前我国工业企业的国际化程度还没有给我国带来这种额外的"工业垃圾"，反而在一定程度上促进了工业生态效率水平的提高。工业企业的盈利能力水平负面影响着工业生态效率，尽管这种影响还不太显著，但可以预见，过多地追求经济利益，只会是提高工业生态效率的障碍，不利于工业经济的可持续健康发展。

4.5 本章小结

自改革开放以来，我国工业行业经济发展越来越成熟，产业结构调整也越来越深化，这些都使得工业行业的竞争更加激烈，因而工业经济的可持续健康发展也变得尤为重要。为了评价我国省级行政区工业系统的生态效率，本章基于 Meta-frontier 分析技术提出了一个新的 NDEA 模型，即 Meta-frontier SBM-NDEA 模型，该模型不仅考虑了影响生态环境的不良产出因素，还考虑了不同工业系统之间的规模技术异质性。首先，本研究以我国省级行政区规模以上工业行业为研究样本，根据各省级行政区工业增加值的规模大小将这些工业系统划分为三种规模类型，然后利用所提出的效率评价模型分析了省级行政区工业系统的生态效率及其分解效率的技术水平，并探讨了生态效率稳态收敛性的趋势。其次，本研究还从管理和技术差距两个方面给工业系统生态效率的改进提出了一些建议。最后，本研究探讨了盈利能力和国际化水平等因素对工业生态效率的影响。

研究的结果表明：①我国省级行政区工业系统的生态效率水平整体不高。相对来说，东部区域工业生态效率表现最佳，西部区域工业生态效率改进空间最大。其中，东部区域工业生态效率不高主要是由其环境效率水平较低所致，中部区域工业生态效率不高的原因是资源效率和环境效率双重低位运行的共同作用，而西部区域工业生态效率很大程度上是由经济效率来决定的。②我国省级行政区工业系统的生态效率表现出绝对β收敛性和条件β收敛性，意味着实现工业系统生态效率水平的稳定还需要很长时间。东部、中部和西部三大区域的生态效率技术在差距率方面具有显著不同。东部区域生态效率技术差距率明显高于中部、西部区域。工业生产技术水平和管理水平均比较落后或比较先进的省级行政区相对较少，大多数省级行政区工业产业都存在技术落后或者管理理念过时的问题。③地区经济发展水平对于地区工业生态效率具有显著的正向影响效果，工业企业研发的重视程度负向影响着生态效率，工业经济的国际化程度能够在一定程度上促进工业生态效率水平的提高，而工业企业的盈利能力水平则负向影响着工业生态效率。

本章在考虑工业系统规模异质性的情况下，从静态的角度建立了一个创新性的 Meta-frontier SBM-NDEA 模型，并利用该模型对我国省级行政区工业系统的生态效率进行了评价分析。然而，工业系统是一个随时间年复一年运转的连续性生产活动，上一个生产周期的许多生产资料都会通过系统运转结转到下一期，开始新一轮的生产周期，即整个系统是动态连接的。在评价工业系统生态效率时，若忽略这种动态性，得到的效率结果可能会存在偏差。因此，本书第 5 章将在存在异质性的情况下，考虑动态情形下地区工业系统生态效率评价的问题。

5 考虑区域异质性和动态性的中国地区工业系统生态效率评价

5.1 模型假定

工业是国民经济发展的重要基石,也是环境污染的主要来源。当前,我国正处于工业化的中后期,工业能源消耗与污染排放继续呈现增长态势。[194]而走工业生态化发展之路,既可以维持经济建设又能阻止环境的进一步恶化,对于改善环境质量、促进经济社会的永续发展具有重要意义。[195]促进工业经济向资源节约型、环境友好型的方向良性发展是生态文明建设的主要内容,也是实现经济高质量发展的必经之路。生态效率的概念指的是经济产出的增加与环境影响的增加的比值,[196]通常用以衡量经济发展的环境绩效,其基本思想是以更低的资源消耗和环境代价创造更大的经济利益。[84]工业生态效率反映了工业经济增长的生态效率,表达了环境约束下的工业生产效率,可以用于综合评价工业经济、能源消耗和环境效益的整体状况。它可以成为衡量工业生态化发展程度的关键指标,同时也是表征工业发展和生态环境关系的有效手段。[197,198]因此,工业系统生态效率的合理评价对于促进我国工业经济绿色可持续发展具有十分重要的现实意义。

工业系统生态效率的研究起步较晚,相关文献数量不多且存在较大局限性。例如,目前对工业系统生态效率的评价研究多集中在"黑盒"模型或经典的两阶段网络结构模型等方面,很少有考虑区域技术异质性和更为复杂的多阶段混合网络结构的情形,已有的动态模型中考虑结转变量的也不多。针对这一研究局限性,本研究基于组前沿、元前沿和SBM方法提出了一个非径向DDEA模型。该模型考虑了工业系统的内部结构和不同地区工业系统的地区技术差异,并以我国省级行政区工业系统生态效率评价为例进行了实证分析。本研究还进一步分析了不同区域及不同总产值规模下的工业系统生态效率表现情况。然后，利用技术差距无效率和组别管理无效率，将省级行政区工业系统的改进方向分为技术改进潜力和管理改进潜力，并且以象限坐标图的形式给出了省级行政区工业系统生态效率的改进方向，从而为不同地区的省级行政区工业系统提出具有针对性的生态效率改进方案。

本章的主要工作在于：第一，提出了改进的 Meta-frontier SBM-DNDEA 模型并用于评价地区工业系统的生态效率，打破了传统工业系统生态效率研究方面两阶段模型的局限性；第二，既考虑了地区工业系统的复杂内部网络结构，又考虑了不同地区工业系统之间的技术差异性；第三，工业系统在废物治理过程中存在需要结转到下一期使用的重要资源（结转产品），而本研究在动态环境下考察了结转产品对工业系统生态效率及阶段效率的影响。

我国省级行政区工业系统（本研究的研究对象，即决策单元，DMU）在一定时期 t 内的运行过程可以被看作一个包含四个阶段的串并联混合网络结构，其中包括生产阶段、固体废物治理阶段、废水治理阶段和废气治理阶段等四个阶段。为方便建模，省级行政区工业系统的运行结构可以用更一般化的网络图来表示，见图 5-1。

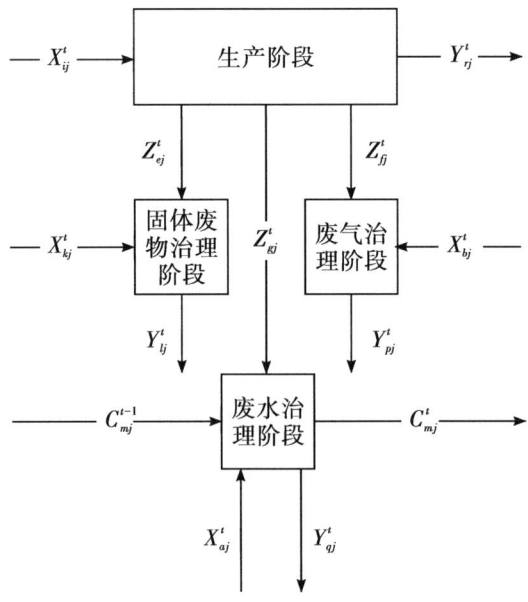

图 5-1 任意时期 t 的工业系统网络型结构

在图 5-1 中，假定在一个特定的时期 $t(t = 1,2,\cdots,T)$，待评估的省级行政区工业系统为 $DMU_j (j = 1,2,\cdots,N)$。在生产阶段（P），通过投入 $X_{ij}^t (i = 1,2,\cdots,I)$（如劳动力、资本等），经过一系列生产过程得到期望产出 $Y_{rj}^t (r = 1,2,\cdots,R)$；同时，在生产过程中也不可避免地产生了三类不良产出 Z_{ej}^t、Z_{gj}^t 和 Z_{fj}^t（如固体废物、工业废水和二氧化硫等，也被称为中间产出。$e = 1,2,\cdots,E$；$g = 1,2,\cdots,G$；$f = 1,2,\cdots,F$）。这些不良产出将分别进入下一个阶段被进一步处理后再排出系统。于是，在固体废物治理阶段（SWT），通过外部投入 $X_{kj}^t (k = 1,2,\cdots,K)$（如固体废物治理投资等），以此对生产阶段产生的 Z_{ej}^t 进行再次处理后产生 $Y_{lj}^t (l = 1,2,\cdots,L)$。在废水治理阶段（WWT），上一时期的结转产品 $C_{mj}^{t-1} (m = 1,2,\cdots,M)$（如废水治理能力等）和当期投入 $X_{aj}^t (a = 1,2,\cdots,A)$（如废水治理投资等）以及生产阶段产生的 Z_{gj}^t 作为该阶段的投入，经过处理后产生不良产出 $Y_{qj}^t (q = 1,2,\cdots,Q)$ 和结转到下一期的结转产物 C_{mj}^t。而在废气治理阶段（WGT），外部投入资源要素 $X_{bj}^t (b = 1,2,\cdots,B)$（如废气治理投资等）对中间产出 Z_{fj}^t 进行处理后，得到不良产出 $Y_{pj}^t (p = 1,2,\cdots,P)$。在以上假定的基础上，我们假设所有的 DMU 按某种规则可以被分为 H 组，所有的待评估 DMU 数量为 N，则第 $h(h = 1,2,\cdots,H)$ 组的 DMU 数量为 N^h，$\sum_{h=1}^{H} N^h = N$。

本章的内容主要安排如下：第 5.1 节描述研究问题，进行模型假定；第 5.2 节提出改进的 Meta-frontier SBM-DNDEA 生态效率评价模型和无效率分解模型；第 5.3 节对我国省级行政区工业系统生态效率评价进行应用研究；第 5.4 节总结本章。

5.2 Meta-frontier SBM-DNDEA 模型

5.2.1 生产可能性集

为便于建模，我们首先做如下假定：①由于实际生产过程中，期望产出和不良产出总是同时产生，因此，我们假定期望产出具有强可处置性，而不良中间产出具有弱可处置性。[199,200] ②结转产品 C 在观察层面是固定不变的,其值不受当期生产技术的影响。[201]参考 Tone 等[202]和 Wang 等[35]的做法,建立如下的元前沿生产可能性集:

$$^{meta}PPS^{(h,t)} = \{X_i^{(h,t)}, Y_r^{(h,t)}, Z_k^{(h,t)}, X_k^{(h,t)}, Y_l^{(h,t)}, Z_f^{(h,t)}, X_h^{(h,t)}, Y_p^{(h,t)}, Z_g^{(h,t)}, C_m^{(h,t-1)}, X_a^{(h,t)}, C_m^{(h,t)}, Y_q^{(h,t)}\}$$

生产阶段:

$$\begin{cases} \sum_{h=1}^{H} \sum_{j=1}^{N^h} \lambda_j^{(h,t)} X_{ij}^{(h,t)} \leq X_i^{(h,t)}, \forall i, \forall t, \\ \sum_{h=1}^{H} \sum_{j=1}^{N^h} \lambda_j^{(h,t)} Y_{rj}^{(h,t)} \geq Y_r^{(h,t)}, \forall i, \forall t, \\ \sum_{h=1}^{H} \sum_{j=1}^{N^h} \lambda_j^{(h,t)} Z_{ej}^{(h,t)} = Z_e^{(h,t)}, \forall e, \forall t, \\ \sum_{h=1}^{H} \sum_{j=1}^{N^h} \lambda_j^{(h,t)} Z_{fj}^{(h,t)} = Z_f^{(h,t)}, \forall f, \forall t, \\ \sum_{h=1}^{H} \sum_{j=1}^{N^h} \lambda_j^{(h,t)} Z_{gj}^{(h,t)} = Z_g^{(h,t)}, \forall h, \forall t, \\ \lambda_j^{(h,t)} \geq 0, \forall j, h, t, \\ \sum_{h=1}^{H} \sum_{j=1}^{N^h} \lambda_j^{(h,t)} = 1, \forall t, \end{cases} \quad (5-1)$$

固体废物治理阶段:

$$\begin{cases} \sum_{h=1}^{H} \sum_{j=1}^{N^h} \gamma_j^{(h,t)} Z_{ej}^{(h,t)} = Z_e^{(h,t)}, \forall e, \forall t, \\ \sum_{h=1}^{H} \sum_{j=1}^{N^h} \gamma_j^{(h,t)} X_{kj}^{(h,t)} \leq X_k^{(h,t)}, \forall k, \forall t, \\ \sum_{h=1}^{H} \sum_{j=1}^{N^h} \gamma_j^{(h,t)} Y_{lj}^{(h,t)} \geq Y_l^{(h,t)}, \forall l, \forall t, \\ \gamma_j^{(h,t)} \geq 0, \forall j, h, t, \\ \sum_{h=1}^{H} \sum_{j=1}^{N^h} \gamma_j^{(h,t)} = 1, \forall t, \end{cases} \quad (5-2)$$

废气治理阶段：

$$\begin{cases} \sum_{h=1}^{H}\sum_{j=1}^{N^h} \eta_j^{(h,t)} Z_{fj}^{(h,t)} = Z_f^{(h,t)}, \forall f, \forall t, \\ \sum_{h=1}^{H}\sum_{j=1}^{N^h} \eta_j^{(h,t)} X_{bj}^{(h,t)} \leqslant X_b^{(h,t)}, \forall b, \forall t, \\ \sum_{h=1}^{H}\sum_{j=1}^{N^h} \eta_j^{(h,t)} Y_{pj}^{(h,t)} \leqslant Y_p^{(h,t)}, \forall p, \forall t, \\ \eta_j^{(h,t)} \geqslant 0, \forall j, h, t, \\ \sum_{h=1}^{H}\sum_{j=1}^{N^h} \eta_j^{(h,t)} = 1, \forall t, \end{cases} \qquad (5-3)$$

废水治理阶段：

$$\begin{cases} \sum_{h=1}^{H}\sum_{j=1}^{N^h} \mu_j^{(h,t)} Z_{gj}^{(h,t)} = Z_g^{(h,t)}, \forall g, \forall t, \\ \sum_{h=1}^{H}\sum_{j=1}^{N^h} \mu_j^{(h,t)} C_{mj}^{(h,t-1)} = C_m^{(h,t-1)}, \forall m, \forall t, \\ \sum_{h=1}^{H}\sum_{j=1}^{N^h} \mu_j^{(h,t)} X_{aj}^{(h,t)} \leqslant X_a^{(h,t)}, \forall a, \forall t, \\ \sum_{h=1}^{H}\sum_{j=1}^{N^h} \mu_j^{(h,t)} C_{mj}^{(h,t)} \geqslant C_m^{(h,t)}, \forall m, \forall t, \\ \sum_{h=1}^{H}\sum_{j=1}^{N^h} \mu_j^{(h,t)} Y_{qj}^{(h,t)} \leqslant Y_q^{(h,t)}, \forall q, \forall t, \\ \mu_j^{(h,t)} \geqslant 0, \forall j, h, t, \\ \sum_{h=1}^{H}\sum_{j=1}^{N^h} \mu_j^{(h,t)} = 1, \forall t. \end{cases} \qquad (5-4)$$

$\lambda_j^{(h,t)}$、$\gamma_j^{(h,t)}$、$\eta_j^{(h,t)}$ 和 $\mu_j^{(h,t)}$ ($h=1,2,\cdots,H$) 分别表示 h 组 DMU$_j$ ($j=1,2,\cdots,N^h$) 在生产阶段、固体废物治理阶段、废气治理阶段和废水治理阶段的 t 时期的强度变量。在生产经济学中，由于固定投入的影响，RTS 通常在生产的早期阶段增加，此时可变投入的量还相对较少，但随着可变投入的增加，RTS 先是保持一定的稳定性，最终会逐渐递减。[11] 鉴于此，本研究采用了更加符合实际生产情况的 VRS 模型。若将 $\sum_{h=1}^{H}\sum_{j=1}^{N^h} \lambda_j^{(h,t)} = 1$、

$\sum_{h=1}^{H}\sum_{j=1}^{N^h}\gamma_j^{(h,t)} = 1$、$\sum_{h=1}^{H}\sum_{j=1}^{N^h}\eta_j^{(h,t)} = 1$ 和 $\sum_{h=1}^{H}\sum_{j=1}^{N^h}\mu_j^{(h,t)} = 1$ 从约束条件中移除，则模型会变为 CRS 的情况。

各阶段之间的生产活动具有连续性，阶段之间的链接关系可以表述为：[5]

$$\sum_{h=1}^{H}\sum_{j=1}^{N^h}\lambda_j^{(h,t)} Z_{ej}^{(h,t)} = \sum_{h=1}^{H}\sum_{j=1}^{N^h}\gamma_j^{(h,t)} Z_{ej}^{(h,t)}, \forall e,t. \qquad (5-5)$$

$$\sum_{h=1}^{H}\sum_{j=1}^{N^h}\lambda_j^{(h,t)} Z_{fj}^{(h,t)} = \sum_{h=1}^{H}\sum_{j=1}^{N^h}\eta_j^{(h,t)} Z_{fj}^{(h,t)}, \forall f,t. \qquad (5-6)$$

$$\sum_{h=1}^{H}\sum_{j=1}^{N^h}\lambda_j^{(h,t)} Z_{gj}^{(h,t)} = \sum_{h=1}^{H}\sum_{j=1}^{N^h}\mu_j^{(h,t)} Z_{gj}^{(h,t)}, \forall g,t. \qquad (5-7)$$

另外，我们可以通过结转产品将不同时期之间连接起来，其链接关系可以描述为：

$$\sum_{h=1}^{H}\sum_{j=1}^{N^h}\mu_j^{(h,t)} C_{mj}^{(h,t-1)} = \sum_{h=1}^{H}\sum_{j=1}^{N^h}\mu_j^{(h,t-1)} C_{mj}^{(h,t-1)}, \forall m,t. \qquad (5-8)$$

若从生产可能性集 $^{meta}PPS^{(h,t)}$ 中移除 $\sum_{h=1}^{H}$ 项，则上述生产可能性集将变成组前沿生产可能性集 $^{h}PPS^{t}$。

5.2.2 模型提出

非径向的 SBM 模型通过有效处理投入冗余和产出不足，可以识别出不同工业系统低效率的原因。[26]本小节基于 SBM 模型的原理构建了一个 Meta-frontier SBM-DNDEA 模型，用于测度我国省级行政区工业系统的生态效率。根据上一小节所构建的生产可能性集，我们可以通过建立如下模型来测量工业系统的生态效率、阶段效率、时期效率和时期阶段效率。

$$^{meta}\theta_0 = \min \frac{\sum_{t=1}^{T}\alpha^t \left\{ \begin{array}{l} \beta_1\left(1 - \frac{1}{I}\sum_{i=1}^{I}\frac{s_i^{(h,t)-}}{X_{i0}^{(h,t)}}\right) + \beta_2\left(1 - \frac{1}{K}\sum_{k=1}^{K}\frac{s_k^{(h,t)-}}{X_{k0}^{(h,t)}}\right) \\ + \beta_3\left[1 - \frac{1}{B+P}\left(\sum_{b=1}^{B}\frac{s_b^{(h,t)-}}{X_{b0}^{(h,t)}} + \sum_{p=1}^{P}\frac{s_p^{(h,t)-}}{Y_{p0}^{(h,t)}}\right)\right] \\ + \beta_4\left[1 - \frac{1}{A+Q}\left(\sum_{a=1}^{A}\frac{s_a^{(h,t)-}}{X_{a0}^{(h,t)}} + \sum_{q=1}^{Q}\frac{s_q^{(h,t)-}}{Y_{q0}^{(h,t)}}\right)\right] \end{array} \right\}}{\sum_{t=1}^{T}\alpha^t \left[\beta_1\left(1 + \frac{1}{R}\sum_{r=1}^{R}\frac{s_r^{(h,t)+}}{Y_{r0}^{(h,t)}}\right) + \beta_2\left(1 + \frac{1}{L}\sum_{l=1}^{L}\frac{s_l^{(h,t)+}}{Y_{l0}^{(h,t)}}\right) + \beta_4\left(1 + \frac{1}{M}\sum_{m=1}^{M}\frac{s_m^{(h,t)+}}{C_{m0}^{(h,t)}}\right)\right]}$$

$$\begin{cases} \sum_{h=1}^{H} \sum_{j=1}^{N^h} \lambda_j^{(h,t)} X_{ij}^{(h,t)} = X_i^{(h,t)} - s_i^{(h,t)-}, \forall i,t, \\ \sum_{h=1}^{H} \sum_{j=1}^{N^h} \lambda_j^{(h,t)} Y_{rj}^{(h,t)} = Y_r^{(h,t)} + s_r^{(h,t)+}, \forall r,t, \\ \sum_{h=1}^{H} \sum_{j=1}^{N^h} \lambda_j^{(h,t)} Z_{ej}^{(h,t)} = Z_e^{(h,t)}, \forall e,t, \\ \sum_{h=1}^{H} \sum_{j=1}^{N^h} \lambda_j^{(h,t)} Z_{fj}^{(h,t)} = Z_f^{(h,t)}, \forall f,t, \\ \sum_{h=1}^{H} \sum_{j=1}^{N^h} \lambda_j^{(h,t)} Z_{gj}^{(h,t)} = Z_g^{(h,t)}, \forall g,t, \\ \lambda_j^{(h,t)} \geqslant 0, \forall j,h,t, \\ \sum_{h=1}^{H} \sum_{j=1}^{N^h} \lambda_j^{(h,t)} = 1, \forall t, \end{cases} \qquad (5-9)$$

$$\begin{cases} \sum_{h=1}^{H} \sum_{j=1}^{N^h} \lambda_j^{(h,t)} Z_{ej}^{(h,t)} = \sum_{h=1}^{H} \sum_{j=1}^{N^h} \gamma_j^{(h,t)} Z_{ej}^{(h,t)}, \forall e,t, \\ \sum_{h=1}^{H} \sum_{j=1}^{N^h} \lambda_j^{(h,t)} Z_{fj}^{(h,t)} = \sum_{h=1}^{H} \sum_{j=1}^{N^h} \eta_j^{(h,t)} Z_{fj}^{(h,t)}, \forall f,t, \\ \sum_{h=1}^{H} \sum_{j=1}^{N^h} \lambda_j^{(h,t)} Z_{gj}^{(h,t)} = \sum_{h=1}^{H} \sum_{j=1}^{N^h} \mu_j^{(h,t)} Z_{gj}^{(h,t)}, \forall g,t, \end{cases} \qquad (5-10)$$

$$\begin{cases} \sum_{h=1}^{H} \sum_{j=1}^{N^h} \gamma_j^{(h,t)} Z_{ej}^{(h,t)} = Z_{e0}^{(h,t)}, \forall e,t, \\ \sum_{h=1}^{H} \sum_{j=1}^{N^h} \gamma_j^{(h,t)} X_{kj}^{(h,t)} = X_{k0}^{(h,t)} - s_k^{(h,t)-}, \forall k,t, \\ \sum_{h=1}^{H} \sum_{j=1}^{N^h} \gamma_j^{(h,t)} Y_{lj}^{(h,t)} = Y_{l0}^{(h,t)} + s_l^{(h,t)+}, \forall l,t, \\ \gamma_j^{(h,t)} \geqslant 0, \forall j,t,h, \\ \sum_{h=1}^{H} \sum_{j=1}^{N^h} \gamma_j^{(h,t)} = 1, \forall t, \end{cases} \qquad (5-11)$$

$$\begin{cases} \sum_{h=1}^{H}\sum_{j=1}^{Nh}\eta_j^{(h,t)}Z_{fj}^{(h,t)} = Z_{f0}^{(h,t)}, \forall f,t, \\ \sum_{h=1}^{H}\sum_{j=1}^{Nh}\eta_j^{(h,t)}X_{bj}^{(h,t)} = X_{b0}^{(h,t)} - s_b^{(h,t)-}, \forall b,t, \\ \sum_{h=1}^{H}\sum_{j=1}^{Nh}\eta_j^{(h,t)}Y_{pj}^{(h,t)} = Y_{p0}^{(h,t)} - s_p^{(h,t)-}, \forall p,t, \\ \eta_j^{(h,t)} \geqslant 0, \forall j,t,h, \\ \sum_{h=1}^{H}\sum_{j=1}^{Nh}\eta_j^{(h,t)} = 1, \forall t, \end{cases} \quad (5-12)$$

$$\begin{cases} \sum_{h=1}^{H}\sum_{j=1}^{Nh}\mu_j^{(h,t)}Z_{gj}^{(h,t)} = Z_{g0}^{(h,t)}, \forall g,t, \\ \sum_{h=1}^{H}\sum_{j=1}^{Nh}\mu_j^{(h,t)}C_{mj}^{(h,t-1)} = C_{m0}^{(h,t-1)}, \forall m,t, \\ \sum_{h=1}^{H}\sum_{j=1}^{Nh}\mu_j^{(h,t)}X_{aj}^{(h,t)} = X_{a0}^{(h,t)} - s_a^{(h,t)-}, \forall a,t, \\ \sum_{h=1}^{H}\sum_{j=1}^{Nh}\mu_j^{(h,t)}C_{mj}^{(h,t)} = C_{m0}^{(h,t)} + s_m^{(h,t)+}, \forall m,t, \\ \sum_{h=1}^{H}\sum_{j=1}^{Nh}\mu_j^{(h,t)}Y_{qj}^{(h,t)} = Y_{q0}^{(h,t)} - s_q^{(h,t)-}, \forall q,t, \\ \mu_j^{(h,t)} \geqslant 0, \forall j,t,h, \\ \sum_{h=1}^{H}\sum_{j=1}^{Nh}\mu_j^{(h,t)} = 1, \forall t, \end{cases} \quad (5-13)$$

$$s_i^{(h,t)-}, s_r^{(h,t)+}, s_k^{(h,t)-}, s_l^{(h,t)+}, s_b^{(h,t)-}, s_p^{(h,t)-}, s_a^{(h,t)-}, s_m^{(h,t)+}, s_q^{(h,t)-} \geqslant 0,$$
$$\forall i,r,k,l,b,p,a,m,q. \quad (5-14)$$

在上述模型中，$s_i^{(h,t)-}$、$s_r^{(h,t)+}$、$s_k^{(h,t)-}$、$s_l^{(h,t)+}$、$s_b^{(h,t)-}$、$s_p^{(h,t)-}$、$s_a^{(h,t)-}$、$s_m^{(h,t)+}$ 和 $s_q^{(h,t)-}$ 分别代表相关投入和产出变量的冗余值（即松弛度）。β_1、β_2、β_3 和 β_4 分别表示生产阶段、固体废物治理阶段、废气治理阶段和废水治理阶段的阶段权重，并分别用来表示各阶段在整个工业系统中的重要性程度。α^t 表示 t 时刻的时期权重。我们注意到 $\sum_{d=1}^{4}\beta_d = 1$，$\sum_{t=1}^{T}\alpha^t = 1$，并且它们均为外生给定的。

我们还注意到，上述模型属于非线性规划问题，可以根据 Charnes 等[31]的方法原理将其转换为线性规划问题。具体的转换过程如下：设定

$$\varphi = \frac{1}{\sum_{t=1}^{T} \alpha^t \left[\beta_1 \left(1 + \frac{1}{R}\sum_{r=1}^{R} \frac{s_r^{(h,t)+}}{Y_{r0}^t}\right) + \beta_2 \left(1 + \frac{1}{L}\sum_{l=1}^{L} \frac{s_l^{(h,t)+}}{Y_{l0}^t}\right) + \beta_4 \left(1 + \frac{1}{M}\sum_{m=1}^{M} \frac{s_m^{(h,t)+}}{C_{m0}^t}\right) \right]},$$

$\sigma_j^{(h,t)} = \varphi \lambda_j^{(h,t)}$，$\zeta_j^{(h,t)} = \varphi \gamma_j^{(h,t)}$，$\tau_j^{(h,t)} = \varphi \eta_j^{(h,t)}$，$\upsilon_j^{(h,t)} = \varphi \mu_j^{(h,t)}$，且 $S_i^{(h,t)-} = \varphi s_i^{(h,t)-}$，$S_r^{(h,t)+} = \varphi s_r^{(h,t)+}$，$S_k^{(h,t)-} = \varphi s_k^{(h,t)-}$，$S_l^{(h,t)+} = \varphi s_l^{(h,t)+}$，$S_b^{(h,t)-} = \varphi s_b^{(h,t)-}$，$S_p^{(h,t)-} = \varphi s_p^{(h,t)-}$，$S_a^{(h,t)-} = \varphi s_a^{(h,t)-}$，$S_m^{(h,t)+} = \varphi s_m^{(h,t)+}$ 和 $S_q^{(h,t)-} = \varphi s^{(h,t)-}_q$，满足 $\forall i, r, k, l, b, p, a, m, q$。

因此，上述模型可以转化为：

$$^{meta}\theta_0 = \min \sum_{t=1}^{T} \alpha^t \left\{ \begin{array}{l} \beta_1 \left(\varphi - \frac{1}{I}\sum_{i=1}^{I} \frac{S_i^{(h,t)-}}{X_{i0}^{(h,t)}}\right) + \beta_2 \left(\varphi - \frac{1}{K}\sum_{k=1}^{K} \frac{S_k^{(h,t)-}}{X_{k0}^{(h,t)}}\right) \\ + \beta_3 \left[\varphi - \frac{1}{B+P}\left(\sum_{b=1}^{B} \frac{S_b^{(h,t)-}}{X_{b0}^{(h,t)}} + \sum_{p=1}^{P} \frac{S_p^{(h,t)-}}{Y_{p0}^{(h,t)}}\right)\right] \\ + \beta_4 \left[\varphi - \frac{1}{A+Q}\left(\sum_{a=1}^{A} \frac{S_a^{(h,t)-}}{X_{a0}^{(h,t)}} + \sum_{q=1}^{Q} \frac{S_q^{(h,t)-}}{Y_{q0}^{(h,t)}}\right)\right] \end{array} \right\}$$

$$\begin{cases} \sum_{h=1}^{H}\sum_{j=1}^{N^h} \sigma_j^{(h,t)} X_{ij}^{(h,t)} = \varphi X_{i0}^{(h,t)} - S_i^{(h,t)-}, \forall i, t, \\ \sum_{h=1}^{H}\sum_{j=1}^{N^h} \sigma_j^{(h,t)} Y_{rj}^{(h,t)} = \varphi Y_{r0}^{(h,t)} + S_r^{(h,t)+}, \forall r, t, \\ \sum_{h=1}^{H}\sum_{j=1}^{N^h} \sigma_j^{(h,t)} Z_{ej}^{(h,t)} = \varphi Z_{e0}^{(h,t)}, \forall e, t, \\ \sum_{h=1}^{H}\sum_{j=1}^{N^h} \sigma_j^{(h,t)} Z_{fj}^{(h,t)} = \varphi Z_{f0}^{(h,t)}, \forall f, t, \\ \sum_{h=1}^{H}\sum_{j=1}^{N^h} \sigma_j^{(h,t)} Z_{gj}^{(h,t)} = \varphi Z_{g0}^{(h,t)}, \forall g, t, \\ \sigma_j^{(h,t)} \geqslant 0, \forall j, t, h, \\ \sum_{h=1}^{H}\sum_{j=1}^{N^h} \sigma_j^{(h,t)} = \varphi, \forall t, \end{cases} \qquad (5-15)$$

$$\begin{cases} \sum_{h=1}^{H}\sum_{j=1}^{N^h} \sigma_j^{(h,t)} Z_{ej}^{(h,t)} = \sum_{h=1}^{H}\sum_{j=1}^{N^h} \zeta_j^{(h,t)} Z_{ej}^{(h,t)}, \forall e,t, \\ \sum_{h=1}^{H}\sum_{j=1}^{N^h} \sigma_j^{(h,t)} Z_{fj}^{(h,t)} = \sum_{h=1}^{H}\sum_{j=1}^{N^h} \tau_j^{(h,t)} Z_{fj}^{(h,t)}, \forall f,t, \\ \sum_{h=1}^{H}\sum_{j=1}^{N^h} \sigma_j^{(h,t)} Z_{gj}^{(h,t)} = \sum_{h=1}^{H}\sum_{j=1}^{N^h} \upsilon_j^{(h,t)} Z_{gj}^{(h,t)}, \forall g,t, \end{cases} \quad (5-16)$$

$$\begin{cases} \sum_{h=1}^{H}\sum_{j=1}^{N^h} \zeta_j^{(h,t)} Z_{ej}^{(h,t)} = \zeta Z_{e0}^{(h,t)}, \forall e,t, \\ \sum_{h=1}^{H}\sum_{j=1}^{N^h} \zeta_j^{(h,t)} X_{kj}^{(h,t)} = \varphi X_{k0}^{(h,t)} - S_k^{(h,t)-}, \forall k,t, \\ \sum_{h=1}^{H}\sum_{j=1}^{N^h} \zeta_j^{(h,t)} Y_{lj}^{(h,t)} = \varphi Y_{l0}^{(h,t)} + S_l^{(h,t)+}, \forall l,t, \\ \zeta_j^{(h,t)} \geqslant 0, \forall j,t,h, \\ \sum_{h=1}^{H}\sum_{j=1}^{N^h} \zeta_j^{(h,t)} = \varphi, \forall t, \end{cases} \quad (5-17)$$

$$\begin{cases} \sum_{h=1}^{H}\sum_{j=1}^{N^h} \tau_j^{(h,t)} Z_{fj}^{(h,t)} = \varphi Z_{f0}^{(h,t)}, \forall f,t, \\ \sum_{h=1}^{H}\sum_{j=1}^{N^h} \tau_j^{(h,t)} X_{bj}^{(h,t)} = \varphi X_{b0}^{(h,t)} - S_b^{(h,t)-}, \forall b,t, \\ \sum_{h=1}^{H}\sum_{j=1}^{N^h} \tau_j^{(h,t)} Y_{pj}^{(h,t)} = \varphi Y_{p0}^{(h,t)} - S_p^{(h,t)-}, \forall p,t, \\ \tau_j^{(h,t)} \geqslant 0, \forall j,t,h, \\ \sum_{h=1}^{H}\sum_{j=1}^{N^h} \tau_j^{(h,t)} = \varphi, \forall t, \end{cases} \quad (5-18)$$

$$\begin{cases} \sum_{h=1}^{H}\sum_{j=1}^{N^h} v_j^{(h,t)} Z_{gj}^{(h,t)} = \varphi Z_{g0}^{(h,t)}, \forall g,t, \\ \sum_{h=1}^{H}\sum_{j=1}^{N^h} v_j^{(h,t)} C_{mj}^{(h,t-1)} = \varphi C_{m0}^{(h,t-1)}, \forall m,t, \\ \sum_{h=1}^{H}\sum_{j=1}^{N^h} v_j^{(h,t)} X_{aj}^{(h,t)} = \varphi X_{a0}^{(h,t)} - S_a^{(h,t)-}, \forall a,t, \\ \sum_{h=1}^{H}\sum_{j=1}^{N^h} v_j^{(h,t)} C_{mj}^{(h,t)} = \varphi C_{m0}^{(h,t)} + S_m^{(h,t)+}, \forall m,t, \\ \sum_{h=1}^{H}\sum_{j=1}^{N^h} v_j^{(h,t)} Y_{qj}^{(h,t)} = \varphi Y_{q0}^{(h,t)} - S_q^{(h,t)-}, \forall q,t, \\ v_j^{(h,t)} \geqslant 0, \forall j,t,h, \\ \sum_{h=1}^{H}\sum_{j=1}^{N^h} v_j^{(h,t)} = \varphi, \forall t, \end{cases} \quad (5-19)$$

$$\sum_{h=1}^{H}\sum_{j=1}^{N^h} v_j^{(h,t)} C_{mj}^{(h,t-1)} = \sum_{h=1}^{H}\sum_{j=1}^{N^h} v_j^{(h,t-1)} C_{mj}^{(h,t-1)}, \forall m,t, \quad (5-20)$$

$$\sum_{t=1}^{T} \alpha^t \left[\begin{array}{l} \beta_1 \left(\varphi + \dfrac{1}{R}\sum_{r=1}^{R} \dfrac{S_r^{(h,t)+}}{Y_{r0}^{(h,t)}} \right) + \beta_2 \left(\varphi + \dfrac{1}{L}\sum_{l=1}^{L} \dfrac{S_l^{(h,t)+}}{Y_{l0}^{(h,t)}} \right) \\ + \beta_4 \left(\varphi + \dfrac{1}{M}\sum_{m=1}^{M} \dfrac{S_m^{(h,t)+}}{C_{m0}^{(h,t)}} \right) \end{array} \right] = 1, \quad (5-21)$$

$$S_i^{(h,t)-}, S_r^{(h,t)+}, S_k^{(h,t)+}, S_l^{(h,t)+}, S_b^{(h,t)-}, S_p^{(h,t)-}, S_a^{(h,t)-}, S_m^{(h,t)+}, S_q^{(h,t)-} \geqslant 0,$$
$$\forall i,r,k,l,b,p,a,m,q. \quad (5-22)$$

求解上述模型，得最优解：$\begin{pmatrix} \sigma_j^{(h,t)*}, t_j^{(h,t)*}, \tau_j^{(h,t)*}, v_j^{(h,t)*}, S_i^{(h,t)-*}, S_r^{(h,t)+*}, S_k^{(h,t)-*}, \\ S_l^{(h,t)+*}, S_b^{(h,t)-*}, S_p^{(h,t)-*}, S_a^{(h,t)-*}, S_m^{(h,t)+*}, S_q^{(h,t)-*}, \varphi^* \end{pmatrix}$，
然后，我们可以据此计算出系统生态效率 $^{meta}\theta_0^*$、时期效率 $^{meta}\theta_0^{t*}$、阶段效率 $^{meta}\theta_{0P}^*$、$^{meta}\theta_{0SWT}^*$、$^{meta}\theta_{0WGT}^*$ 和 $^{meta}\theta_{0WWT}^*$，以及时期阶段效率 $^{meta}\theta_{0P}^{t*}$、$^{meta}\theta_{0SWT}^{t*}$、$^{meta}\theta_{0WGT}^{t*}$ 和 $^{meta}\theta_{0WWT}^{t*}$。

$$^{meta}\theta_0^* = \min \sum_{t=1}^T \alpha^t \left\{ \begin{array}{l} \beta_1 \left(\varphi^* - \dfrac{1}{I} \sum_{i=1}^I \dfrac{S_i^{(h,t)-*}}{X_{i0}^{(h,t)}} \right) + \beta_2 \left(\varphi^* - \dfrac{1}{K} \sum_{k=1}^K \dfrac{S_k^{(h,t)-*}}{X_{k0}^{(h,t)}} \right) \\ + \beta_3 \left[\varphi^* - \dfrac{1}{B+P} \left(\sum_{b=1}^B \dfrac{S_b^{(h,t)-*}}{X_{b0}^{(h,t)}} + \sum_{p=1}^P \dfrac{S_p^{(h,t)-*}}{Y_{p0}^{(h,t)}} \right) \right] \\ + \beta_4 \left[\varphi^* - \dfrac{1}{A+Q} \left(\sum_{a=1}^A \dfrac{S_a^{(h,t)-*}}{X_{a0}^{(h,t)}} + \sum_{q=1}^Q \dfrac{S_q^{(h,t)-*}}{Y_{q0}^{(h,t)}} \right) \right] \end{array} \right\}$$

$$(5-23)$$

$$^{meta}\theta_{\mathrm{OP}}^* = \dfrac{\sum_{t=1}^T \alpha^t \left(\varphi^* - \dfrac{1}{I} \sum_{i=1}^I \dfrac{S_i^{(h,t)-*}}{X_{i0}^{(h,t)}} \right)}{\sum_{t=1}^T \alpha^t \left(\varphi^* + \dfrac{1}{R} \sum_{r=1}^R \dfrac{S_r^{(h,t)+*}}{Y_{r0}^{(h,t)}} \right)} \quad (5-24)$$

$$^{meta}\theta_{\mathrm{OSWT}}^* = \dfrac{\sum_{t=1}^T \alpha^t \left(\varphi^* - \dfrac{1}{K} \sum_{k=1}^K \dfrac{S_k^{(h,t)-*}}{X_{k0}^{(h,t)}} \right)}{\sum_{t=1}^T \alpha^t \left(\varphi^* + \dfrac{1}{L} \sum_{l=1}^L \dfrac{S_l^{(h,t)+*}}{Y_{l0}^{(h,t)}} \right)} \quad (5-25)$$

$$^{meta}\theta_{\mathrm{OWGT}}^* = \sum_{t=1}^T \alpha^t \left[\varphi^* - \dfrac{1}{B+P} \left(\sum_{b=1}^B \dfrac{S_b^{(h,t)-*}}{X_{b0}^{(h,t)}} + \sum_{p=1}^P \dfrac{S_p^{(h,t)-*}}{Y_{p0}^{(h,t)}} \right) \right] \quad (5-26)$$

$$^{meta}\theta_{\mathrm{OWWT}}^* = \dfrac{\sum_{t=1}^T \alpha^t \left[\varphi^* - \dfrac{1}{A+Q} \left(\sum_{a=1}^A \dfrac{S_a^{(h,t)-*}}{X_{a0}^{(h,t)}} + \sum_{q=1}^Q \dfrac{S_q^{(h,t)-*}}{Y_{q0}^{(h,t)}} \right) \right]}{\sum_{t=1}^T \alpha^t \left(\varphi^* + \dfrac{1}{M} \sum_{m=1}^M \dfrac{S_m^{(h,t)+*}}{C_{m0}^{(h,t)}} \right)} \quad (5-27)$$

$$^{meta}\theta_{\mathrm{OP}}^{t*} = \dfrac{\varphi^* - \dfrac{1}{I} \sum_{i=1}^I \dfrac{S_i^{(h,t)-*}}{X_{i0}^{(h,t)}}}{\varphi^* + \dfrac{1}{R} \sum_{r=1}^R \dfrac{S_r^{(h,t)+*}}{Y_{r0}^{(h,t)}}} \quad (5-28)$$

$$^{meta}\theta_{\mathrm{OSWT}}^{t*} = \dfrac{\varphi^* - \dfrac{1}{K} \sum_{k=1}^K \dfrac{S_k^{(h,t)-*}}{X_{k0}^{(h,t)}}}{\varphi^* + \dfrac{1}{L} \sum_{l=1}^L \dfrac{S_l^{(h,t)+*}}{Y_{l0}^{(h,t)}}} \quad (5-29)$$

$$^{meta}\theta_{\mathrm{OWGT}}^{t*} = \varphi^* - \dfrac{1}{B+P} \left(\sum_{b=1}^B \dfrac{S_b^{(h,t)-*}}{X_{b0}^{(h,t)}} + \sum_{p=1}^P \dfrac{S_p^{(h,t)-*}}{Y_{p0}^{(h,t)}} \right) \quad (5-30)$$

5 考虑区域异质性和动态性的中国地区工业系统生态效率评价

$$^{meta}\theta_{0WWT}^{t*} = \frac{\varphi^* - \frac{1}{A+Q}\left(\sum_{a=1}^{A}\frac{S_a^{(h,t)-*}}{X_{a0}^{(h,t)}} + \sum_{q=1}^{Q}\frac{S_q^{(h,t)-*}}{Y_{q0}^{(h,t)}}\right)}{\varphi^* + \frac{1}{M}\sum_{m=1}^{M}\frac{S_m^{(h,t)+*}}{C_{m0}^{(h,t)}}} \quad (5-31)$$

其中，$0 < {}^{meta}\theta_0^* \leq 1$。如果 ${}^{meta}\theta_0^* = 1$，则被评估的工业系统 DMU_0 在调查期间是生态有效率的，否则是生态无效率的；若有 ${}^{meta}\theta_{0P}^* = 1$、${}^{meta}\theta_{0SWT}^* = 1$、${}^{meta}\theta_{0WGT}^* = 1$ 和 ${}^{meta}\theta_{0WWT}^* = 1$，那么被评估的工业系统 DMU_0 在生产阶段、固体废物治理阶段、废气治理阶段和废水治理阶段的整个调查期间是运行有效率的；同理，若 ${}^{meta}\theta_{0P}^{t*} = 1$、${}^{meta}\theta_{0SWT}^{t*} = 1$、${}^{meta}\theta_{0WGT}^{t*} = 1$ 和 ${}^{meta}\theta_{0WWT}^{t*} = 1$，则分别表示被评估的 t 时刻工业系统 DMU_0 在生产阶段、固体废物治理阶段、废气治理阶段和废水治理阶段均是运行有效率的，反之则不是运行有效率的。

在模型（5-15）—模型（5-22）中，若去掉模型中的 $\sum_{h=1}^{H}$，则可以求解在组前沿生产技术下的系统生态效率 ${}^h\theta_0^*$，阶段效率 ${}^h\theta_{0P}^*$、${}^h\theta_{0SWT}^*$、${}^h\theta_{0WGT}^*$ 和 ${}^h\theta_{0WWT}^*$，以及时期阶段效率 ${}^h\theta_{0P}^{t*}$、${}^h\theta_{0SWT}^{t*}$、${}^h\theta_{0WGT}^{t*}$ 和 ${}^h\theta_{0WWT}^{t*}$。

5.2.3 技术差距率和无效率分解

根据 O'Donnell 等[125]的研究，我们可以通过技术差距率来表征组前沿效率和元前沿效率之间的技术差距，在 h 组中第 j 个 DMU（即 DMU_j）在不同前沿下的生态效率技术差距率（technology gap ratio，TGR_j^h）如式（5-33）所示。第 h 组的平均技术差距率 TGR^h 可以通过式（5-33）进行计算。

$$TGR_j^h = \frac{{}^{meta}\theta_j^{h*}}{{}^h\theta_j^{h*}} \quad (5-32)$$

$$TGR^h = \frac{\sum_{j=1}^{N^h} TGR_j^h}{N^h} \quad (5-33)$$

${}^{meta}\theta$ 和 ${}^h\theta$ 是分别通过元前沿和组前沿生产技术集进行测量的生态效率，又由于组前沿生产技术集是元前沿生产技术集的子集（${}^hPPS^t \subseteq {}^{meta}PPS^{(h,t)}$），因此以下关系成立：${}^{meta}\theta \leq {}^h\theta$，故 $0 < TGR \leq 1$。TGR 越趋近于 1，表示两种前沿下的生产技术异质性越小，因此，此时组前沿和元前沿下的生态效

率值越接近。反之,若 TGR 越接近于 0,则表示两种前沿下的技术异质性程度越大,生态效率水平差距也越大。

借鉴 Lin 等[189]和 Wang 等[35]的研究方法,某工业系统在元前沿下的生态无效率可以被分解为两个组成部分:技术差距无效率(technology gap inefficiency, TGI)和组别管理无效率(group managerial inefficiency, GMI,也称组前沿管理无效率),其计算公式分别为:

$$TGI_j^h = (1 - {}^{meta}\theta_j^{h*}) - (1 - {}^h\theta_j^{h*}) = {}^h\theta_j^{h*} - {}^{meta}\theta_j^{h*} \tag{5-34}$$

$$GMI_j^h = 1 - {}^h\theta_j^{h*} \tag{5-35}$$

基于模型(5-34)和模型(5-35)可知,生态无效率 ${}^{meta}\theta'_j$ 可以通过模型(5-36)进行计算。同时,我们可以通过式(5-37)和式(5-38)考察第 h 组的平均技术差距无效率(TGI^h)和平均组别管理无效率(GMI^h)。

$${}^{meta}\theta'_j = TGI_j^h + GMI_j^h \tag{5-36}$$

$$TGI^h = \frac{\sum_{j=1}^{N^h} TGI_j^h}{N^h} \tag{5-37}$$

$$GMI^h = \frac{\sum_{j=1}^{N^h} GMI_j^h}{N^h} \tag{5-38}$$

5.3 实证分析

工业是增强区域经济综合实力和竞争力的关键因素,[203]工业经济的可持续发展事关国家的长治久安和地区的和平稳定。然而,工业生产活动不仅产生了人类生产生活中所需的工业品,还往往同时产生了工业污染物。这些工业污染物会影响工业的持续发展和人们的身体健康,因此,高效治理这些工业污染物是新型工业化过程中必须要解决的重要问题。根据工业生产各环节的特点或功能,我们可以将工业系统的生产运行过程划分为四个相互连接的子阶段,即生产阶段、固体废物治理阶段、废气治理阶段和废水治理阶段(见图 5-2)。生产阶段不仅产生了工业增加值,还产生了固体废物、二氧化硫和废水等工业污染物。在固体废物治理阶段,对于生产阶段产生的工业固体废物,我们通过增加治理投资来实现对工业固体废物的再处理,从而以各种有利方式综合利用固体废物。在废气治理阶段,我们通过注入治理资金来实现对工业二氧化硫的排放前预处理,以减轻其对环境的不良影响。废水治理阶段与前两个阶段有所不同,该阶段除了要追加治理资金外,还要通过使用上一时期结转下来的设施处理能力来实现对工业废水的预处理;在处理结束后,除了排放掉一部分废水外,还会将本期所产生的废水治理设施处理能力结转到下一期进行使用。

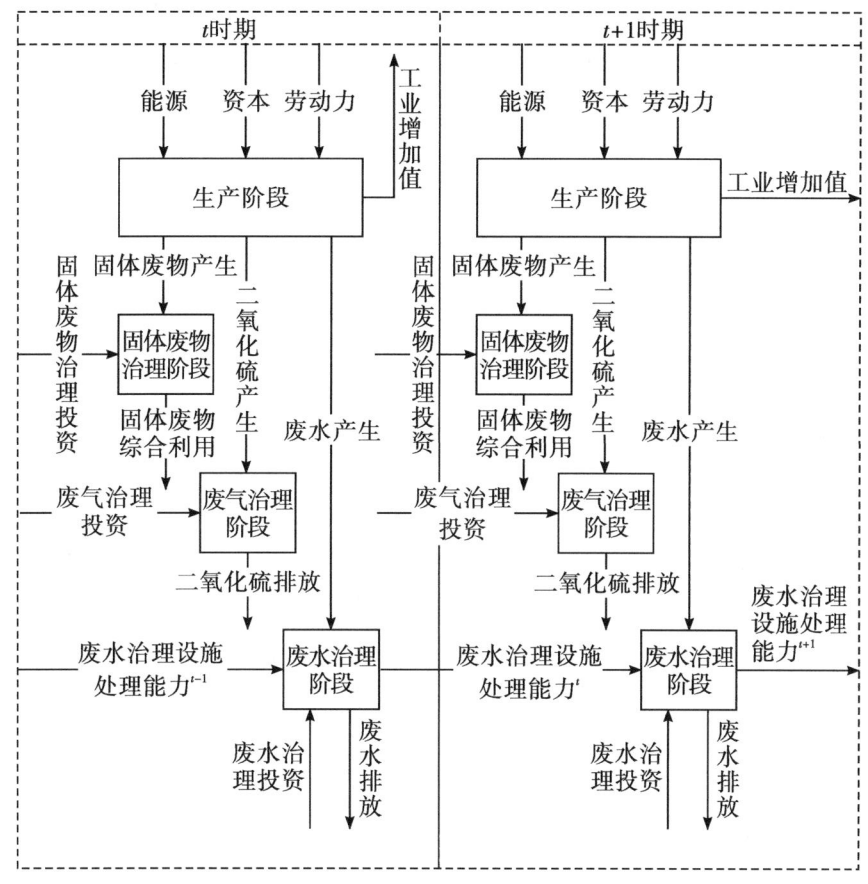

图5-2 工业动态串并联混合网络型结构

我国西藏地区由于相关数据缺失较为严重,故本研究只收集整理了内地30个省级行政区2011—2020年规模以上工业系统的相关投入和产出指标数据集。具体的投入和产出指标已在图5-2中进行标示,指标的选取依据可参见本书第3.2.1小节的内容。相关数据的来源说明和描述性统计分析结果可参见本书第3.2.2小节的相关内容,这里不再赘述。考虑到地理区域对工业系统生态效率的评价可能存在影响,本研究特别考虑了区域异质性下的工业串并联混合网络型生产结构的生态效率评价问题。具体的区域划分标准请参见本书第3.2.3小节的有关内容。

5.3.1 生态效率及阶段效率结果分析

在应用所提出的生态效率评价模型研究我国省级行政区工业系统生态效率及阶段效率之前,我们要先对模型中所涉及的时期权重和阶段权重进行必要的说明和赋值。就阶段权重而言,我们有理由认为在本章所提出的工业多阶段网络系统中,各阶段对于整个系统来说是同等重要的,因为我们要兼顾工业经济效益和工业环境效益。进而,关于阶段权重的以下关系成立:$\beta_1 = \beta_2 = \beta_3 = \beta_4 = 0.25$。就时期权重而言,一般有两种思路:一是认为后一个时期对于系统的重要性应不小于前一个时期,如Tone等[201]的研究;二是认为在研究期间,所有时期对于系统的重要性程度相当,对系统整体的发展起着同等程度的作用。我们认为,思路二在经济发展相对较为稳定的我国是比较适用的。除了2019年年底至2020年年初新冠疫情对经济造成了一定冲击外,在样本期间,我国的经济发展状况总体平稳,各个时期对我国工业经济的发展而言具有同等关键的作用。根据以上的分析以及计算的简便性,我们在这里不妨假定:$\alpha^1 = \alpha^2 = \cdots = \alpha^{10} = 0.1$。根据以上的假设,我们利用模型(5-30)—模型(5-34)评价了我国省级行政区工业系统的平均生态效率及阶段效率,评价结果见表5-1。

表5-1 2011—2020年中国省级行政区工业系统平均生态效率及阶段效率

省级行政区	生态效率	生产效率	固体废物治理效率	废气治理效率	废水治理效率
北京	0.9097	1.0000	0.7927	0.9360	0.9522
天津	0.7399	0.9425	1.0000	0.4646	0.7383
河北	0.7579	1.0000	0.8721	0.3148	1.0000
山西	0.7546	1.0000	0.8839	0.5045	0.7324
内蒙古	0.4663	1.0000	0.2288	0.6616	0.2360
辽宁	0.5553	0.9859	0.2413	0.3171	0.9520
吉林	0.4513	0.9704	0.1884	0.3062	0.5473

续表 5-1

省级行政区	生态效率	生产效率	固体废物治理效率	废气治理效率	废水治理效率
黑龙江	0.4824	0.8696	0.1484	0.4079	0.7712
上海	0.4647	0.9853	0.5431	0.2540	0.2975
江苏	0.6707	1.0000	0.9993	0.1819	0.7704
浙江	0.3970	1.0000	0.6989	0.1051	0.0868
安徽	0.6817	0.9504	0.8219	0.5353	0.6147
福建	0.3687	1.0000	0.0848	0.2099	0.4037
江西	0.4824	0.9754	0.1806	0.5410	0.4776
山东	0.7558	1.0000	1.0000	0.8136	0.4549
河南	0.5394	0.9622	0.5631	0.2472	0.6156
湖北	0.5001	1.0000	0.1830	0.3602	0.5679
湖南	0.6029	0.9628	0.3114	0.4290	0.8888
广东	0.4120	1.0000	0.3236	0.1606	0.3566
广西	0.5332	1.0000	0.1330	0.4050	0.8180
海南	0.9541	1.0000	0.9472	0.9109	1.0000
重庆	0.5594	1.0000	0.0785	0.6099	0.6927
四川	0.3763	0.8094	0.2185	0.2606	0.4612
贵州	0.6167	1.0000	0.1431	0.6546	0.8868
云南	0.4797	1.0000	0.0904	0.4243	0.6153
陕西	0.3188	0.9825	0.0837	0.1494	0.2821
甘肃	0.5852	0.9496	0.3300	0.7332	0.6450
青海	0.7185	1.0000	0.4216	0.6967	1.0000
宁夏	0.3734	1.0000	0.0776	0.2576	0.3977
新疆	0.3937	0.8685	0.3408	0.2111	0.3846
平均值	0.5634	0.9738	0.4310	0.4355	0.6216

根据表 5-1，我们可以了解到，没有任何省级行政区的工业系统年均生态效率得分为 1.0000，而全国平均工业生态效率为 0.5634，这意味着我国省级行政区工业系统的生态效率水平仍不高，粗放型工业发展模式还未

得到根本性改变，工业经济实现由高速增长向高质量发展转变还需要比较长的时间。同时，我们还发现，海南获得了最高的相对工业生态效率分数，达到了 0.9541，比全国平均水平高出了 69.35%；其次是北京和河北，得分分别为 0.9097 和 0.7579；而陕西的工业生态效率得分欠佳，得分仅为 0.3188，比全国平均水平低了 43.41%。近年来，海南在保护生态环境方面取得了显著成效，坚持不以破坏生态为代价谋取经济发展的短期利益，因而取得了比较好的生态经济效益。在研究期间，海南加快国际旅游岛建设，响应国家号召，努力贯彻实施"一带一路"倡议，积极探索前进道路，率先对外开放旅游产业。海南具有独特的生态、旅游资源和区位优势，再加之当地政府积极作为，新型工业等高技术产业实力正在大幅提升，中央还赋予了海南"四大战略定位"的政策优势，进一步促进了海南工业生态环境的有力改善。中华人民共和国成立以来，北京的工业经济实现了从高速增长到高质量发展的重大突破，工业总量不断攀升，工业结构持续优化，工业空间分布渐趋合理，工业新动能不断增强，工业效益不断提高，这些因素都为北京的工业生态效率不断提高提供了支持。河北作为我国近代工业的摇篮，其工业基础实力不容小觑。近年来，河北坚决去掉落后产能，已初步形成工业转型升级政策体系，新旧动能的转换已处于"加速期"，创新和效益已成为引擎和优势，工业区域布局优化合理，这一系列组合措施让河北工业系统不仅量大质优，而且工业生态效率也提升显著。目前，虽然陕西的工业经济在规模上并不算大，然而，其工业结构以矿产资源开采和初级工业产品加工为主，生产方式以燃煤和木柴为主要动力燃料，因此造成了高能耗、低产值和重污染的工业发展局面，这也在一定程度上阻碍了陕西工业生态效率的提高。

从阶段来看，全国平均工业生产效率（0.9738）高于平均固体废物治理效率（0.4310）、废气治理效率（0.4355）和废水治理效率（0.6216）。可见，我国工业系统的工业废物治理效率仍然较低，尤其是固体废物和废气治理的效率。较低的工业废物治理效率也直接导致了工业生态效率不高，尤其工业固体废物和废气治理效率不高是造成工业生态效率较低的最主要原因。从生产阶段来看，有超过一半的省级行政区（17 个）的工业生产效率值为 1.0000，如河北、浙江和海南等，这表明这些地区的工业系统在工业经济生产效率方面表现优异。而四川、新疆和黑龙江等地区的工业经济生产效率则欠佳，得分仅为 0.8094、0.8685 和 0.8696，分别低于全国平均工业经济生产效率的 16.88%、10.81% 和 10.70%。河北和浙江都是传统的工业经济强省，工业经济基础扎实，产业发展实力雄厚，工业生产效率较高不足为奇。而海南之所以能取得这么高的工业经济生产效率，可以理解为海南的工业经济虽规模小但质量优，因此生产效率也较高。相比之下，四川、新疆和黑龙江的工业生产技术和条件相对滞后，地区人才吸引力也较弱，工业产业发展活力不足，因此，这些地区的工业产业生产效率普遍不高。从固体废物治理阶段来看，天津和山东的工业固体废物治理效率表现是最好的，得分为 1.0000，高于全国平均水平的 132.02%；其次是江苏和海南，得分分别为 0.9993 和 0.9472。而宁夏和重庆的工业固体废物治理效率表现欠佳，得分仅为 0.0776 和 0.0785，较低的工业固体废物治理效率也是重庆和宁夏工业生态效率不高的最主要原因。从废气治理阶段来看，北京和海南的工业废气治理效率表现最优，得分分别为 0.9360 和 0.9109；其次是山东，得分为 0.8136。工业废气治理效率表现欠佳的省份主要有广东、陕西和浙江，得分仅为 0.1606、0.1494 和 0.1051。从废水治理阶段来看，河北、海南和青海的工业系统废水治理效率最高，得分达到 1.0000，这三个地区的工业系统废水治理环节实现了高效率的运作；其次是北京，得分为 0.9522。可以看到，陕西、内蒙古和浙江的工业废水治理效率较低，得分仅为 0.2821、0.2360 和 0.0868，较低的工业废水治理效率是浙江工业生态效率欠佳的最主要原因。

通过以上的分析，我们有以下发现：第一，当且仅当工业生产效率、固体废物治理效率、废气治理效率和废水治理效率均表现较佳时，工业系统的整体生态效率才能获得比较高的效率分数。因此，要提高某工业系统的生态效率，必须同时提高这四个阶段的运行效率。第二，该方法能够从省级行政区工业网络生产结构的内部识别出工业生态效率低下的原因，从而为工业生态效率改进提供参考。

5.3.2 不同时期阶段效率分析

根据模型（5-35）—模型（5-38），我们可以计算出各个省级行政区工业系统在每个时期的阶段效率，即生产效率、固体废物治理效率、废气治理效率和废水治理效率，效率结果见表 5-2。根据各阶段效率在每年的平均效率表现，我们绘制出省级行政区工业系统平均阶段效率变化的趋势图，见图 5-3—图 5-6。

表 5－2　2011—2020 年省级行政区工业系统各阶段效率

省级行政区	2011年	2012年	2013年	2014年	2015年	2016年	2017年	2018年	2019年	2020年
生 产 效 率										
北京	1.0000	1.0000	1.0000	1.0000	1.0000	1.0000	1.0000	1.0000	1.0000	1.0000
天津	1.0000	1.0000	1.0000	1.0000	1.0000	1.0000	1.0000	1.0000	0.7115	0.7132
河北	1.0000	1.0000	1.0000	1.0000	1.0000	1.0000	1.0000	1.0000	1.0000	1.0000
山西	1.0000	1.0000	1.0000	1.0000	1.0000	1.0000	1.0000	1.0000	1.0000	1.0000
内蒙古	1.0000	1.0000	1.0000	1.0000	1.0000	1.0000	1.0000	1.0000	1.0000	1.0000
辽宁	1.0000	1.0000	1.0000	1.0000	0.8594	1.0000	1.0000	1.0000	1.0000	1.0000
吉林	0.9271	1.0000	1.0000	0.7769	1.0000	1.0000	1.0000	1.0000	1.0000	1.0000
黑龙江	1.0000	1.0000	1.0000	0.8998	1.0000	0.7894	0.6761	0.6593	0.6713	1.0000
上海	1.0000	1.0000	1.0000	1.0000	0.8528	1.0000	1.0000	1.0000	1.0000	1.0000
江苏	1.0000	1.0000	1.0000	1.0000	1.0000	1.0000	1.0000	1.0000	1.0000	1.0000
浙江	1.0000	1.0000	1.0000	1.0000	1.0000	1.0000	1.0000	1.0000	1.0000	1.0000
安徽	0.6037	0.9439	1.0000	1.0000	1.0000	0.9562	1.0000	1.0000	1.0000	1.0000
福建	1.0000	1.0000	1.0000	1.0000	1.0000	1.0000	1.0000	1.0000	1.0000	1.0000
江西	1.0000	1.0000	1.0000	1.0000	1.0000	0.8686	0.9352	0.9498	1.0000	1.0000
山东	1.0000	1.0000	1.0000	1.0000	1.0000	1.0000	1.0000	1.0000	1.0000	1.0000
河南	1.0000	1.0000	1.0000	1.0000	1.0000	0.8162	0.8062	1.0000	1.0000	1.0000
湖北	1.0000	1.0000	1.0000	1.0000	1.0000	1.0000	1.0000	1.0000	1.0000	1.0000
湖南	0.6281	1.0000	1.0000	1.0000	1.0000	1.0000	1.0000	1.0000	1.0000	1.0000
广东	1.0000	1.0000	1.0000	1.0000	1.0000	1.0000	1.0000	1.0000	1.0000	1.0000
广西	1.0000	1.0000	1.0000	1.0000	1.0000	1.0000	1.0000	1.0000	1.0000	1.0000
海南	1.0000	1.0000	1.0000	1.0000	1.0000	1.0000	1.0000	1.0000	1.0000	1.0000
重庆	1.0000	1.0000	1.0000	1.0000	1.0000	1.0000	1.0000	1.0000	1.0000	1.0000
四川	0.5481	0.7765	0.8068	0.6675	1.0000	0.8510	0.8417	0.8186	0.8908	0.8932
贵州	1.0000	1.0000	1.0000	1.0000	1.0000	1.0000	1.0000	1.0000	1.0000	1.0000
云南	1.0000	1.0000	1.0000	1.0000	1.0000	1.0000	1.0000	1.0000	1.0000	1.0000
陕西	0.8246	1.0000	1.0000	1.0000	1.0000	1.0000	1.0000	1.0000	1.0000	1.0000

续表 5-2

省级行政区	2011年	2012年	2013年	2014年	2015年	2016年	2017年	2018年	2019年	2020年
生产效率										
甘肃	1.0000	1.0000	1.0000	1.0000	1.0000	1.0000	0.4964	1.0000	1.0000	1.0000
青海	1.0000	1.0000	1.0000	1.0000	1.0000	1.0000	1.0000	1.0000	1.0000	1.0000
宁夏	1.0000	1.0000	1.0000	1.0000	1.0000	1.0000	1.0000	1.0000	1.0000	1.0000
新疆	0.6591	1.0000	1.0000	0.4462	1.0000	1.0000	0.5799	1.0000	1.0000	1.0000
平均值	0.9397	0.9907	0.9936	0.9597	0.9890	0.9710	0.9510	0.9809	0.9758	0.9869
固体废物治理效率										
北京	1.0000	0.2435	0.7194	1.0000	1.0000	1.0000	0.9409	1.0000	0.0237	1.0000
天津	1.0000	1.0000	1.0000	1.0000	1.0000	1.0000	1.0000	1.0000	1.0000	1.0000
河北	1.0000	1.0000	1.0000	1.0000	1.0000	1.0000	0.5949	0.1257	1.0000	1.0000
山西	0.6421	1.0000	1.0000	1.0000	0.1968	1.0000	1.0000	1.0000	1.0000	1.0000
内蒙古	0.5445	0.0709	0.0549	0.0402	0.1049	0.0042	0.1539	0.1421	1.0000	0.1721
辽宁	1.0000	0.2642	0.1719	0.3629	0.0476	0.0120	0.1752	0.2151	0.0834	0.0809
吉林	0.2798	0.4416	0.0402	0.0316	0.2543	0.6474	0.0181	0.1475	0.0188	0.0051
黑龙江	0.7599	0.3395	0.0359	0.0294	0.1095	0.0303	0.0437	0.0406	0.0810	0.0147
上海	1.0000	1.0000	0.2652	0.9494	1.0000	0.1217	0.0010	0.0007	0.0929	1.0000
江苏	1.0000	0.9926	1.0000	1.0000	1.0000	1.0000	1.0000	1.0000	1.0000	1.0000
浙江	0.9141	1.0000	0.7477	0.0395	0.2256	0.0622	1.0000	1.0000	1.0000	1.0000
安徽	1.0000	1.0000	1.0000	0.1367	1.0000	0.0823	1.0000	1.0000	1.0000	1.0000
福建	0.0371	0.6037	0.0104	0.0148	0.0263	0.0268	0.0516	0.0591	0.0019	0.0160
江西	0.2935	0.4296	0.1360	0.0880	0.2218	0.0387	0.0672	0.4843	0.0290	0.0182
山东	1.0000	1.0000	1.0000	1.0000	1.0000	1.0000	1.0000	1.0000	1.0000	1.0000
河南	1.0000	1.0000	0.0735	1.0000	0.1103	0.4472	0.2210	0.6867	0.0927	1.0000
湖北	0.1133	0.7506	0.0366	0.0809	0.1851	0.0110	0.0434	0.0477	0.5293	0.0321
湖南	0.1281	0.2800	0.0134	0.0426	0.1607	1.0000	0.3207	0.1476	1.0000	0.0206
广东	0.2289	0.0662	0.0191	0.0342	0.0843	0.7462	0.6263	0.6668	0.0040	0.7601
广西	0.2493	0.1371	0.1013	0.0107	0.0116	0.1029	0.0929	0.6023	0.0054	0.0162

续表 5－2

省级行政区	2011 年	2012 年	2013 年	2014 年	2015 年	2016 年	2017 年	2018 年	2019 年	2020 年
固体废物治理效率										
海南	1.0000	1.0000	1.0000	1.0000	1.0000	1.0000	1.0000	1.0000	1.0000	0.4723
重庆	0.0150	0.3197	0.0106	0.0129	0.0537	0.0567	0.0781	0.2022	0.0130	0.0233
四川	0.3222	0.1273	0.0483	0.0410	1.0000	0.0241	0.0388	0.0471	0.4953	0.0411
贵州	0.0883	0.2931	0.2107	0.0635	0.2511	0.0366	0.1389	0.1735	0.1539	0.0211
云南	0.2022	0.1257	0.0130	0.0592	0.0636	0.0184	0.1393	0.1685	0.1051	0.0088
陕西	0.1408	0.0865	0.0209	0.0242	0.1835	0.1567	0.0122	0.1152	0.0961	0.0011
甘肃	0.7556	0.0195	0.0855	0.1237	1.0000	0.0799	0.1626	1.0000	0.0089	0.0647
青海	0.2654	0.5527	0.0286	0.0625	0.1089	1.0000	1.0000	1.0000	0.1862	0.0117
宁夏	0.3949	0.1188	0.0052	0.0050	0.0401	0.0126	0.0137	0.1636	0.0115	0.0101
新疆	1.0000	0.2849	0.0058	1.0000	0.3989	0.0270	0.1570	0.1931	0.3340	0.0073
平均值	0.5792	0.5183	0.3285	0.3751	0.4279	0.3915	0.4030	0.4810	0.4122	0.3932
废气治理效率										
北京	1.0000	0.6643	0.6954	1.0000	1.0000	1.0000	1.0000	1.0000	1.0000	1.0000
天津	0.1477	0.6220	1.0000	0.4227	0.0766	1.0000	0.7993	0.4633	0.0918	0.0227
河北	0.5096	0.3467	0.4071	0.1189	0.0841	1.0000	0.0849	0.2244	0.2614	0.1111
山西	0.4427	0.4003	0.6110	1.0000	1.0000	0.3254	0.0535	1.0000	0.1584	0.0537
内蒙古	0.5929	1.0000	0.7650	0.9916	1.0000	0.0855	0.0767	0.1042	1.0000	1.0000
辽宁	0.2765	0.2080	0.2470	0.2007	0.1064	0.1378	0.1269	0.2813	0.5865	1.0000
吉林	0.1078	0.3339	0.1753	0.2719	0.0995	0.3250	0.0851	0.4591	0.6014	0.6028
黑龙江	0.0574	0.3494	0.0708	0.2428	0.0560	0.1595	0.2089	1.0000	0.9337	1.0000
上海	0.1297	0.2773	1.0000	0.4644	0.1483	0.0315	0.2008	0.2053	0.0221	0.0609
江苏	0.4127	0.1862	0.3652	0.2583	0.1545	0.0519	0.0566	0.1135	0.2017	0.0180
浙江	0.3060	0.0994	0.1734	0.1558	0.0331	0.0599	0.0360	0.0873	0.0845	0.0155
安徽	1.0000	1.0000	1.0000	1.0000	1.0000	0.0805	0.0431	0.0793	0.1124	0.0379
福建	0.1160	0.1342	0.1500	0.2713	0.0435	0.1973	0.0464	0.0730	1.0000	0.0670
江西	1.0000	1.0000	1.0000	1.0000	0.2672	0.1999	0.0917	0.3290	0.4263	0.0962
山东	1.0000	1.0000	1.0000	1.0000	1.0000	1.0000	1.0000	1.0000	0.0858	0.0498

续表 5-2

省级行政区	2011年	2012年	2013年	2014年	2015年	2016年	2017年	2018年	2019年	2020年
废气治理效率										
河南	0.5133	0.7418	0.4526	0.2071	0.2506	0.0374	0.0498	0.1248	0.0513	0.0436
湖北	0.2962	0.2261	0.6850	0.4118	0.1399	0.2090	0.0846	0.3301	0.2195	1.0000
湖南	0.3487	0.1742	0.4363	0.4142	0.1022	0.2645	0.1169	0.8359	1.0000	0.5975
广东	0.2654	0.1137	0.4291	0.3202	0.1238	0.1099	0.0406	0.0578	0.0936	0.0519
广西	0.5299	0.6102	0.5371	0.5776	0.0726	0.1488	0.1793	0.1887	1.0000	0.2055
海南	1.0000	1.0000	1.0000	1.0000	1.0000	1.0000	1.0000	1.0000	0.6268	0.4824
重庆	1.0000	0.7702	0.5736	1.0000	0.2366	1.0000	0.4983	0.2724	0.6240	0.1235
四川	0.1282	0.2495	0.3980	0.2921	0.2552	0.4298	0.1789	0.2410	0.2835	0.1498
贵州	0.5853	0.3763	0.5026	0.4663	0.1939	1.0000	1.0000	1.0000	1.0000	0.4219
云南	0.2419	0.2687	0.5026	0.7375	0.5593	0.2654	0.4405	0.5414	0.5183	0.1677
陕西	0.2171	0.1142	0.1923	0.2257	0.0817	0.1223	0.1011	0.1971	0.1723	0.0698
甘肃	1.0000	1.0000	0.9860	0.8120	1.0000	0.3874	1.0000	0.3725	0.5786	0.1960
青海	0.3360	1.0000	0.6523	1.0000	0.2787	0.1907	1.0000	1.0000	0.5097	1.0000
宁夏	0.3975	0.3302	0.3892	0.2937	0.1492	0.0885	0.1134	0.1637	0.5379	0.1128
新疆	0.0679	0.2501	0.2346	0.1502	0.1003	0.2968	0.1785	0.3324	0.3190	0.1811
平均值	0.4675	0.4949	0.5544	0.5436	0.3538	0.3735	0.3297	0.4359	0.4700	0.3313
废水治理效率										
北京	1.0000	1.0000	1.0000	1.0000	0.5219	1.0000	1.0000	1.0000	1.0000	1.0000
天津	0.2096	0.4253	0.3841	1.0000	0.3638	1.0000	1.0000	1.0000	1.0000	1.0000
河北	1.0000	1.0000	1.0000	1.0000	1.0000	1.0000	1.0000	1.0000	1.0000	1.0000
山西	0.3805	0.4317	0.4146	1.0000	1.0000	1.0000	1.0000	1.0000	1.0000	0.0975
内蒙古	0.1416	0.2047	0.2076	1.0000	0.1422	0.1351	0.0976	0.1623	0.0553	0.2131
辽宁	1.0000	1.0000	0.5197	1.0000	1.0000	1.0000	1.0000	1.0000	1.0000	1.0000
吉林	0.1760	0.6573	1.0000	1.0000	0.2920	1.0000	0.3712	0.3712	0.1525	0.4531
黑龙江	0.4139	1.0000	1.0000	1.0000	0.2108	1.0000	1.0000	1.0000	1.0000	0.0878
上海	1.0000	1.0000	0.4920	0.0956	0.1365	0.0692	0.0254	0.0364	0.0980	0.0221
江苏	0.1914	0.2498	0.2626	1.0000	1.0000	1.0000	1.0000	1.0000	1.0000	1.0000

续表 5-2

省级行政区	2011年	2012年	2013年	2014年	2015年	2016年	2017年	2018年	2019年	2020年
废水治理效率										
浙江	0.1588	0.1101	0.1007	0.0665	0.0715	0.0385	0.0887	0.0816	0.0465	0.1049
安徽	0.4251	0.5463	1.0000	0.5278	0.3507	0.0922	0.2052	1.0000	1.0000	1.0000
福建	0.2206	0.1074	0.1240	0.0685	0.1068	0.0618	0.3476	1.0000	1.0000	1.0000
江西	0.2840	0.5973	1.0000	1.0000	1.0000	0.2320	0.2237	0.2527	0.0550	0.1307
山东	0.0675	0.0616	0.2110	1.0000	1.0000	1.0000	1.0000	0.0559	0.0892	0.0636
河南	0.2062	0.2753	0.2998	1.0000	0.1962	1.0000	1.0000	1.0000	1.0000	0.1783
湖北	0.4663	1.0000	1.0000	0.7195	0.4922	0.4653	0.1345	0.1453	1.0000	0.2561
湖南	1.0000	1.0000	1.0000	1.0000	0.5450	1.0000	1.0000	0.5985	1.0000	0.7440
广东	0.2242	0.2144	0.4540	0.3154	1.0000	0.0737	0.1874	1.0000	0.0406	0.0562
广西	1.0000	1.0000	1.0000	0.4508	0.6136	1.0000	1.0000	1.0000	0.4720	0.6441
海南	1.0000	1.0000	1.0000	1.0000	1.0000	1.0000	1.0000	1.0000	1.0000	1.0000
重庆	0.2003	0.2337	1.0000	1.0000	0.3011	1.0000	1.0000	1.0000	1.0000	0.1916
四川	0.2497	0.2054	0.7835	0.1722	0.2742	1.0000	1.0000	0.7111	0.1153	0.1002
贵州	1.0000	0.3706	1.0000	0.4978	1.0000	1.0000	1.0000	1.0000	1.0000	1.0000
云南	0.2268	0.1152	1.0000	1.0000	1.0000	0.2202	0.5361	1.0000	1.0000	0.0544
陕西	0.0292	0.0385	1.0000	0.7937	0.0903	0.1550	0.0766	0.2519	0.1679	0.2174
甘肃	0.1747	0.1241	0.1254	1.0000	1.0000	1.0000	1.0000	1.0000	1.0000	0.0261
青海	1.0000	1.0000	1.0000	1.0000	1.0000	1.0000	1.0000	1.0000	1.0000	1.0000
宁夏	0.2600	0.2210	1.0000	1.0000	0.0571	0.1109	0.1264	1.0000	0.1682	0.0338
新疆	0.1133	0.0964	0.1196	0.0505	1.0000	0.1722	0.1232	0.1707	1.0000	1.0000
平均值	0.4607	0.5095	0.6833	0.7586	0.5922	0.6609	0.6514	0.7279	0.6820	0.4892

表 5-2 显示，在研究期间，绝大多数省级行政区工业系统在生产阶段的生产效率表现较佳，比如东部区域的北京、河北和江苏等，中部区域的山西和湖北等，以及西部区域的贵州、重庆和云南等。以上结果说明，从"十二五"期间到"十三五"期间，我国省级行政区工业系统在产出增加值、创造经济利益方面整体表现优秀。但也有部分省级行政区工业系统的生产效率仍欠佳，如东部区域的天津、辽宁和上海等，中部区域的吉林、黑龙江和湖南等，以及西部区域的陕西、甘肃和新疆等，这些省级行政区

在研究期内的平均工业生产效率仍未达到最优状态,其主要原因大多在于它们的地理位置不占优势(天津、上海等少数地区除外),工业发展基础设施建设也相对落后于东部区域的发达地区,且基础教育、科技发展以及对人才的吸引力较弱。图5-3显示,我国省级行政区工业系统的平均生产效率总体呈现波动式上升的趋势,工业经济效益发展势头趋好。在固体废物治理阶段,只有东部区域的天津和山东实现了工业固体废物的有效治理。这两个省级行政区的工业固体废物在每一年均实现了有效治理,其余省级行政区的工业固体废物则至少有一年未实现有效治理。图5-4显示,我国省级行政区工业系统平均固体废物治理效率在研究期间稳中有降,工业固体废物治理的效率有一定程度的降低。在废气治理阶段,所有省级行政区都至少有一年未能实现有效的工业废气治理,因此,我国省级行政区工业系统在工业废气处理方面仍存在明显不足,需要社会各界在环保意识和科技应用两个层面持续发力,以提升工业废气处理效率。图5-5显示,在研究期间,我国省级行政区工业系统平均废气治理效率表现出"M"形的变化趋势,工业废气治理的效率不太稳定,甚至存在废气治理效率降低的现象。在废水治理阶段,东部区域的河北、海南以及西部区域的青海实现了有效的工业废水治理,它们在研究期间的每一年均实现了工业废水的有效治理,余下27个省级行政区的工业废水均未实现有效治理。图5-6显示,我国省级行政区工业系统平均废水治理效率也呈现出"M"形变化趋势,但总体废水治理效率在研究期间内有一定的提高。

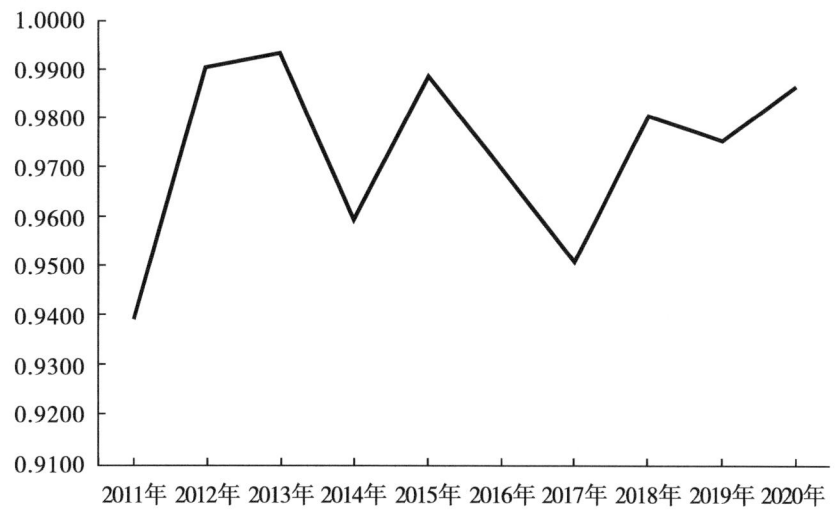

图5-3 省级行政区工业系统平均生产效率变化趋势

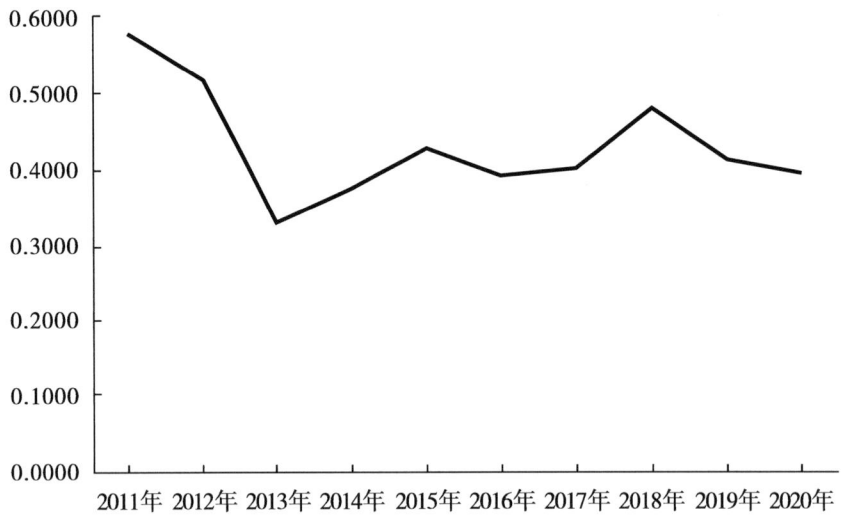

图 5-4 省级行政区工业系统平均固体废物治理效率变化趋势

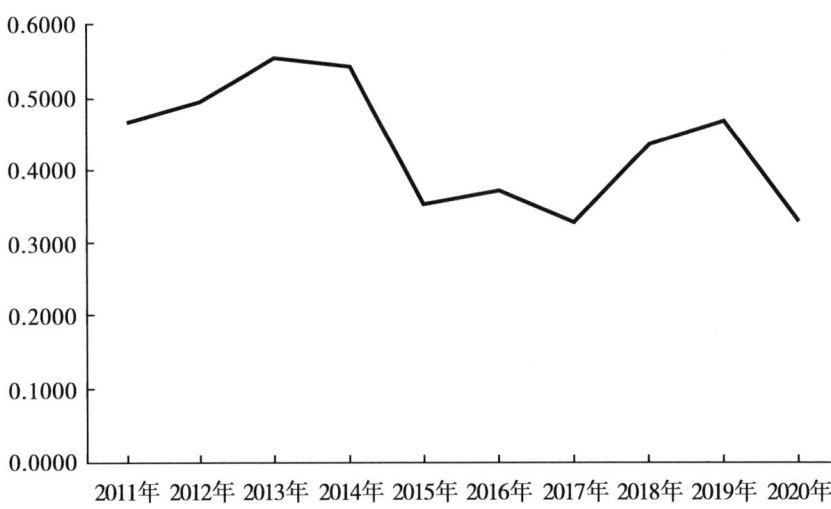

图 5-5 省级行政区工业系统平均废气治理效率变化趋势

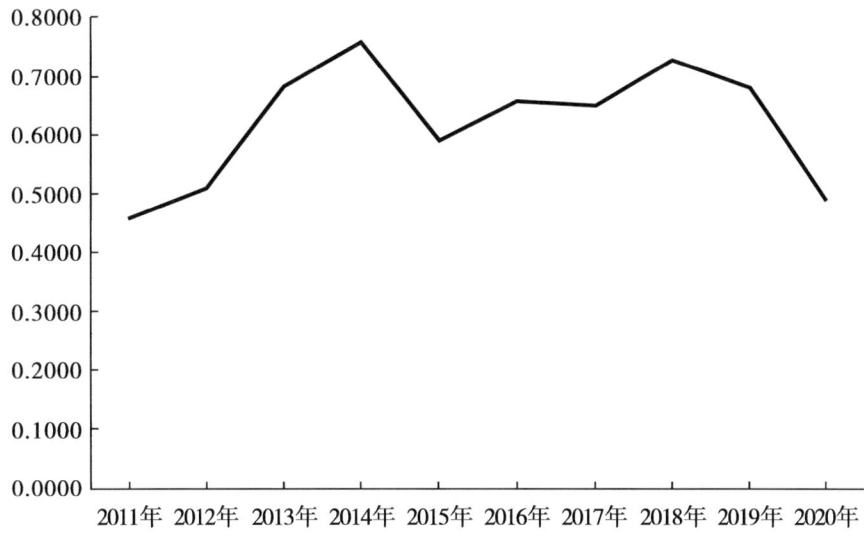

图5-6 省级行政区工业系统平均废水治理效率变化趋势

5.3.3 不同区域生态效率分析

利用5.3.2节中提出的模型，我们可以计算、汇总得到不同区域工业系统的组前沿生态效率和元前沿生态效率，效率的描述性结果见表5-3。

表5-3 各区域工业系统生态效率的统计描述

区域	效率	最大值	最小值	平均值	标准差
东部	元前沿生态效率	0.9541	0.3687	0.6351	0.2078
	组前沿生态效率	0.9647	0.5753	0.8075	0.1438
中部	元前沿生态效率	0.7546	0.4513	0.5618	0.1085
	组前沿生态效率	0.9942	0.7433	0.8407	0.0953
西部	元前沿生态效率	0.7185	0.3188	0.4928	0.1223
	组前沿生态效率	0.9465	0.5351	0.7552	0.1345
全国	元前沿生态效率	0.9541	0.3188	0.5634	0.1635
	组前沿生态效率	0.9942	0.5351	0.7972	0.1296

根据表5-3的结果，我们可以发现：第一，在元前沿生产技术下，西部区域的平均工业生态效率较低（0.4928），低于全国工业生态效率的平均水平（0.5634），这说明西部区域的工业系统生态效率低下，并具有很

大的改进潜力。东部区域经济发展水平高，其工业生态效率也是相对最高的。第二，元前沿生态效率总是小于组前沿生态效率，印证了上文的理论分析。第三，在考虑不同的前沿生产技术方面，东部区域两种前沿生态效率的差异较小，而西部区域两种前沿生态效率的差异较大。

我们采用了 Mann-Whitney 检验来考察组前沿和元前沿生产技术下两种不同的生态效率值在不同的地理区域是否具有显著的差异性，结果如表 5-4 所示。根据研究结果，在考虑区域异质性的前提下，我们检验了不同生产前沿下生态效率分布是否存在显著差异的零假设。检验结果显示，在 5% 的显著性水平下，东部、中部和西部地区的生态效率分布均存在显著差异，因此我们拒绝零假设（P 值小于 0.05）。特别是中部和西部地区，在更为严格的 1% 显著性水平下，同样拒绝了零假设（P 值小于 0.01）。因此，考虑不同的生产前沿技术下，东部、中部和西部区域不同前沿下的生态效率值都具有显著的差异性。由此也说明，在评价省级行政区工业系统生态效率时考虑区域异质性特征具有合理性和重要性。

表 5-4 Mann-Whitney 检验结果汇总表

区域	零假设	Mann-Whitney U	Z 统计	P 值
东部	不同生产前沿下生态效率分布无显著差异	77.000	2.041	0.043
中部		64.000	3.361	0.001
西部		112.000	3.382	0.001

图 5-7 中的省级行政区工业系统生态效率结果显示，海南、北京、天津和河北等地区的 TGR 值较大，这说明这些省级行政区工业系统的生态效率在两种生产前沿技术下的效率差距比较小。我们可以很清楚地看到，TGR 值较大的省级行政区多为东部区域经济发展水平比较高的地区，经济的快速发展促使这些东部区域省级行政区的工业生产技术水平遥遥领先于中部、西部区域的省级行政区，并促使这些东部区域省级行政区的工业系统在不同前沿技术下获得的生态效率得分的差距较小。而四川、内蒙古、宁夏和吉林等省级行政区的 TGR 值相对较小，这说明这些省级行政区的工业生态效率在两种生产前沿技术下的效率差距是比较大的。这些省级行政区多位于中部、西部区域，经济发展基础较为薄弱，清洁生产技术水平也较低，这对不同前沿下工业生态效率评价的影响程度较大，由此导致了这些省级行政区的工业生态效率在不同生产技术前沿下得分差异比较大。

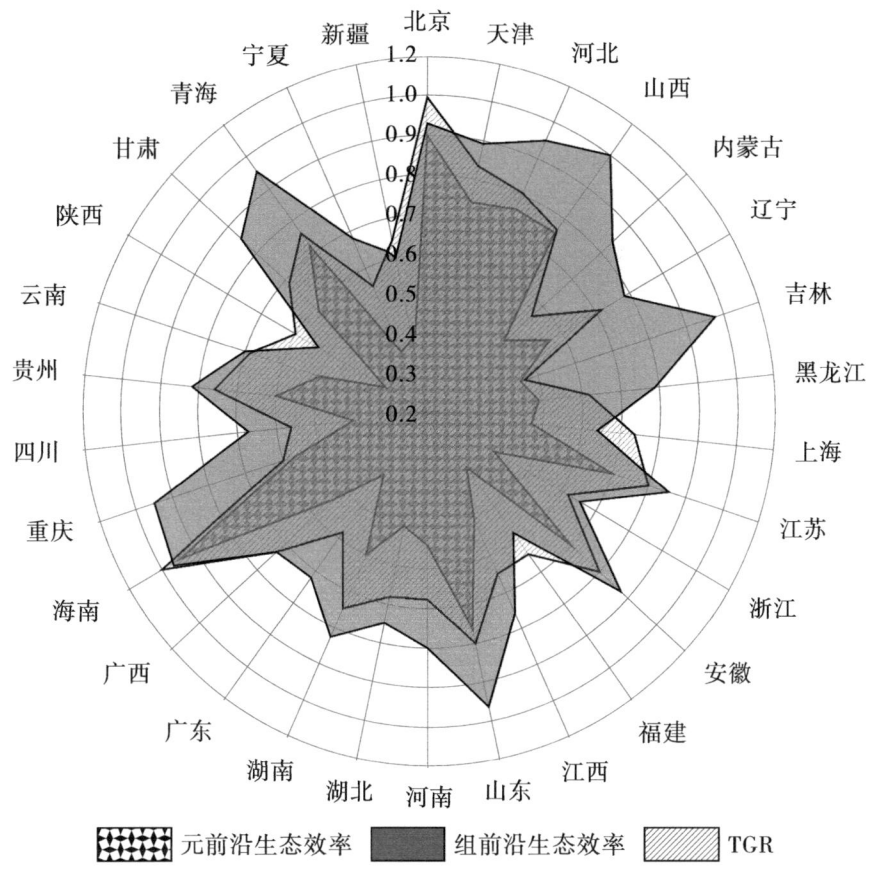

图 5-7 省级行政区工业系统在不同前沿下的生态效率及效率差距

图 5-8 是东部、中部、西部三个区域的 TGR 箱图,据此可以发现,我国东部区域的 TGR 值高于中部、西部区域,而中部区域的 TGR 值又略高于西部区域。东部区域拥有较高的元前沿生态效率和 TGR 值,说明该区域工业生产系统清洁生产技术较好,区域内省级行政区之间的技术差距较小。而西部区域的元前沿工业生态效率和 TGR 值均较低,说明该区域的工业生产系统清洁生产技术水平还相对比较落后,区域内部省级行政区之间的技术差距较大。

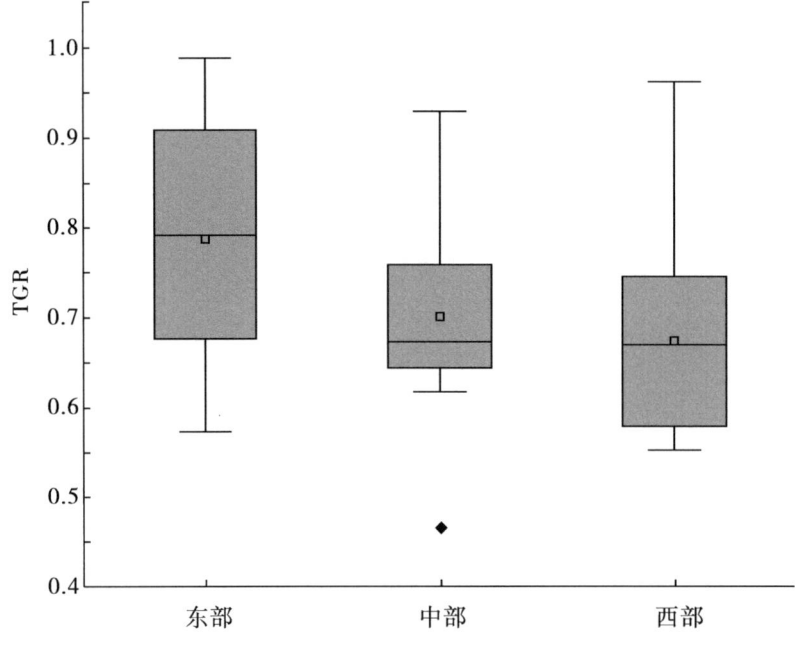

图 5-8 区域的 TGR 箱图

5.3.4 不同产值规模生态效率分析

我国各省级行政区工业系统在总产值规模上存在着较大的地区差异，具体表现为不同省级行政区的工业生产系统清洁生产技术水平存在较大差距。根据我国各省级行政区 2011—2020 年的平均工业总产值规模数据，我们可将所有省级行政区划分为四个类别，结果见表 5-5。

表 5-5 省级行政区工业系统分类

类别	划分依据（单位：亿元）	省级行政区
小规模	平均工业总产值 < 15000	海南、青海、宁夏、甘肃、新疆、贵州、云南、黑龙江
中等规模	15000 ≤ 平均工业总产值 < 30000	山西、北京、重庆、陕西、内蒙古、广西、吉林、天津、江西
大规模	30000 ≤ 平均工业总产值 < 50000	湖南、上海、安徽、四川、福建、辽宁、湖北、河北
超大规模	平均工业总产值 ≥ 50000	浙江、河南、广东、山东、江苏

图 5-9 显示了工业系统在不同总产值规模下的生态效率。根据图 5-9，我们可以发现：在工业总产值规模处于中等水平时，工业生态效率表现最佳；其次是小规模和超大规模；而当工业总产值为大规模时，工业生态效率表现是相对较差的。总产值为中小规模的省级行政区工业系统，一方面，在工业废物的产生量上，往往不如大规模和超大规模工业系统多；另一方面，组织架构可能更加扁平化，组织层级相对大规模工业系统更少，因此在管理上更具优势，对于工业系统生产效率和各阶段效率的全过程把关更为精准可靠。该发现不同于一般的观点，即通常认为的，工业产值规模越大则工业系统的经济实力越雄厚，从而在盈利能力和技术创新方面也越具有优势，此时企业将越有能力进行清洁生产技术的研发和应用推广。同时，这类大规模或超大规模的工业企业，往往拥有比较优秀的管理团队。技术和管理的优势使得较大规模的工业系统往往在工业生态效率表现方面具有一定的优势。而总产值规模比较小的工业系统往往没有太多的经济基础用于清洁生产技术创新和优秀管理团队的引进，这就使得这类工业企业的工业生态效率长期处于比较弱势的状态。之所以会出现以上矛盾现象，可能原因就在于：第一，尽管社会上对于生态环保的意识在逐渐加强，然而不同规模工业系统对生态环保理念的理解可能并未完全达成一致，尽己所能来改善工业生态效率水平的想法可能不完全适用。第二，不同省级行政区的工业发展程度和地区经济的发展阶段以及未来的发展战略都会影响该地区工业经济发展的策略和方向。第三，小而精的工业产业规模和扁平化的管理架构往往意味着具有更高的效率和执行力。因此，在考虑区域异质性的前提下，总产值为中小规模的工业系统可能具有更高的工业生态效率水平。

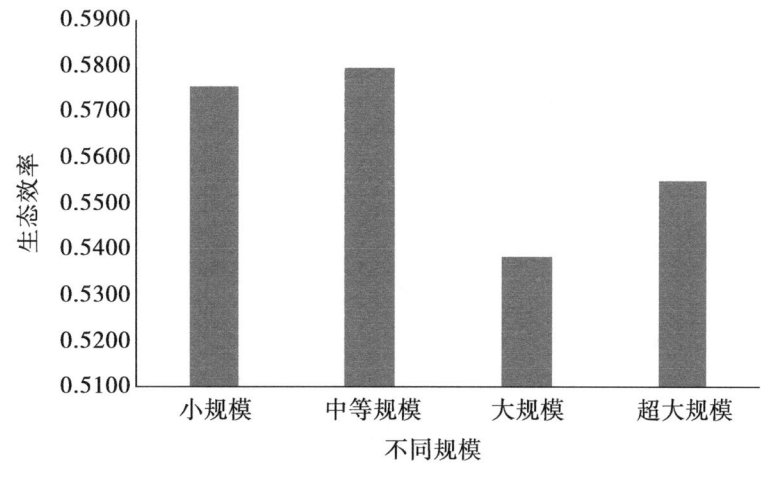

图 5-9 不同产值规模的生态效率

5.3.5 改进潜力分析

生态效率的无效率分解可以为效率改进提供有价值的信息，无效率的程度即改进的潜力大小，TGI 对应技术改进潜力，而 GMI 则对应管理改进潜力。因此，我们利用模型（5-11）—模型(5-15) 可以计算出各省级行政区或各区域工业系统生态效率的改进潜力，并将其分解为技术改进潜力和管理改进潜力，如图 5-10 所示。

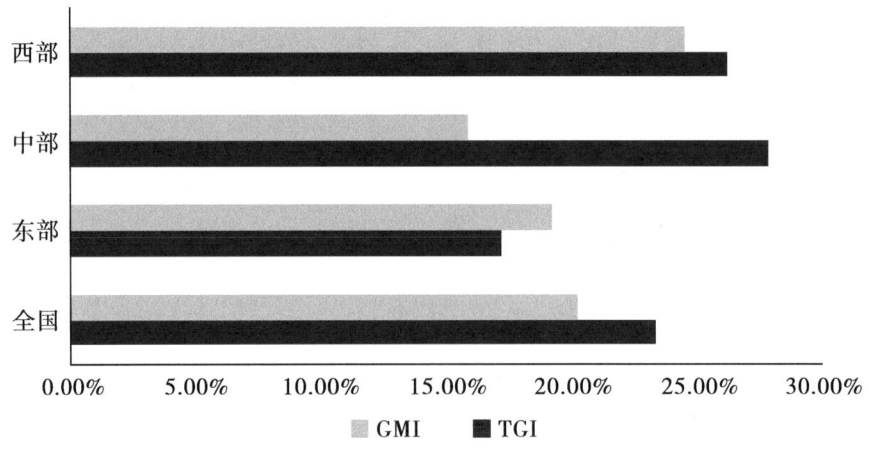

图 5-10 生态效率的改进潜力

从图 5-10 的直方图中，我们可以明显地看到中部、西部区域技术改进潜力高于管理改进潜力，尤其是中部区域。这说明这些区域的工业清洁生产技术相较于管理能力而言较为滞后。而且中部、西部区域的技术改进潜力远大于东部区域，这也反映了东部区域的工业生产系统清洁生产技术水平普遍高于中部、西部区域。西部区域在管理层面和技术层面均具有很大的改进空间，可见西部区域在管理和技术上均落后于全国平均水平。中部区域的技术改进潜力是最大的，这反映了中部区域工业系统的清洁生产技术水平相对于东部、西部区域而言还比较落后，该区域应重点提升相关技术水平。就全国总体而言，我们可以发现，清洁生产技术水平落后仍然是我国工业生态效率不高的主要原因，这提示我们在提高管理能力的同时，重点攻关清洁生产技术是当前提高我国省级行政区工业系统生态效率最行之有效的策略。针对不同的省级行政区，应该采取不同的提升措施，我们以技术无效率和管理无效率的平均值为坐标原点，绘制了四象限图，由此将改进潜力划分为四种不同的类型，结果如图 5-11 所示。

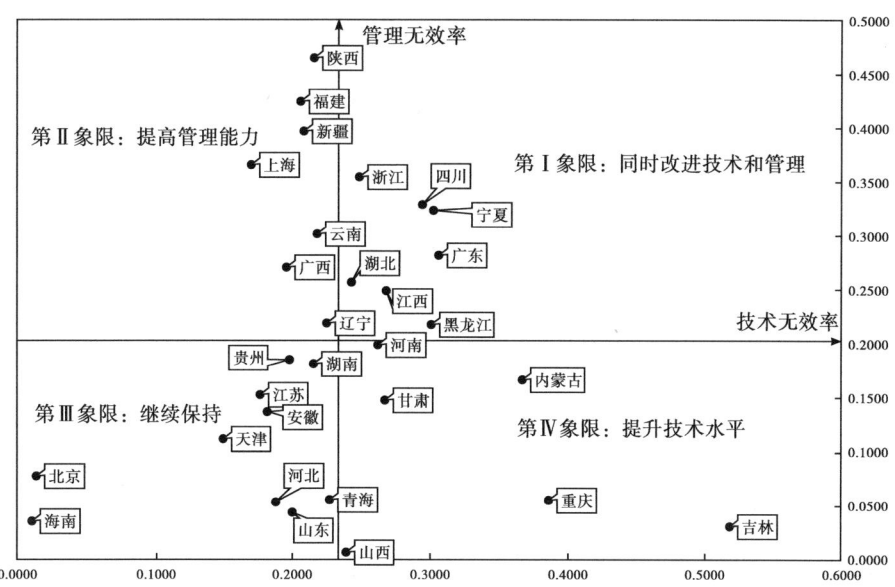

图 5-11 省级行政区工业系统生态效率潜在改进措施

第Ⅰ象限包括 7 个省级行政区，它们的 TGI 值和 GMI 值均高于全国平均水平，反映了这些省级行政区的工业系统管理水平和清洁生产技术水平相对较弱。要提高这些省级行政区工业系统的生态效率，我们可通过组建优秀的管理团队、定期组织管理技能培训等方式来提升管理水平，与此同时应通过提高生产技术的研发经费投入或引进先进的生产技术装备等来提升技术水平。

第Ⅱ象限包括 7 个省级行政区，它们的清洁生产技术水平高于全国平均值，但其管理能力较为落后。因此，这些省级行政区应聚焦于提高工业企业的组织管理能力，以减少因管理无效而导致的生态效率损失。

第Ⅲ象限包括 10 个省级行政区，它们的 TGI 值和 GMI 值均低于全国平均水平，这表明它们拥有相对较好的生产技术水平和管理能力，可以与其他省级行政区交流管理经验、分享技术成果，由此也可进一步提高全国工业生态效率的总体水平。

第Ⅳ象限包括 6 个省级行政区，它们的管理水平高于全国平均水平，但在技术方面相对落后，它们的生态效率不高的主要原因是技术的无效率。因此，这些省级行政区的主要目标应是在保持较高管理水平的同时，大力提高生产技术创新能力，全面提高工业废物治理的技术水平。

5.4 本章小结

淘汰落后产能、产业结构升级和高质量发展是近几年较受关注的概念，它们能够很好地整合经济、资源和环境，解决工业系统高能耗、高污染和低效率的问题。然而，目前与省级行政区工业系统生态效率评价及效率改进研究相关的文献仍然不多。鉴于此，本章采用了基于 Meta-frontier 分析的 DEA 方法，创新性地提出了 Meta-frontier SBM-DNDEA 模型，然后以我国省级行政区工业系统生态效率评价为例进行了实证研究，最后根据效率评价和分析的结果提出了有针对性的改进策略。

本章的研究结果表明：第一，截至 2020 年，我国省级行政区工业系统的生态效率水平总体表现仍不佳，工业系统粗放型发展模式还未得到根本性转变，尚有较大提升空间。第二，西部区域的元前沿工业生态效率和 TGR 值均较低，表明西部区域工业生产系统清洁生产技术相对较落后，区域内部省级行政区之间的技术差距较大。第三，工业总产值规模处于中等水平时，工业生态效率表现最佳；其次是小规模和超大规模；而当工业总产值为大规模时，工业生态效率表现欠佳。第四，生产技术落后和管理水平不高是工业系统生态效率不佳的主要原因，根据全国工业系统技术无效率和管理无效率的平均表现，我们可将省级行政区工业系统的潜在改进策略进行分类，然后据此提供有针对性的效率提升建议。

本章与第 4 章的区别主要在于引入了动态性的分析框架，另外是异质性的条件有所不同；本章侧重于考察地理区域上的异质性对生态效率评价的影响，而第 4 章是在规模异质性的前提下进行的静态生态效率评价。根据第 4 章和第 5 章的内容我们可以看到，在评价工业系统的生态效率问题时，可能会存在两种异质性的情况，即区域异质性和规模异质性，基于不同的异质性特征可能会得出不一样的效率评价结果。因此，第 6 章将在前两章的基础上，综合考虑规模异质性和区域异质性特征，并在动态情境下去评价和分析我国省级行政区工业系统生态效率。

6 考虑规模异质性和区域异质性及动态性的中国地区工业系统生态效率评价

6.1 引　言

当前，我国经济发展进入了新常态。在此经济转型背景下探索工业生态效率，对于推动工业持续转型升级，实现经济转向高质量发展具有重要意义。[84]40年来，"高资源、高能耗、高排放"的粗放型工业发展模式，使工业经济实现了快速的增长，[204]但是，这种传统的工业发展模式也带来了资源消耗过多、环境污染过重、生产效率低下等问题。[140]根据国家统计局（2013）的数据，近几十年来，工业化石能源消费约占全国总消费的70%，其中有超过70%来自六大化石能源，[205,206]其工业二氧化碳排放量约占国内二氧化碳排放的70%。[169]《中国环境统计年鉴》数据显示，2015年工业废水排放量占废水排放总量的27.1%，工业二氧化硫排放量占二氧化硫排放总量的83.7%。2018年，我国工业用水量占全国用水总量的21.87%，废水排放量占全国污水排放量的27.13%。[207]鉴于自然资源的短缺性，尤其是化石能源的不可再生性以及环境污染的严重性，若我们继续使用粗放低效高排的工业发展方式，则工业经济将难以实现长远发展。工业系统生态效率的提升是工业企业管理者和政策制定者的一个亟须解决的问题，而要实现工业生态效率的提升，其中一个很重要的工作就是正确合理地评估工业系统的生态效率。

目前，已有越来越多的学者对工业系统的生态环境效率或能源效率进行了广泛的研究，总结来看，主要有两种研究方法：一是以随机前沿分析SFA为代表的参数方法，如Wang等[208]采用SFA方法测算了2010—2016年京津冀地区39个工业部门的全要素碳排放绩效和减排潜力。Ouyang

等[209]采用SFA方法对2004—2016年珠三角地区9个城市的工业全要素能源效率进行了评价。该方法的缺点是：需要事先给定生产技术的函数形式，而不同的函数形式可能会得到不一致的评价结果。二是非参数方法，主要以DEA为代表，该方法克服了SFA方法的局限性，不需要给定具体生产函数的具体形式，仅需利用被评估系统的投入产出指标来计算相对于标杆系统的相对效率。DEA是评价生态效率的常用方法。[210] Dyckhoff等[211]最先应用DEA方法来研究生态效率问题。后来，越来越多的学者也开始利用DEA方法从不同的角度来研究工业生态效率问题，如Guo等[57]，Zhang等[67]，Wu等[80]，Lin等[116]，汪克亮等[212]，蒋硕亮、潘玉志[213]。在利用DEA方法研究工业系统生态效率问题时，又分为两类方法：一是传统DEA方法，该方法将工业生产系统视为投入到产出活动的"黑盒子"。这种方法不能有效地识别低效率的原因，常常导致对效率的过高估计，[109]可参考Wang等[81]、Wang等[4]、Zhang等[214]、田泽等[215]、Zhang等[158]的研究。二是非传统DEA方法，即NDEA方法，该方法考虑了工业生产系统的内部多阶段的网络结构性特点。NDEA模型可以解决工业系统中生产阶段和污染物处理阶段的效率区分问题，[216]而传统的DEA模型则无法解决。[217]自NDEA模型提出以后，越来越多的研究开始使用NDEA方法来评价工业系统生态效率，[218]如任胜钢等[98]、Bian等[219]、Wang等[9]、Zuo等[121]、Meng等[117]的研究。后来，学者们在NDEA的基础上又发展出了动态性的NDEA模型，即DNDEA，该模型考虑到了工业生产活动是一系列连续性的活动，通过加入时期因素，可以分析生态效率随时间的动态变化趋势，可参见Liu等[8]、Wang等[105]的研究。

虽然关于工业系统生态效率的研究越来越多，但仍然有一些值得改进之处。第一，工业系统规模大小和区域位置的差异会带来系统异质性的问题，但考虑到这种异质性问题的研究还不是很多，而且没有考虑异质性的系统效率往往会被高估。[35]第二，目前很多研究虽然已经注意到了工业系统的网络型结构，但它们大多只是将系统简单地划分为生产阶段和污染物处理阶段，并未根据不同工业污染物治理过程的一些差异进一步剖析污染物治理阶段。第三，绝大多数的研究倾向于试图通过增加期望产出或减少投入和不良产出的方式来改善生态效率水平，而从分析规模、技术和管理的角度来探索效率提升来源的研究则相对较少。第四，现有的研究较少从动态多阶段三层Meta-frontier分析的角度去建立工业生态效率评估模型。

考虑到以上研究的不足之处，本研究系统讨论了我国不同规模和不同区域工业系统的生态效率评价，并分析了生态效率差距和改进潜力。我们主要试图解决以下三个问题：①如何合理地将时间因素的动态性考虑到评价模型中？②怎样在既考虑规模因素又兼顾区域差异的基础上，建立一个三层次的 Meta-frontier DNDEA 生态效率评价模型？③如何从规模、技术和管理层面去分析各系统之间的生态效率差距和改进潜力来源？针对以上问题，本研究提出了一个拓展的 NDEA 模型，该模型基于 DDF 和 Meta-frontier 分析框架，通过引入结转变量的形式将各时期效率评价动态衔接起来，并利用该模型对我国省级行政区工业系统的生态效率进行了评价，提出了一些生态效率水平改进的策略和建议。

6.2 模型设定与变量定义

如图 6-1 所示，我国省级行政区工业系统包含两个阶段，即生产阶段和污染物治理阶段。根据污染物治理过程的差异，我们又将其进一步分为四个子阶段：生产阶段、固体废物治理阶段、废气治理阶段和废水治理阶段。设被评估的 DMU 的数量为 N，对于任意 DMU_j ($j=1, 2, \cdots, N$) 而言，在生产阶段，投入 X_{ij}^t 后，得到期望产出 Y_{rj}^t 和 3 个中间产出 (Z_{ej}^t、Z_{gj}^t、Z_{fj}^t)，它们又分别作为固体废物治理阶段、废水治理阶段和废气治理阶段的投入 ($t=1, 2, \cdots, T$)。在固体废物治理阶段，生产阶段产生的中间产出 Z_{ej}^t 和额外投入 X_{kj}^t 作为投入，得到期望产出 Y_{lj}^t ($t=1, 2, \cdots, T$)。在废水治理阶段，中间产出 Z_{ej}^t，额外投入 X_{aj}^t 以及上一期的结转变量 C_{mj}^{t-1} 作为投入要素，得到本期的结转变量 C_{mj}^t 和不良产出 Y_{qj}^t ($t=1, 2, \cdots, T$)。在废气治理阶段，中间产出 Z_{fj}^t 和额外投入 X_{hj}^t 作为投入资源，得到不良产出 Y_{pj}^t。

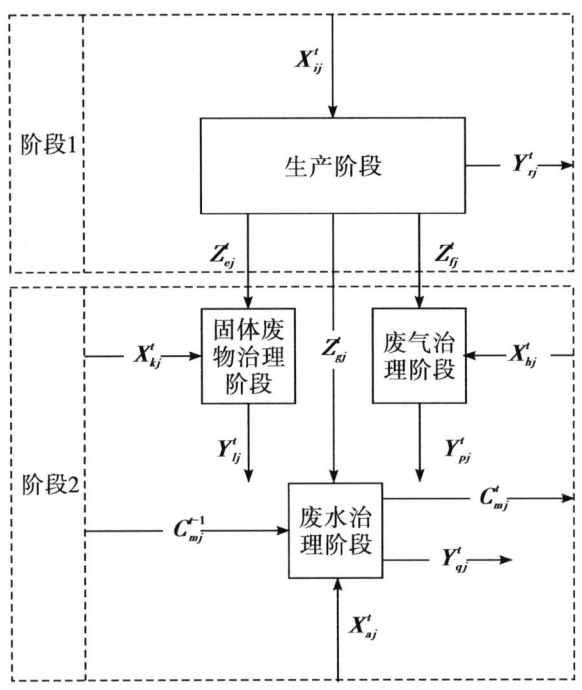

图 6-1 我国省级行政区工业系统网络结构

目前已有相关学者对工业系统网络型结构的运营效率进行过研究，如 Zhang 等[5]、Xu 等[111]、Shao 等[6]。本研究与他们的研究相比，主要有以下区别：第一，本研究考虑到了不同决策单元的规模和区域技术异质性；第二，本研究不是将工业系统简单地划分为生产阶段和污染物治理阶段，而是进一步对污染治理阶段进行了剖析，将其划分为三个工业污染物治理子阶段；第三，本研究通过引入结转变量，将系统运转的动态性考虑在内。本研究所提出的模型为传统两阶段模型的扩展模型，既考虑决策单元异质性又考虑系统的动态性。所有变量的解释见表 6-1。

表 6-1 变量的定义

变量	定　义
X_{ij}^t	生产阶段的投入
Y_{rj}^t	生产阶段的期望产出
Z_{ej}^t	生产阶段的产出，同时又是固体废物治理阶段的投入
Z_{gj}^t	生产阶段的产出，同时又是废水治理阶段的投入

续表 6-1

变量	定　　义
Z_{fj}^t	生产阶段的产出，同时又是废气治理阶段的投入
X_{kj}^t	固体废物治理阶段的额外投入
Y_{lj}^t	固体废物治理阶段的期望产出
C_{mj}^{t-1}	废水治理阶段上一期的结转变量，作为废水治理阶段的投入
X_{aj}^t	废水治理阶段的额外投入
C_{mj}	本期由废水治理阶段产出的结转到下一期的结转产出变量
Y_{qj}^t	废水治理阶段的不良产出
X_{hj}^t	废气治理阶段的额外投入
Y_{pj}^t	废气治理阶段的不良产出
N_s^h	规模分组的第 h 组中的 DMU 的数量
N_r^o	区域分组的第 o 组中的 DMU 的数量
N	所有被评估的 DMU 的数量
λ_j^t	生产阶段的权重
γ_j^t	固体废物治理阶段的权重
η_j^t	废水治理阶段的权重
μ_j^t	废气治理阶段的权重
β^G	在元前沿下，期望产出增加和不良产出缩减的比例
β^S	在规模前沿下，期望产出增加和不良产出缩减的比例
β^R	在区域前沿下，期望产出增加和不良产出缩减的比例

6.3　Meta-frontier DDF-DNDEA 模型

6.3.1　基于 DDF 的效率评价理论

为说明方向距离函数 DDF 建模的基本原理，假定某 DMU 有 I 个投入，$x = (x_1, x_2, \cdots, x_I) \in R_+^I$；$Y$ 个期望产出，$y = (y_1, y_2, \cdots, y_Y) \in R_+^Y$；同时有 B 个不良产出，$b = (b_1, b_2, \cdots, b_B) \in R_+^B$。于是，该生产过程的生产可能性集

可以表示为：

$$P^t(x^t) = \{(y^t, b^t) \mid x^t \text{ 生产}(y^t, b^t)\} \tag{6-1}$$

任意 DMU 在生产可能性集 P^t 下，当满足不良产出 $b^t = 0$ 时，期望产出结果 $y^t = 0$，即若要完全避免产出不良产出，则唯一可行的办法是停止生产活动。已有的研究常将该生产可能性集称为 CRS 的环境 DEA 生产可能性集。[41, 220] DDF 的具体定义式为[221]：

$$\vec{D}_0(x, y, b; g_y, g_b) = \max\{\beta \mid (y + \beta g_y, b - \beta g_b) \in P(x)\} \tag{6-2}$$

其中，β 是期望产出扩增和不良产出缩减的比例。$g = (g_y, g_b)$ 表示方向向量，一般取 $g = (y, -b)$。我们通过方向距离函数可以求得 β 值，前提是最大化地扩增期望产出并最大化地缩减不良产出。所有的 DMU 可以构建一个元前沿曲线，则每个 DMU 到元前沿曲线的距离就可以根据式 (6-3) 进行求解。其中，N 表示 DMU 的数量，β 是期望产出扩增和不良产出缩减的比例。

$$\vec{D}_0(x, y, b; y, -b) = \max \beta$$

$$\begin{cases} \sum_{j=1}^{N} \xi_j x_j \leq x, \\ \sum_{j=1}^{N} \xi_j y_j \geq (1+\beta)y, \\ \sum_{j=1}^{N} \xi_j b_j = (1-\beta)b, \\ \xi_j \geq 0; j = 1, 2, \cdots, N. \end{cases} \tag{6-3}$$

6.3.2 三层 Meta-frontier DDF-DNDEA 模型

如图 6-2 所示，我们假定这些 DMU 可以分为三种规模组别（规模 1 类、规模 2 类和规模 3 类）和三个区域组别（东部、中部和西部区域）。元前沿曲线是三个规模前沿曲线的凸包络，也是区域前沿曲线的凸包络，但规模前沿曲线和区域前沿曲线不存在绝对的凸包络关系。由于规模分组比区域分组相对容易，所以我们先划分区域再划分规模，从而最大限度地避免因分组不合理而可能造成的偏差。[221] 通常，同组类的决策单元在技术水平上相似，而在组间则存在差异，因此我们在区域前沿的基础上引入规模前沿，便可以消除区域规模结构上的差异性。在本书中，元前沿、规模前沿和区域前沿下的生态效率（eco-efficiency，EE）分别表示为：

$$EE^m = 1 - \beta^m$$
$$EE^s = 1 - \beta^s$$
$$EE^r = 1 - \beta^r \tag{6-4}$$

根据 Chiu 等[190]的研究，β^m、β^s、β^r 在 CRS 下的值可以通过 DEA 模型（6-5）—模型（6-7）来求解。根据各前沿曲线之间的包络关系，以下不等式成立：$\beta^m \geq \beta^s$、$\beta^m \geq \beta^r$。但 β^s 和 β^r 之间存在不确定的大小关系，以上不等式关系是由本研究所设定的三层元前沿的包络关系所决定的。

$$\overrightarrow{D_0}^m(X^t, Y_r^t, Y_l^t, Y_q^t, Y_p^t; Y_r^t, Y_l^t, -Y_q^t, -Y_p^t) = \max \beta^m$$

$$\begin{cases}
\sum_{t=1}^{T}\sum_{j=1}^{N} \lambda_j^t X_{ij}^t \leq X_i^t, i = 1,2,\cdots,I, \\
\sum_{t=1}^{T}\sum_{j=1}^{N} \lambda_j^t Y_{rj}^t \geq (1+\beta^m) Y_r^t, r = 1,2,\cdots,R, \\
\sum_{t=1}^{T}\sum_{j=1}^{N} \lambda_j^t Z_{ej}^t = Z_e^t, e = 1,2,\cdots,E, \\
\sum_{t=1}^{T}\sum_{j=1}^{N} \lambda_j^t Z_{gj}^t = Z_g^t, g = 1,2,\cdots,G, \\
\sum_{t=1}^{T}\sum_{j=1}^{N} \lambda_j^t Z_{fj}^t = Z_f^t, f = 1,2,\cdots,F, \\
\sum_{t=1}^{T}\sum_{j=1}^{N} \gamma_j^t Z_{ej}^t = Z_e^t, e = 1,2,\cdots,E, \\
\sum_{t=1}^{T}\sum_{j=1}^{N} \gamma_j^t X_{kj}^t \leq X_k^t, k = 1,2,\cdots,K, \\
\sum_{t=1}^{T}\sum_{j=1}^{N} \gamma_j^t Y_{lj}^t \geq (1+\beta^m) Y_l^t, l = 1,2,\cdots,L, \\
\sum_{t=1}^{T}\sum_{j=1}^{N} \eta_j^t Z_{gj}^t = Z_g^t, g = 1,2,\cdots,G, \\
\sum_{t=1}^{T}\sum_{j=1}^{N} \eta_j^t C_{mj}^{t-1} = C_m^{t-1}, m = 1,2,\cdots,M, \\
\sum_{t=1}^{T}\sum_{j=1}^{N} \eta_j^t X_{aj}^t = X_a^t, a = 1,2,\cdots,A, \\
\sum_{t=1}^{T}\sum_{j=1}^{N} \eta_j^t C_{mj}^t = C_m^t, m = 1,2,\cdots,M, \\
\sum_{t=1}^{T}\sum_{j=1}^{N} \eta_j^t Y_{qj}^t = (1-\beta^m) Y_q^t, q = 1,2,\cdots,Q, \\
\sum_{t=1}^{T}\sum_{j=1}^{N} \mu_j^t Z_{fj}^t = Z_f^t, f = 1,2,\cdots,F, \\
\sum_{t=1}^{T}\sum_{j=1}^{N} \mu_j^t X_{hj}^t \leq X_h^t, h = 1,2,\cdots,H, \\
\sum_{t=1}^{T}\sum_{j=1}^{N} \mu_j^t Y_{pj}^t = (1-\beta^m) Y_p^t, p = 1,2,\cdots,P, \\
\lambda_j^t, \gamma_j^t, \eta_j^t, \mu_j^t \geq 0; j = 1,2,\cdots,N; t = 1,2,\cdots,T.
\end{cases} \quad (6-5)$$

$$\vec{D}_0^s(X^t, Y_r^t, Y_l^t, Y_q^t, Y_p^t; Y_r^t, Y_l^t, -Y_q^t, -Y_p^t) = \max \beta^s$$

$$\begin{cases}
\sum_{t=1}^{T}\sum_{j=1}^{N_s^h} \lambda_j^t X_{ij}^t \leq X_i^t, i = 1, 2, \cdots, I, \\
\sum_{t=1}^{T}\sum_{j=1}^{N_s^h} \lambda_j^t Y_{rj}^t \geq (1+\beta^s) Y_r^t, r = 1, 2, \cdots, R, \\
\sum_{t=1}^{T}\sum_{j=1}^{N_s^h} \lambda_j^t Z_{ej}^t = Z_e^t, e = 1, 2, \cdots, E, \\
\sum_{t=1}^{T}\sum_{j=1}^{N_s^h} \lambda_j^t Z_{gj}^t = Z_g^t, g = 1, 2, \cdots, G, \\
\sum_{t=1}^{T}\sum_{j=1}^{N_s^h} \lambda_j^t Z_{fj}^t = Z_f^t, f = 1, 2, \cdots, F, \\
\sum_{t=1}^{T}\sum_{j=1}^{N_s^h} \gamma_j^t Z_{ej}^t = Z_e^t, e = 1, 2, \cdots, E, \\
\sum_{t=1}^{T}\sum_{j=1}^{N_s^h} \gamma_j^t X_{kj}^t \leq X_k^t, k = 1, 2, \cdots, K, \\
\sum_{t=1}^{T}\sum_{j=1}^{N_s^h} \gamma_j^t Y_{lj}^t \geq (1+\beta^s) Y_l^t, l = 1, 2, \cdots, L, \\
\sum_{t=1}^{T}\sum_{j=1}^{N_s^h} \eta_j^t Z_{gj}^t = Z_g^t, g = 1, 2, \cdots, G, \\
\sum_{t=1}^{T}\sum_{j=1}^{N_s^h} \eta_j^t C_{mj}^{t-1} = C_m^{t-1}, m = 1, 2, \cdots, M, \\
\sum_{t=1}^{T}\sum_{j=1}^{N_s^h} \eta_j^t X_{aj}^t = X_a^t, a = 1, 2, \cdots, A, \\
\sum_{t=1}^{T}\sum_{j=1}^{N_s^h} \eta_j^t C_{mj}^t = C_m^t, m = 1, 2, \cdots, M, \\
\sum_{t=1}^{T}\sum_{j=1}^{N_s^h} \eta_j^t Y_{qj}^t = (1-\beta^s) Y_q^t, q = 1, 2, \cdots, Q, \\
\sum_{t=1}^{T}\sum_{j=1}^{N_s^h} \mu_j^t Z_{fj}^t = Z_f^t, f = 1, 2, \cdots, F, \\
\sum_{t=1}^{T}\sum_{j=1}^{N_s^h} \mu_j^t X_{hj}^t \leq X_h^t, h = 1, 2, \cdots, H, \\
\sum_{t=1}^{T}\sum_{j=1}^{N_s^h} \mu_j^t Y_{pj}^t = (1-\beta^s) Y_p^t, p = 1, 2, \cdots, P, \\
\lambda_j^t, \gamma_j^t, \eta_j^t, \mu_j^t \geq 0; j = 1, 2, \cdots, N_s^h; t = 1, 2, \cdots, T.
\end{cases} \quad (6-6)$$

$$\vec{D}_0^r(X^t, Y_r^t, Y_l^t, Y_q^t, Y_p^t; Y_r^t, Y_l^t, -Y_q^t, -Y_p^t) = \max \beta^r$$

$$\begin{cases}
\sum_{t=1}^{T} \sum_{j=1}^{N_r^0} \lambda_j^t X_{ij}^t \leq X_i^t, i = 1,2,\cdots,I, \\
\sum_{t=1}^{T} \sum_{j=1}^{N_r^0} \lambda_j^t Y_{rj}^t \geq (1+\beta^r) Y_r^t, r = 1,2,\cdots,R, \\
\sum_{t=1}^{T} \sum_{j=1}^{N_r^0} \lambda_j^t Z_{ej}^t = Z_e^t, e = 1,2,\cdots,E, \\
\sum_{t=1}^{T} \sum_{j=1}^{N_r^0} \lambda_j^t Z_{gj}^t = Z_g^t, g = 1,2,\cdots,G, \\
\sum_{t=1}^{T} \sum_{j=1}^{N_r^0} \lambda_j^t Z_{fj}^t = Z_f^t, f = 1,2,\cdots,F, \\
\sum_{t=1}^{T} \sum_{j=1}^{N_r^0} \gamma_j^t Z_{ej}^t = Z_e^t, e = 1,2,\cdots,E, \\
\sum_{t=1}^{T} \sum_{j=1}^{N_r^0} \gamma_j^t X_{kj}^t \leq X_k^t, k = 1,2,\cdots,K, \\
\sum_{t=1}^{T} \sum_{j=1}^{N_r^0} \gamma_j^t Y_{lj}^t \geq (1+\beta^r) Y_l^t, l = 1,2,\cdots,L, \\
\sum_{t=1}^{T} \sum_{j=1}^{N_r^0} \eta_j^t Z_{gj}^t = Z_g^t, g = 1,2,\cdots,G, \\
\sum_{t=1}^{T} \sum_{j=1}^{N_r^0} \eta_j^t C_{mj}^{t-1} = C_m^{t-1}, m = 1,2,\cdots,M, \\
\sum_{t=1}^{T} \sum_{j=1}^{N_r^0} \eta_j^t X_{aj}^t = X_a^t, a = 1,2,\cdots,A, \\
\sum_{t=1}^{T} \sum_{j=1}^{N_r^0} \eta_j^t C_{mj}^t = C_m^t, m = 1,2,\cdots,M, \\
\sum_{t=1}^{T} \sum_{j=1}^{N_r^0} \eta_j^t Y_{qj}^t = (1-\beta^r) Y_q^t, q = 1,2,\cdots,Q, \\
\sum_{t=1}^{T} \sum_{j=1}^{N_r^0} \mu_j^t Z_{fj}^t = Z_f^t, f = 1,2,\cdots,F, \\
\sum_{t=1}^{T} \sum_{j=1}^{N_r^0} \mu_j^t X_{hj}^t \leq X_h^t, h = 1,2,\cdots,H, \\
\sum_{t=1}^{T} \sum_{j=1}^{N_r^0} \mu_j^t Y_{pj}^t = (1-\beta^r) Y_p^t, p = 1,2,\cdots,P, \\
\lambda_j^t, \gamma_j^t, \eta_j^t, \mu_j^t \geq 0; j = 1,2,\cdots,N_r^0; t = 1,2,\cdots,T.
\end{cases} \quad (6-7)$$

6 考虑规模异质性和区域异质性及动态性的中国地区工业系统生态效率评价

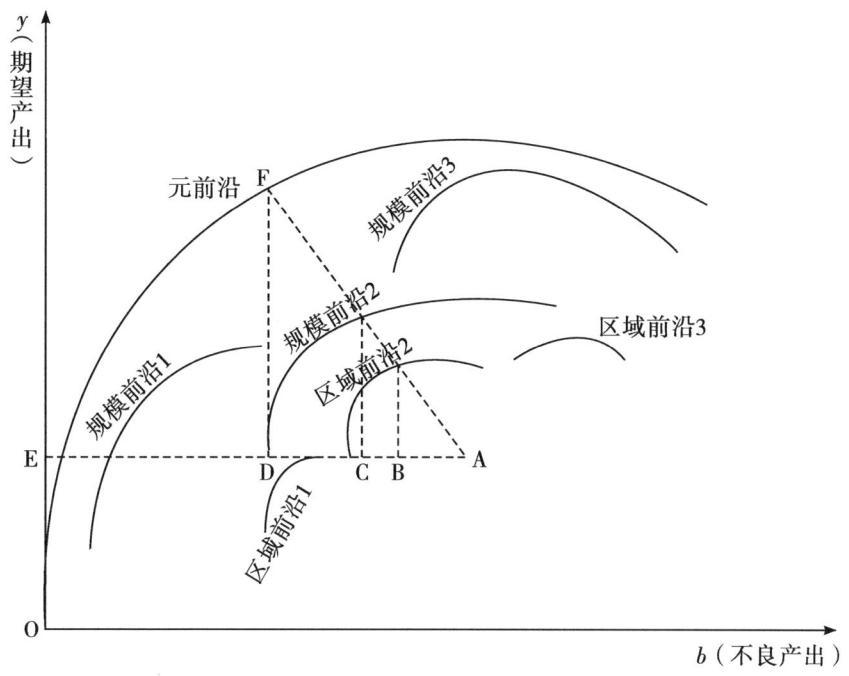

图 6-2　三层元前沿结构

根据图 6-2，并结合模型（6-5）—模型（6-7），如下关系成立：

$$1 - \beta^m = \frac{\|DE\|}{\|AE\|} \tag{6-8}$$

$$1 - \beta^s = \frac{\|CE\|}{\|AE\|} = \frac{\|CD\| + \|DE\|}{\|AE\|} \tag{6-9}$$

$$1 - \beta^r = \frac{\|BE\|}{\|AE\|} = \frac{\|CE\| + \|BC\|}{\|AE\|} \tag{6-10}$$

由图 6-2 和式（6-8）—式（6-10）可知，规模异质性和区域异质性的存在，导致了 $\|CD\|$ 和 $\|BC\|$ 的过多排放。因此，$\|CD\|/\|AE\|$ 衡量了规模 2 类和最佳规模之间的生态效率的规模异质性，而 $\|BC\|/\|AE\|$ 表示的是区域 2 和最佳区域之间的规模 2 类的技术差距。参考 Du 等[222]、Yao 等[223]和 Feng 等[224]定义区域间技术差距的做法，系统生态效率（EE）、区域间的技术差距效率（technology gap efficiency, TE）、规模结构效率（scale structural efficiency, SE）和区域内的管理差距效率（management gap efficiency, ME）可通过以下公式进行求解：

$$EE = 1 - \beta^m = EE^m \tag{6-11}$$

$$TE = \frac{1-\beta^s}{1-\beta^r} = \frac{EE^s}{EE^r} \quad (6-12)$$

$$SE = \frac{1-\beta^m}{1-\beta^s} = \frac{EE^m}{EE^s} \quad (6-13)$$

$$ME = 1 - \beta^r = EE^r \quad (6-14)$$

$$EE = TE \times SE \times ME \quad (6-15)$$

根据模型（6-15）可知，生态效率被分解为技术效率、规模结构效率和管理效率。其中，SE 若越趋近于 1，则说明规模前沿和元前沿之间的差距越小，此时规模的异质性就越低，反之亦然。TE 越接近于 1，则该区域和最佳区域之间的技术差距就越小，反之，技术差距就越大。ME 越小于 1，则该区域的管理效率水平就越低。

EE^m、EE^s 和 EE^r 之间存在的差异是分析生态效率低下和改善生态效率水平的重要信息。根据图 6-2，我们可知系统的生态效率损失为：

$$\frac{\|AD\|}{\|AE\|} = \frac{\|CD\| + \|BC\| + \|AB\|}{\|AE\|} \quad (6-16)$$

其中，$\|AD\|/\|AE\|$ 表示系统整体生态效率损失，$\|CD\|/\|AE\|$ 表示由规模异质性所带来的生态效率损失，$\|BC\|/\|AE\|$ 表示由技术差距所带来的生态效率损失，而 $\|AB\|/\|AE\|$ 则表示由管理的无效率所带来的生态效率损失。据此，我们可以定义生态无效率（eco-inefficiency, EI）及其分解指数：技术无效率（technical inefficiency, TI）、管理无效率（management inefficiency, MI）和规模无效率（Scale inefficiency, SI）。

$$EI = \beta^m \quad (6-17)$$

$$TI = \beta^s - \beta^r \quad (6-18)$$

$$MI = \beta^r \quad (6-19)$$

$$SI = \beta^m - \beta^s \quad (6-20)$$

$$EI = TI + MI + SI \quad (6-21)$$

6.3.3 Meta-frontier Malmquist-Luenberger 指数

传统的 Malmquist 指数常存在线性规划无解或不满足可加性、传递性等条件，而全局 Malmquist 指数（GMI）可以有效地处理线性规划问题无解的情况。[45] Chung 等[36] 将方向距离函数应用于 Malmquist 指数，定义了 Malmquist-Luenberger 指数，用于处理不良产出的情况。在 GMI 模型中应用

Meta-frontier 构建全局 Meta-frontier Malmquist-Luenberger 指数（GMMLI）的方法可以克服上文所提到的一些缺点。[225]该方法的本质是构造了一个包含所有时期的生产可能性集的全局前沿，即 $P^G(X) = P^1(X^1) \cup P^2(X^2) \cup \ldots \cup P^T(X^T)$，并从全局视角来分析生产率的变化。由于本研究所测算的 GMMLI 是基于 EE 的方法，故我们将 GMMLI 定义为全局元前沿下的 Malmquist-Luenberger 全要素生态效率指数。GMMLI 由相邻的两个生产点到同一前沿边界的距离构成，满足传递性的条件，具体可定义为：

$$mGMMLI_{t-1}^t = \sqrt{\frac{1-\vec{D}_{t-1}^m(X^t,Y_r^t,Y_l^t,Y_q^t,Y_p^t;Y_r^t,Y_l^t,-Y_q^t,-Y_p^t)}{1-\vec{D}_{t-1}^m(X^{t-1},Y_r^{t-1},Y_l^{t-1},Y_q^{t-1},Y_p^{t-1};Y_r^{t-1},Y_l^{t-1},-Y_q^{t-1},-Y_p^{t-1})} \times \frac{1-\vec{D}_t^m(X^t,Y_r^t,Y_l^t,Y_q^t,Y_p^t;Y_r^t,Y_l^t,-Y_q^t,-Y_p^t)}{1-\vec{D}_t^m(X^{t-1},Y_r^{t-1},Y_l^{t-1},Y_q^{t-1},Y_p^{t-1};Y_r^{t-1},Y_l^{t-1},-Y_q^{t-1},-Y_p^{t-1})}}$$

(6-22)

$$sGMMLI_{t-1}^t = \sqrt{\frac{1-\vec{D}_{t-1}^s(X^t,Y_r^t,Y_l^t,Y_q^t,Y_p^t;Y_r^t,Y_l^t,-Y_q^t,-Y_p^t)}{1-\vec{D}_{t-1}^s(X^{t-1},Y_r^{t-1},Y_l^{t-1},Y_q^{t-1},Y_p^{t-1};Y_r^{t-1},Y_l^{t-1},-Y_q^{t-1},-Y_p^{t-1})} \times \frac{1-\vec{D}_t^s(X^t,Y_r^t,Y_l^t,Y_q^t,Y_p^t;Y_r^t,Y_l^t,-Y_q^t,-Y_p^t)}{1-\vec{D}_t^s(X^{t-1},Y_r^{t-1},Y_l^{t-1},Y_q^{t-1},Y_p^{t-1};Y_r^{t-1},Y_l^{t-1},-Y_q^{t-1},-Y_p^{t-1})}}$$

(6-23)

$$rGMMLI_{t-1}^t = \sqrt{\frac{1-\vec{D}_{t-1}^r(X^t,Y_r^t,Y_l^t,Y_q^t,Y_p^t;Y_r^t,Y_l^t,-Y_q^t,-Y_p^t)}{1-\vec{D}_{t-1}^r(X^{t-1},Y_r^{t-1},Y_l^{t-1},Y_q^{t-1},Y_p^{t-1};Y_r^{t-1},Y_l^{t-1},-Y_q^{t-1},-Y_p^{t-1})} \times \frac{1-\vec{D}_t^r(X^t,Y_r^t,Y_l^t,Y_q^t,Y_p^t;Y_r^t,Y_l^t,-Y_q^t,-Y_p^t)}{1-\vec{D}_t^r(X^{t-1},Y_r^{t-1},Y_l^{t-1},Y_q^{t-1},Y_p^{t-1};Y_r^{t-1},Y_l^{t-1},-Y_q^{t-1},-Y_p^{t-1})}}$$

(6-24)

其中，式 $1-\vec{D}_{t-1}(X^t,Y_r^t,Y_l^t,Y_q^t,Y_p^t;Y_r^t,Y_l^t,-Y_q^t,-Y_p^t)$ 表示在以 $t-1$ 时期的生产技术集作为参考点的情况下，DMU 在 t 时期的 EE。同理，式 $1-\vec{D}_{t-1}(X^{t-1},Y_r^{t-1},Y_l^{t-1},Y_q^{t-1},Y_p^{t-1};Y_r^{t-1},Y_l^{t-1},-Y_q^{t-1},-Y_p^{t-1})$ 表示在以 $t-1$ 时期的生产技术集作为参考点的情况下，DMU 在 $t-1$ 时期的 EE 值。式 $1-\vec{D}_t(X^t,Y_r^t,Y_l^t,Y_q^t,Y_p^t;Y_r^t,Y_l^t,-Y_q^t,-Y_p^t)$ 表示在以 t 时期的生产技术集作为参考点的情况下，DMU 在 t 时期的 EE 值。同理，$1-\vec{D}_t(X^{t-1},Y_r^{t-1},Y_l^{t-1}$,

$Y_q^{t-1}, Y_p^{t-1}; Y_r^{t-1}, Y_l^{t-1}, -Y_q^{t-1}, -Y_p^{t-1}$) 表示在以 t 时期的生产技术集作为参考点的情况下，DMU 在 $t-1$ 时期的 EE 值。$mGMMLI_{t-1}^t$、$sGMMLI_{t-1}^t$ 和 $rGMMLI_{t-1}^t$ 分别表示 EE 在元前沿、规模前沿和区域前沿下的 GMMLI。我们参考 Wang 等[226]的做法，可以将 GMMLI 进行式（6-25）的分解。

其中，$GMMLI_{t-1}^t$ 的值大于 1，则表示 EE 获得了提升。$GTCH_{t-1}^t$ 表示 $t-1$ 时期到 t 时期的技术改变，$GECH_{t-1}^t$ 表示 $t-1$ 时期到 t 时期的效率改变。结合模型（6-15）和模型（6-22），我们可以将 GMMLI 分解为式（6-26）。

$TECH_{t-1}^t$、$SECH_{t-1}^t$ 和 $MECH_{t-1}^t$ 分别表示 DMU 在 $t-1$ 时期到 t 时期 TE、SE 和 ME 的动态变化。$TECH > 1$，表示 $t-1$ 时期到 t 时期，不同区域之间工业生产技术差距正在缩小，反之亦然。$SECH > 1$，表示 $t-1$ 时期到 t 时期，规模结构调整正在朝有利于生态效率改进的方向发展，反之亦然。而 $MECH > 1$，表示 $t-1$ 时期到 t 时期，管理效率得到了提升，反之亦然。

$$GMMLI_{t-1}^t = \sqrt{\frac{1-\vec{D}_{t-1}(X^t,Y_r^t,Y_l^t,Y_q^t,Y_p^t;Y_r^t,Y_l^t,-Y_q^t,-Y_p^t)}{1-\vec{D}_{t-1}(X^{t-1},Y_r^{t-1},Y_l^{t-1},Y_q^{t-1},Y_p^{t-1};Y_r^{t-1},Y_l^{t-1},-Y_q^{t-1},-Y_p^{t-1})} \times \frac{1-\vec{D}_t(X^t,Y_r^t,Y_l^t,Y_q^t,Y_p^t;Y_r^t,Y_l^t,-Y_q^t,-Y_p^t)}{1-\vec{D}_t(X^{t-1},Y_r^{t-1},Y_l^{t-1},Y_q^{t-1},Y_p^{t-1};Y_r^{t-1},Y_l^{t-1},-Y_q^{t-1},-Y_p^{t-1})}}$$

$$= \sqrt{\frac{1-\vec{D}_{t-1}(X^{t-1},Y_r^{t-1},Y_l^{t-1},Y_q^{t-1},Y_p^{t-1};Y_r^{t-1},Y_l^{t-1},-Y_q^{t-1},-Y_p^{t-1})}{1-\vec{D}_t(X^{t-1},Y_r^{t-1},Y_l^{t-1},Y_q^{t-1},Y_p^{t-1};Y_r^{t-1},Y_l^{t-1},-Y_q^{t-1},-Y_p^{t-1})} \times \frac{1-\vec{D}_{t-1}(X^t,Y_r^t,Y_l^t,Y_q^t,Y_p^t;Y_r^t,Y_l^t,-Y_q^t,-Y_p^t)}{1-\vec{D}_t(X^t,Y_r^t,Y_l^t,Y_q^t,Y_p^t;Y_r^t,Y_l^t,-Y_q^t,-Y_p^t)}}$$

$$\times \frac{1-\vec{D}_t(X^t,Y_r^t,Y_l^t,Y_q^t,Y_p^t;Y_r^t,Y_l^t,-Y_q^t,-Y_p^t)}{1-\vec{D}_{t-1}(X^{t-1},Y_r^{t-1},Y_l^{t-1},Y_q^{t-1},Y_p^{t-1};Y_r^{t-1},Y_l^{t-1},-Y_q^{t-1},-Y_p^{t-1})}$$

$$= GTCH_{t-1}^t \times GECH_{t-1}^t \quad (6-25)$$

$$GMMLI_{t-1}^t = GTCH_{t-1}^t \times TECH_{t-1}^t \times SECH_{t-1}^t \times MECH_{t-1}^t \quad (6-26)$$

6.4　实　证　分　析

工业系统作为国民经济发展的重要组成部分,所进行的生产活动和排污活动对经济社会发展有重要的影响作用。从生产和污染控制的角度来看,我国工业部门的生产过程可以分为四个相互关联的子阶段:生产阶段、固体废物治理阶段、废气治理阶段和废水治理阶段,这与 Xu 等[111]的研究是不同的。这种阶段划分与实际的工业生产过程比较契合,基于这种网络型结构,我们可以结合生产过程、固体废物治理过程、废气治理过程和废水治理过程来研究省级行政区工业部门的生态效率。在这个过程中,我们还可以发现子阶段的低效率,从而为系统整体生态效率的改进提供一个参考方向。生产阶段的一系列生产活动通过消耗能源、花费资金和使用劳动力,能够产出推动社会发展的增加值,但同时也不可避免地会产生工业固体废物、废气和废水,这些有害物质需要经过进一步的处理才能排放到大自然中。在固体废物治理阶段,生产阶段产生的工业固体废物作为投入,固体废物治理投资作为额外投入,经处理后产生可综合利用的固体废物。在废气治理阶段,主要的处理物为二氧化硫,它来自生产阶段,经过治理设施和治理资金的投入,处理掉部分二氧化硫,然后排出剩余的二氧化硫。能够处理的二氧化硫的量主要由治理的技术水平和处理效率来决定。同理,在废水治理阶段,生产过程所产生的工业废水进入该过程作为投入,同时利用上一个生产周期所形成的设施处理能力,再投入新的资金和设施。在该阶段处理完成后,排出经过处理的废水,然后所形成的废水处理能力将结转到下一个生产周期。经过以上的两个过程(生产过程和废物处理过程)、四个阶段,一个完整的工业生产周期便结束了,然后循环往复,再进入下一个时期。具体的过程如图6-3所示。

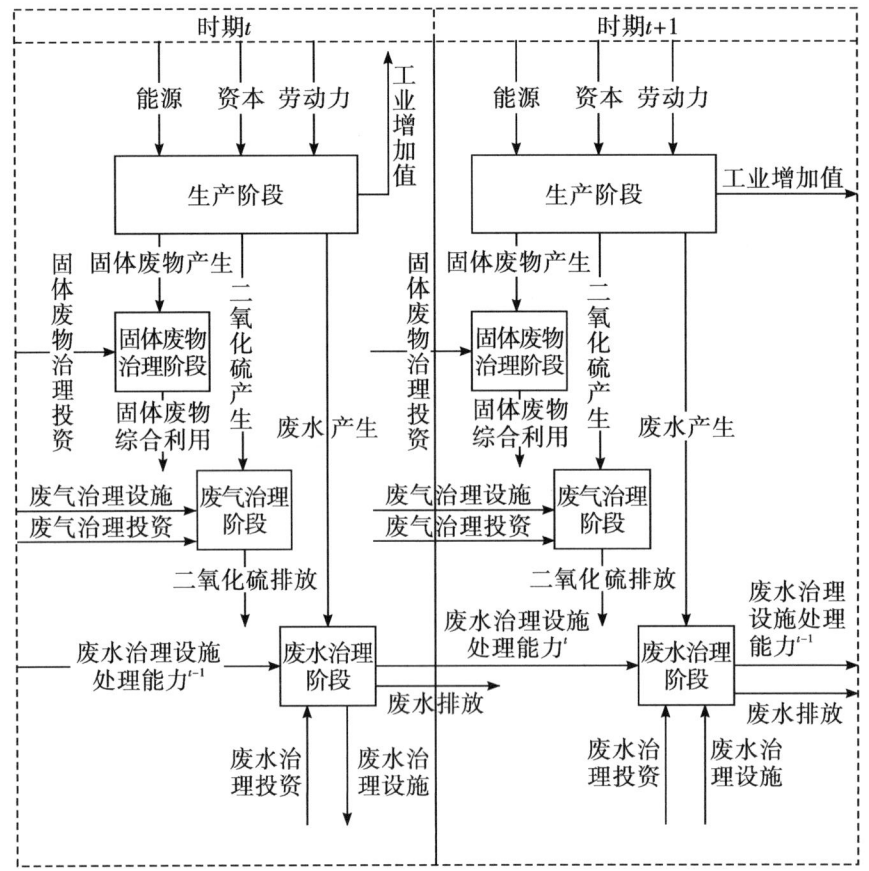

图6-3 工业系统生态效率评价的多阶段动态混合网络结构

本研究所选定的投入和产出变量请查看本书第3.2.1小节的内容，指标变量的描述性统计分析结果在3.2.2小节中。本研究依旧选择我国内地30个省级行政区的工业系统作为研究样本。我国西藏自治区由于相关数据缺失严重，因而不在本研究的探讨范围内。我们收集了2011—2020年（包括"十二五"和"十三五"规划期间）研究样本地区工业系统的投入和产出数据（共计4800个观测值）。本研究是在三层元前沿分析的框架下进行的，除元前沿层外，规模层的划分标准和区域层的划分细节在第3.2.3小节中已经列出，这里就不再赘述。

6.4.1 结果讨论

我们利用模型（6-5）—模型（6-7）可以计算出我国省级行政区工业系统在元前沿、规模前沿和区域前沿下的生态效率的得分，结果见表

6-2。整体来看，2011—2020年间，我国省级行政区工业系统的生态效率得分为0.5632，仍有很大的提升空间。浙江工业系统在研究期内的平均生态效率表现较好，得分为0.8600，高于全国平均工业生态效率水平的52.70%。海南工业系统在研究期内的平均生态效率表现相对欠佳，得分仅为0.2558，低于全国平均工业生态效率水平的54.58%。天津在规模组内和区域范围内均取得了最佳的工业生态效率表现，得分分别为0.9434和0.9522。宁夏则在规模组内和区域范围内表现不佳，得分仅为0.4797和0.4531。在考虑三层元前沿框架下，从全国范围内来看，存在着以下关系：$EE^m < EE^s < EE^r$。而且具体从各省级行政区来看，大多数省级行政区的工业系统生态效率表现也满足这种关系，如河北、辽宁、吉林和安徽等，这表明大多数省级行政区工业系统仍存在着规模效应不高、技术水平落后和管理能力低下的问题。

表6-2 三层元前沿生态效率

省级行政区	EE^m	EE^s	EE^r
北京	0.6405	0.8424	0.8220
天津	0.6959	0.9434	0.9522
河北	0.6433	0.8368	0.8748
山西	0.5886	0.7760	0.8271
内蒙古	0.4507	0.7099	0.5377
辽宁	0.5606	0.7307	0.7366
吉林	0.5759	0.7909	0.8422
黑龙江	0.4646	0.8589	0.6987
上海	0.7117	0.8986	0.8423
江苏	0.4365	0.6045	0.6732
浙江	0.8600	0.8768	0.8819
安徽	0.7425	0.8722	0.9299
福建	0.6673	0.8115	0.8708
江西	0.6677	0.8415	0.8777
山东	0.4649	0.7063	0.6925
河南	0.5806	0.8067	0.8487
湖北	0.5543	0.7195	0.8114
湖南	0.6562	0.7996	0.8911
广东	0.5322	0.7825	0.8582

续表 6-2

省级行政区	EE^m	EE^s	EE^r
广西	0.6665	0.8315	0.8924
海南	0.2558	0.6224	0.7818
重庆	0.4300	0.7900	0.8069
四川	0.3950	0.6346	0.6183
贵州	0.6010	0.9336	0.7753
云南	0.5742	0.8440	0.6851
陕西	0.6097	0.7735	0.7609
甘肃	0.3579	0.5359	0.5074
青海	0.7808	0.9275	0.9055
宁夏	0.3555	0.4797	0.4531
新疆	0.3763	0.6297	0.5616
平均值	0.5632	0.7737	0.7739

根据式（6-11）—式（6-14），我们可以计算出各省级行政区工业系统的 EE、SE、TE 和 ME，其结果列于表 6-3。图 6-4 显示了全国和区域的平均工业生态效率表现，由此可见，全国工业系统的平均生态效率表现不佳，尤其是西部区域。根据表 6-3 的结果，我们可以发现：第一，全国工业系统的平均 SE 得分为 0.7216，说明总体而言，规模前沿和元前沿之间仍具有一定的差距，规模异质性是存在的。第二，全国工业系统的平均 TE 得分为 1.0097，说明总体而言，各区域之间的技术差距正在缩小，有利于工业经济的地区平衡发展。第三，全国工业系统的平均 ME 得分为 0.7739，说明总体而言，全国工业系统的管理效率水平还有待提升。SE 和 ME 结果的偏低，是导致国内整体工业系统生态效率水平不高的主要原因。尤其是 SE，不同的工业规模大小其生态效率水平差异较大，规模大小所带来的生态效益差异显著。SE 表现最好的地区是浙江，得分为 0.9808，高于全国平均水平的 35.92%。SE 表现最差的地区是海南，得分仅为 0.4110，低于全国平均水平的 43.04%。TE 得分最高的是内蒙古，得分为 1.3202，高于全国平均水平的 30.75%。TE 表现最差的地区是海南，得分是 0.7962，低于全国平均水平的 21.14%。ME 表现最好和最差的地区分别是天津和宁夏，得分分别为 0.9522 和 0.4531。总之，工业生态效率表现较佳的省级行政区是浙江、青海和安徽，而表现欠佳的省级行政区主要有

海南、宁夏和甘肃。为解释出现以上结果的可能原因,我们以海南为例进行说明。海南被划分在规模1类地区,然而在地理上却属于东部区域,这与大多数东部区域省级行政区被划分在规模3类的情况有所不同。受地理位置和历史因素影响,海南的工业基础较为薄弱,生产技术和管理水平亟待提升,这直接制约了其工业生态效率表现。同时,这与海南作为"国家生态文明试验区"的战略定位密切相关,也与海南自贸港重点建设的"国际旅游消费中心城市"发展目标高度契合。作为以自然生态和旅游资源为核心优势的地区,工业经济并非海南发展的重点方向,因此其工业生态效率相对较低具有客观合理性。

表6-3 各省级行政区工业系统生态效率和分解效率

省级行政区	EE	SE	TE	ME
北京	0.6405	0.7603	1.0248	0.8220
天津	0.6959	0.7377	0.9908	0.9522
河北	0.6433	0.7687	0.9566	0.8748
山西	0.5886	0.7586	0.9382	0.8271
内蒙古	0.4507	0.6349	1.3202	0.5377
辽宁	0.5606	0.7672	0.9919	0.7366
吉林	0.5759	0.7281	0.9391	0.8422
黑龙江	0.4646	0.5409	1.2293	0.6987
上海	0.7117	0.7921	1.0668	0.8423
江苏	0.4365	0.7221	0.8980	0.6732
浙江	0.8600	0.9808	0.9941	0.8819
安徽	0.7425	0.8513	0.9379	0.9299
福建	0.6673	0.8223	0.9319	0.8708
江西	0.6677	0.7935	0.9587	0.8777
山东	0.4649	0.6582	1.0199	0.6925
河南	0.5806	0.7197	0.9506	0.8487
湖北	0.5543	0.7704	0.8867	0.8114
湖南	0.6562	0.8207	0.8974	0.8911
广东	0.5322	0.6802	0.9118	0.8582

续表 6-3

省级行政区	EE	SE	TE	ME
广西	0.6665	0.8015	0.9318	0.8924
海南	0.2558	0.4110	0.7962	0.7818
重庆	0.4300	0.5443	0.9791	0.8069
四川	0.3950	0.6224	1.0265	0.6183
贵州	0.6010	0.6437	1.2042	0.7753
云南	0.5742	0.6803	1.2321	0.6851
陕西	0.6097	0.7882	1.0166	0.7609
甘肃	0.3579	0.6679	1.0562	0.5074
青海	0.7808	0.8419	1.0243	0.9055
宁夏	0.3555	0.7411	1.0586	0.4531
新疆	0.3763	0.5975	1.1213	0.5616
平均值	0.5632	0.7216	1.0097	0.7739

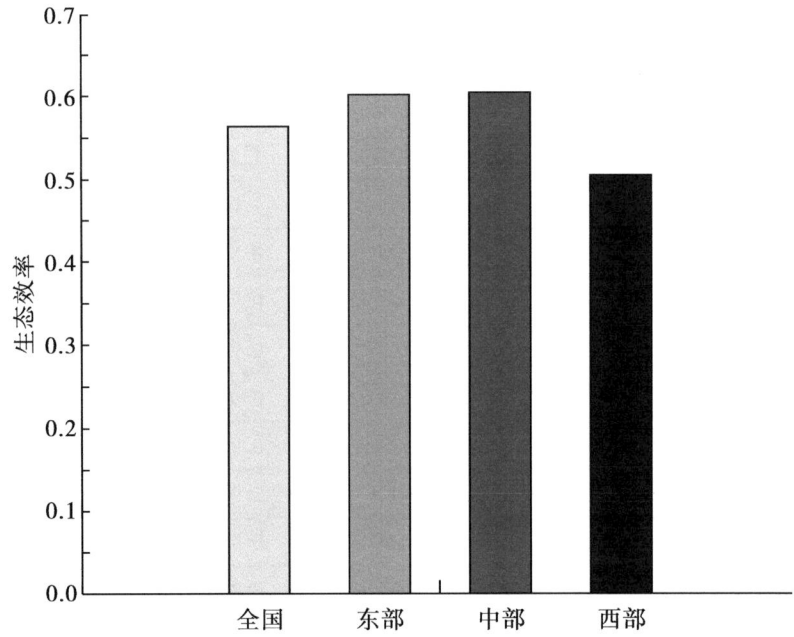

图 6-4 全国和区域平均生态效率

为检验不同规模下 SE 效率、不同区域范围间 TE 和同一区域范围内 ME 效率是否具有显著的差异性,本研究采用 Kruskal-Wallis 检验方法对 SE、TE 和 ME 进行检验。Kruskal-Wallis 检验方法现已被广泛应用于不同组效率值之间差异的检验。[227] 检验结果见表 6-4 至表 6-6。表 6-4 显示 SE 的检验 P 值为 0.076,在 10% 显著性水平下拒绝原假设,认为不同规模省级行政区工业系统生态效率确有显著差异。图 6-5 显示,中部区域 SE 最佳,西部区域 SE 较差。

表 6-4 SE 的 Kruskal-Wallis 检验结果

原假设	H 值	P 值
不同规模没有显著差异	5.151	0.076

表 6-5 和表 6-6 表明,TE/ME 的检验 P 值为 0.009/0.024,在 5% 的显著性水平下拒绝原假设,这表明区域间的技术差异和区域内的管理水平差异也是显著存在的。图 6-5 显示,西部区域 TE 最佳,ME 较差,而中部区域在 ME 方面最佳。以上差异显著性检验结果,可以说明我们在建立省级行政区工业系统的生态效率评价模型时,考虑规模异质性和区域异质性是恰当的、合理的。

表 6-5 TE 的 Kruskal-Wallis 检验结果

原假设	H 值	P 值
不同区域没有显著差异	9.476	0.009

表 6-6 ME 的 Kruskal-Wallis 检验结果

原假设	H 值	P 值
相同区域内没有显著差异	7.430	0.024

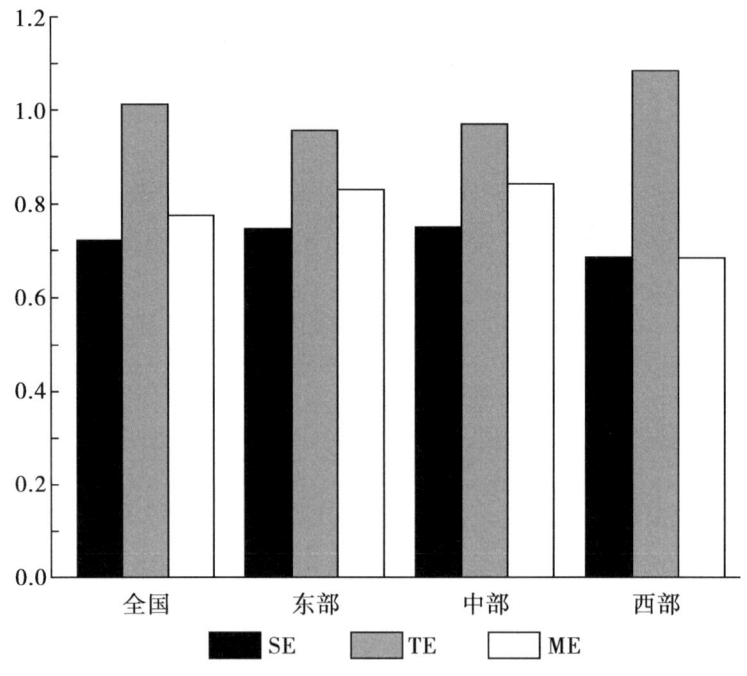

图 6-5 全国和区域 EE 分解指数

6.4.2 全要素生态效率的动态变化

根据式（6-22）—式（6-26），我们可以计算出各省级行政区工业系统的 GMMLI 及其分解指数 GTCH、TECH、SECH 和 MECH，通过汇总统计可以得到在不同规模类别下 GMMLI 各指数在 2011—2020 年间的平均值，从而据此绘制出图 6-6—图 6-8。测算结果显示，在研究期间，我国省级行政区工业系统的平均 GMMLI 为 1.0221，说明我国工业系统在整体上获得了全要素生态效率水平的提高。我们从图 6-6—图 6-8 可以了解到，"十二五"规划以来，GMMLI 表现为稳中有进、小幅波动的特点。这与党的十八大以来我国奉行的稳中求进的经济发展总基调不无关系，与我国工业经济发展的实际情况也是基本一致的。

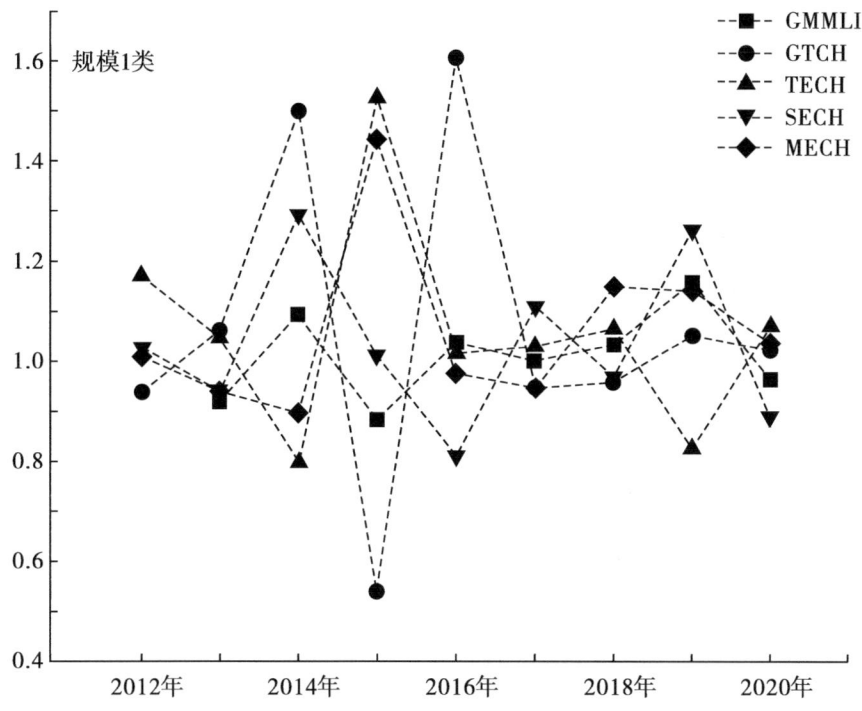

图 6-6　2011—2020 年规模 1 类，生态效率的 GMMLI 及其指数分解

模型计算结果显示，我国规模 1 类工业系统的 GMMLI、GTCH、TECH、SECH 和 MECH 的均值分别为 1.0102、1.0691、1.0607、1.0340 和 1.0595。根据以上结果并结合图 6-6，我们可知研究期间规模 1 类工业系统的 GMMLI 和 GTCH 的变化趋势基本一致，这说明在该类规模下，全要素生态效率指数主要受清洁生产技术水平的影响，而受到技术效率、规模效率和管理效率的影响则相对较小。因此，规模相对较小的工业生产系统，通过改善清洁生产技术能力可以有效地提高全要素生态效率，进而提升地区工业系统的生态效率。"十二五"规划期间（2011—2015 年），我国制定了《工业清洁生产推行"十二五"规划》，该规划指出要提高工业生产过程的清洁生产技术水平。所以，我们可以从图 6-6 看到，2012—2014 年间，工业清洁生产技术水平正在朝有利的方向转变。然而，科技对清洁生产的支撑能力还较弱，工业领域清洁生产工作总体上仍处于起步阶段，低排放的清洁生产方式转变尚不理想，清洁生产技术的发展跟不上工业经济的发展速度，以及中小规模工业企业抗风险能力低等，导致了 2015

年的清洁生产技术更新进度落后于预期。具体表现为 GTCH 在 2014—2015 年出现了下降的趋势。进入"十三五"时期（2016—2020 年）以来，GMMLI 虽仍有小幅的波动趋势，但总体是稳定上升的。在"十三五"规划期间，我国制定了小规模工业企业清洁生产推行的具体行动计划，努力提高小规模企业清洁生产技术的研发和应用水平，充分利用"互联网＋"清洁生产信息服务平台，政府积极参与清洁生产试点，小规模企业参与清洁生产培训。因此，2011—2020 年间，我国规模 1 类工业系统的全要素生态效率水平正在稳步提升，且清洁生产技术水平的进步是最主要的驱动力。

图 6-7 是规模 2 类工业系统的 GMMLI 及分解指数的变化趋势图，和图 6-6 的情况有些类似，仍以 2015 年为转折点。2015 年以前，GMMLI 表现为稳中有降，而 2015 年以来则表现为稳步提升。2015—2018 年间，GMMLI 受到 TECH 的影响较大，图 6-7 中表现为两条线变化趋势基本平行。这意味着在这段时间里，规模 2 类工业系统的全要素生态效率增长的原因主要是清洁生产技术效率的提高。2012—2015 年，GMMLI 的下降主要是由清洁生产技术水平、规模效率和管理效率的不稳定造成的。在"十二五"期间，工业清洁生产工作的推行总体上处于起步阶段，很多清洁生产技术仍在摸索中，中等规模企业的清洁生产技术普及率还相对较低。这也导致了"十二五"规划期间 GMMLI 及其分解指数的波动起伏较大，很不稳定。而进入"十三五"时期，情况就有所好转，《绿色产品设计示范推进规划》和《中小企业清洁生产推行计划》的具体行动计划的实施，从顶层制定了绿色产品的评价标准和中小企业绿色生产的帮扶措施，利用互联网技术，放大了各利益相关主体之间的联动性，并从清洁生产的源头和终端创造了有利于清洁生产行动计划实施的条件。计算结果显示，我国规模 2 类工业企业的 GMMLI、GTCH、TECH、SECH 和 MECH 的均值分别为 1.0110、1.0478、1.0123、1.0981 和 1.0306。上述分析和模型计算结果说明，我国规模 2 类工业系统全要素生态效率得到了提高，而且规模效率的提高是最主要的驱动力。

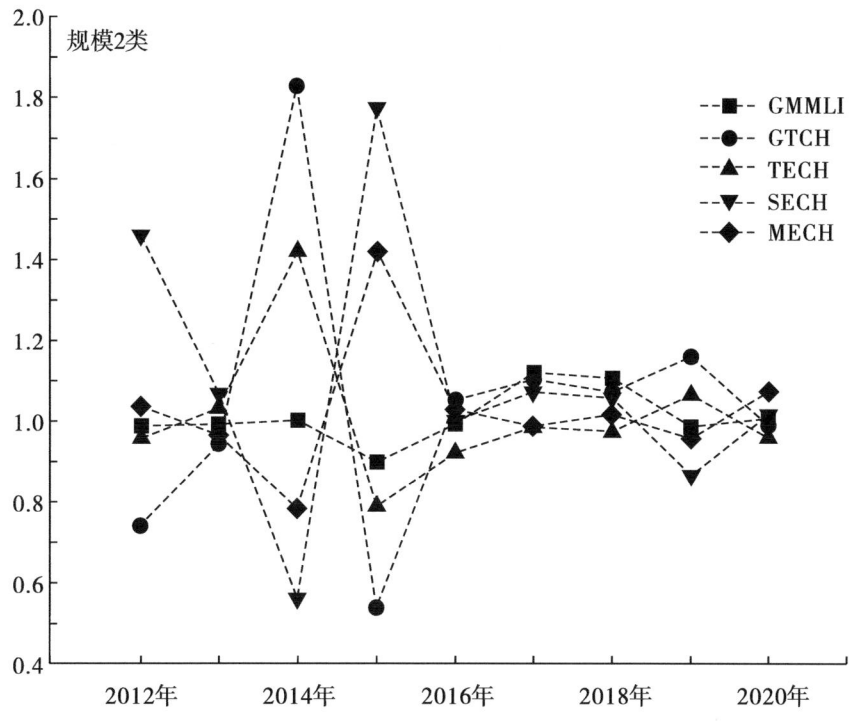

图 6-7　2011—2020 年规模 2 类，生态效率的 GMMLI 及其指数分解

图 6-8 的结果显示，规模 3 类工业系统 GMMLI 及分解指数 TECH、MECH 在研究期内发展趋势比较稳定；而 GTCH 和 SECH 在"十二五"期间出现了跳跃式波动，在"十三五"时期又呈现出波浪式前进的趋势。以上结果表明，对于规模 3 类工业系统而言，其清洁生产技术效率和管理效率一直是比较稳定的，但清洁生产技术水平和规模效率则存在不稳定性。究其原因，一方面，根据本研究所设定的工业系统规模类别划分标准，被划分为规模 3 类工业系统的地区大多数为东部区域的省级行政区，但仍有中西部区域的省级行政区被划分为规模 3 类。这有可能会影响 GTCH 的发展趋势，因为在同样的规模下，其工业清洁生产技术水平可能也是存在一定差异的。另一方面，进入"十三五"时期以来，大型工业企业的清洁生产技术水平较"十二五"时期更为稳定，重点行业的清洁生产技术示范和推广更为频繁，绿色产品设计的观念意识和绿色消费的社会氛围更加浓厚。因此，规模 3 类工业系统的清洁生产技术水平和管理效率进入"十三五"时期之后，发展更加稳定。总体而言，规模 3 类工业系统由于产业规

模相对较大，企业资本较为雄厚，清洁生产技术更新频率高，技术转化效率和企业管理水平相较于中小规模工业体系更加有优势，所以其 GMMLI、TECH 和 MECH 总体是发展比较稳定的。另外，根据模型计算的结果，我国规模 3 类工业企业的 GMMLI、GTCH、TECH、SECH 和 MECH 的均值分别为 1.0370、1.0484、1.0224、1.0871 和 1.0290。综上分析，尽管我国规模 3 类工业企业 GMMLI，TECH 和 MECH 在研究期间表现比较平稳，但平均 GMMLI 仍然大于 1，说明规模 3 类工业企业的全要素生态效率获得了提高，且规模效率提高对促进全要素生态效率的提高贡献最大。

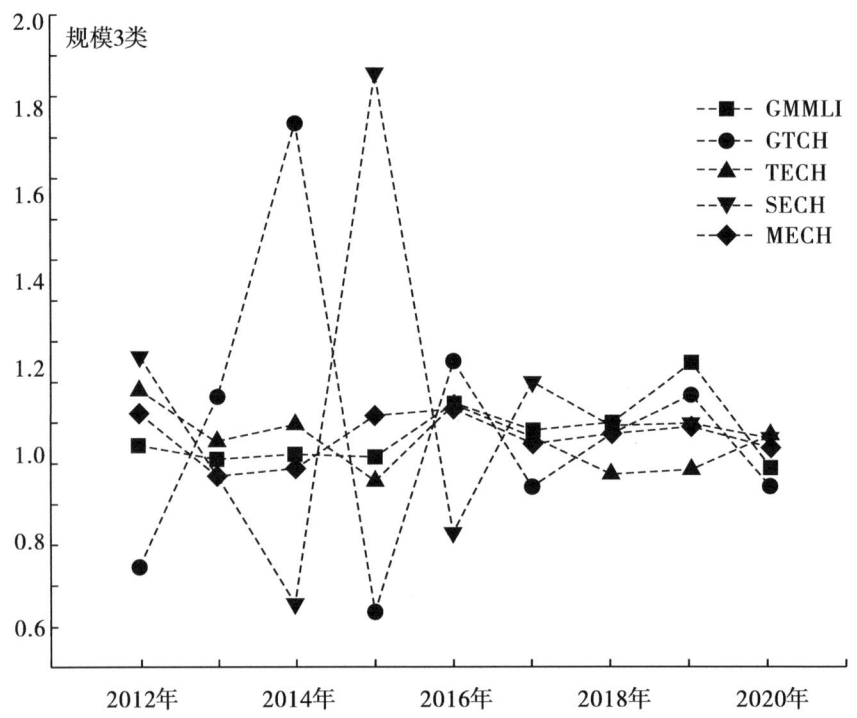

图 6-8 2011—2020 年规模 3 类，生态效率的 GMMLI 及其指数分解

表 6-7 列出了全国及区域的 GMMLI 及分解指数的年平均值表现。我们可以发现，总体而言，2011—2020 年全国工业系统的平均 GMMLI 为 1.2115，全要素生态效率水平较前期获得了 21.15% 的增长，其中规模效率贡献的全要素生态效率增长相对最大，为 7.62%。分区域来看，东部区域工业系统的全要素生态效率增长最快，达到 30.07%；也是规模效率贡献的清洁生产力增长最大，贡献了 12.24%。中部区域工业系统的全要素

生态效率增长最缓慢，为13.20%。由此可见，中部区域工业系统的全要素生态效率增长动力还相对较弱，其主要原因与清洁生产技术效率和管理水平提高不足有关。

表6-7　2011—2020全国及区域平均GMMLI及分解指数

地域范围	GMMLI	GTCH	TECH	SECH	MECH
全国	1.2115	1.0537	1.0296	1.0762	1.0376
东部	1.3007	1.0831	1.0575	1.1224	1.0118
中部	1.1320	1.0351	1.0028	1.0736	1.0158
西部	1.1909	1.0417	1.0243	1.0395	1.0737

6.4.3　生态效率的提升策略

（1）生态效率损失。

为提高各省级行政区工业系统的生态效率，本研究利用式（6-17）—式（6-20）计算了研究期间每个省级行政区工业系统的 EI 及分解指数 TI、MI 和 SI 值，将结果列于表6-8中，并据此绘制了图6-9。

表6-8显示，在研究期内，我国省级行政区工业系统的生态效率损失 EI 的平均值为0.4368，工业生态效率表现仍不容乐观。工业清洁生产技术效率 TI 损失平均为0.0002，而管理效率和规模效率损失平均分别为0.2261和0.2105。由此可见，我国省级行政区工业系统生态效率不高的主要原因是管理效率和规模效率的损失过多。

表6-8　省级行政区工业系统的 EI 及分解指数 TI、MI 和 SI

省级行政区	EI	TI	MI	SI
北京	0.3595	-0.0204	0.1780	0.2019
天津	0.3041	0.0088	0.0478	0.2475
河北	0.3567	0.0380	0.1252	0.1936
山西	0.4114	0.0511	0.1729	0.1873
内蒙古	0.5493	-0.1722	0.4623	0.2592
辽宁	0.4394	0.0059	0.2634	0.1701
吉林	0.4241	0.0513	0.1578	0.2150
黑龙江	0.5354	-0.1602	0.3013	0.3943

续表 6-8

省级行政区	EI	TI	MI	SI
上海	0.2883	-0.0563	0.1577	0.1869
江苏	0.5635	0.0686	0.3268	0.1680
浙江	0.1400	0.0052	0.1181	0.0168
安徽	0.2575	0.0577	0.0701	0.1297
福建	0.3327	0.0593	0.1292	0.1442
江西	0.3323	0.0362	0.1223	0.1738
山东	0.5351	-0.0138	0.3075	0.2414
河南	0.4194	0.0419	0.1513	0.2261
湖北	0.4457	0.0919	0.1886	0.1652
湖南	0.3438	0.0915	0.1089	0.1434
广东	0.4678	0.0757	0.1418	0.2503
广西	0.3335	0.0609	0.1076	0.1650
海南	0.7442	0.1594	0.2182	0.3666
重庆	0.5700	0.0169	0.1931	0.3600
四川	0.6050	-0.0164	0.3817	0.2396
贵州	0.3990	-0.1583	0.2247	0.3327
云南	0.4258	-0.1590	0.3149	0.2699
陕西	0.3903	-0.0126	0.2391	0.1638
甘肃	0.6421	-0.0285	0.4926	0.1780
青海	0.2192	-0.0220	0.0945	0.1467
宁夏	0.6445	-0.0265	0.5469	0.1242
新疆	0.6237	-0.0681	0.4384	0.2535
平均值	0.4368	0.0002	0.2261	0.2105

我们从图 6-9 可以直观地观察到，工业系统生态效率损失较严重的省级行政区主要有新疆、宁夏、甘肃、四川和海南等。造成这些地方工业系统生态效率损失的原因不尽相同，其中新疆、宁夏、甘肃和四川的工业系统生态效率损失主要是由管理水平不高所造成的，而海南则主要是由规模效率损失所致。工业系统生态效率损失不太大的省级行政区主要有浙江、青海、上海、安徽、天津、福建和江西等地。

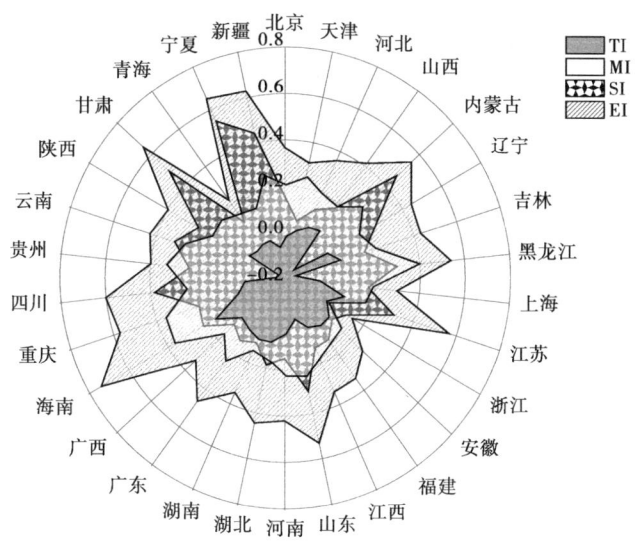

图 6-9 各省级行政区工业系统的 EI 及分解指数

图 6-10 显示了不同区域和全国总体的 EI 分解指数值的情况，据此我们可以清晰地看到，不管是全国还是东部、中部和西部区域，其工业生态效率损失主要都来源于 MI 和 SI。东部和中部区域工业生态效率损失的最主要来源是 SI，而西部区域工业生态效率损失的最主要来源则是 MI。

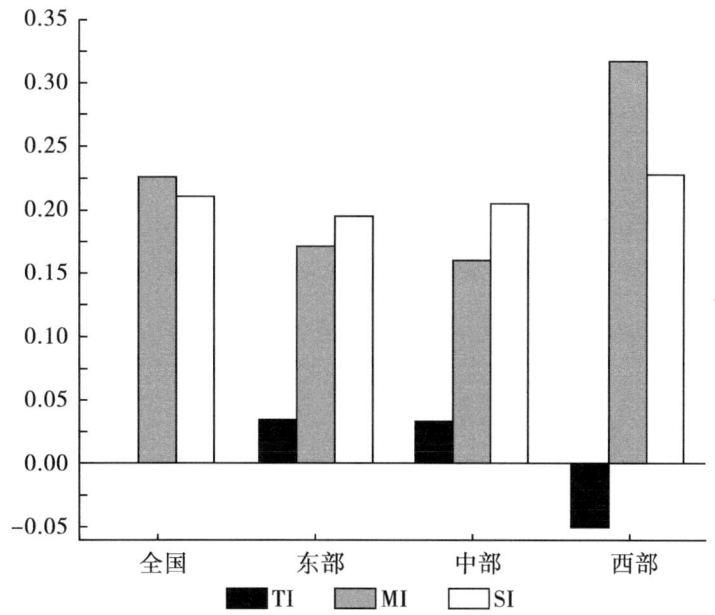

图 6-10 三个主要区域和全国的 EI 分解指数

(2) 生态效率提升策略。

我们尝试为每个省级行政区工业系统提供一些具体的生态效率提升策略，如图6-11和图6-12所示。图6-11中，横轴和纵轴的原点分别为EI的均值和TI的均值，图6-12中横轴和纵轴的原点分别为MI和SI的均值。以平均水平为参考基点，若TI值大于平均值，则该工业系统应改善当前的技术效率水平。若MI值大于平均值，则该工业系统应适时地改善当前的企业管理水平。同样地，若SI值大于平均值，则该工业系统应该考虑在规模方面进行优化配置。若某工业系统的TI、MI和SI均大于相应的平均水平，则该系统应考虑同时改进以上三个方面。

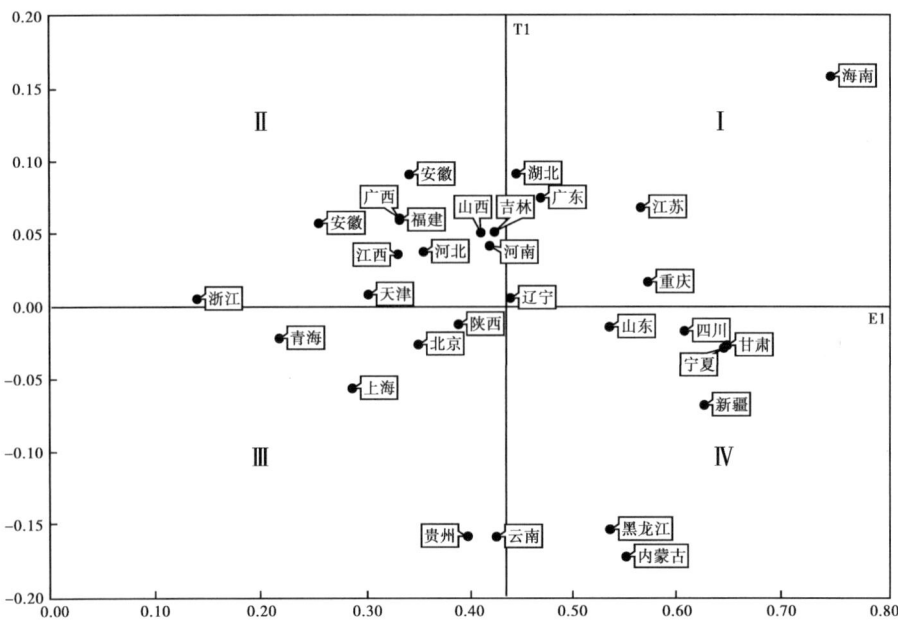

图6-11 省级行政区工业系统生态效率提升策略（EI-TI）

6 考虑规模异质性和区域异质性及动态性的中国地区工业系统生态效率评价

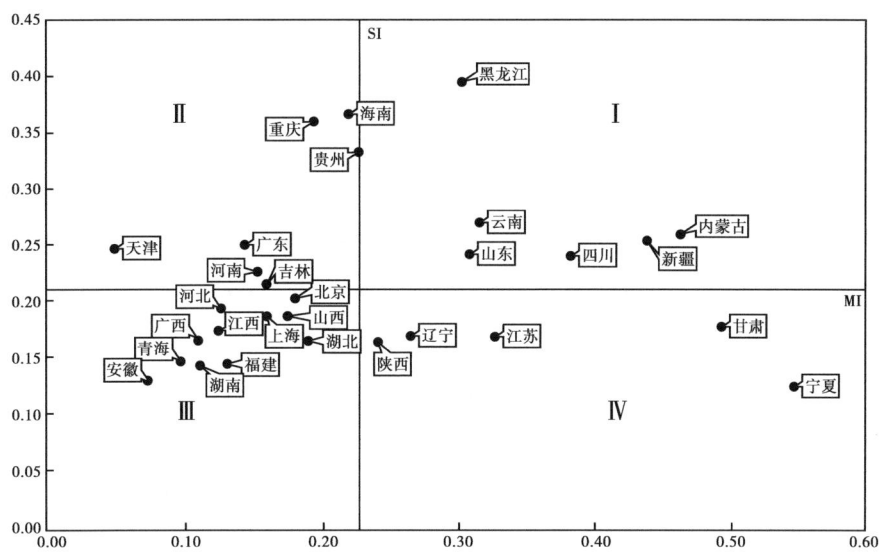

图 6-12 省级行政区工业系统生态效率提升策略（MI-SI）

第一象限列出了 TI、MI 和 SI 高于平均值的省级行政区工业系统。结合图 6-11 和 6-12，我们可以发现，按照当前设定的提升规则，没有哪个省级行政区工业系统需要在技术效率、管理水平和规模方面同时做出改进（即没有同时位于图 6-11 的第一象限和图 6-12 的第一象限的省级行政区）。这表明我国省级行政区工业系统在技术、管理和规模方面都有一定的独特优势。

第二象限列出了 TI、SI 值高于均值，但 MI 低于均值的省级行政区工业系统。比较有代表性的省级行政区有天津、河南和吉林。这说明它们虽然拥有较高的工业企业管理水平，但其 TE 和 SE 水平均低于全国平均值，需要着力提高地区内工业系统的技术效率和规模化效率水平。仅需要从 TE 方面进行改进的工业系统有浙江、安徽、江西、广西、福建、山西、湖南和河北等。仅需要从 SI 方面进行改进的省级行政区有广东、贵州、重庆和海南等。

第三象限表示 TI、MI 和 SI 均低于相应全国平均水平的省级行政区工业系统，这些地区的工业系统可以采取稳中有进的发展策略，继续保持在 TE、ME 和 SE 方面所具有的优势。我们结合图 6-11 和 6-12 可以发现，在三个方面均维持当前水平的工业系统主要有北京、青海和上海，这三个地区的工业系统在技术、管理及规模方面均处于相对前列的位置。

第四象限表示 TI 和 SI 低于全国平均水平，但 MI 高于全国平均水平的省级行政区工业系统，这些工业系统需要定期开展专业的管理能力培训，通过提高清洁生产管理水平来提高工业生态效率。图 6-11 和 6-12 显示，宁夏和甘肃地区工业系统清洁生产管理水平比较弱，应该优先提高这方面的能力。比如可以加强和管理水平较高地区工业企业之间的联系，增强相关业务往来，吸收借鉴它们先进的管理理念；或者定期开展管理技能培训，邀请有相关经验的优秀管理者或杰出研究者举办讲座。

6.5 本章小结

工业对国民经济发展和实体经济振兴起着非常重要的作用，工业经济的快速发展关乎公众福祉和社会进步。然而，自改革开放以来，市场经济条件下的工业以粗放的发展模式，给自然生态和公众健康带来了巨大的威胁。因此，研究我国工业系统的生态效率对于工业产业保持长期可持续健康发展和公众幸福安康而言意义重大。本章通过将混合多阶段网络 DEA 模型和三层 Meta-frontier 分析方法相结合，提出了一个新的 NDEA 模型，即三层 Meta-frontier DDF-DNDEA 模型，评估了我国省级行政区工业系统的生态效率和全要素生态效率的变化趋势。结果表明：第一，全国工业系统的平均生态效率表现不佳，尤其是西部区域。第二，不同规模类别省级行政区工业系统的生态效率表现、不同区域间的清洁生产技术和同一区域内的工业管理水平具有显著差异。其中，西部区域 SE 和 ME 较差，TE 最佳；而中部区域 SE 和 ME 表现最佳；东部区域 TE 较差。第三，研究期间，全国工业系统的平均清洁生产率指数 GMMLI 虽存在小幅波动，但总体稳中有进。第四，2011—2020 年全国工业系统的平均 GMMLI 为 1.2115，全要素生态效率水平较前期获得了 21.15% 的增长。其中规模效率贡献的全要素生态效率增长相对最大，为 7.62%。分区域来看，东部区域工业系统的全要素生态效率增长最快，达到 30.07%；规模效率贡献的全要素生态效率增长最大，贡献了 12.24%。中部区域工业系统全要素生态效率增长最缓慢，为 13.20%。最后，本章根据规模效率、技术效率和管理效率方面的效率损失，为每个省级行政区工业系统，提供了有针对性的生态效率提升策略。

7 地区工业生态效率评价：
本研究与经典 DEA 模型的比较

7.1 不同模型生态效率评价结果的比较

为了检验本研究所提出模型的效果，本章将引入与经典的 DEA 效率评价模型结果的对比研究，这里主要参考经典的 CCR 模型[16]和传统的 Two-stage DDEA 模型。[201]CCR 模型是 DEA 理论比较常用也是最为经典的模型，但该模型通常不考虑 DMU 内部结构的情况，故也被称为"黑盒"模型，它只关注每一个被评价的 DMU 从初始投入到最终产出的过程。Two-stage DEA 模型是网络 DEA 模型的一种，也是最常用的网络 DEA 模型。在工业生态效率评价领域，传统的 Two-stage DEA 模型应用比较广泛，该类模型常将工业生产系统划分为生产阶段和工业废物处理阶段，而不会考虑不同工业废物处理过程的可能差异。经典 CCR 模型和传统 Two-stage DDEA 模型均没有考虑 DMU 异质性的情况，这可能会高估或者至少带来效率评价结果的偏差。本研究在考虑不同异质性的前提下，将传统的工业废物处理过程具体再细分为工业废水处理阶段、固体废物处理阶段和二氧化硫处理阶段，由此分别提出了 Meta-frontier SBM-NDEA 模型、Meta-frontier SBM-DNDEA 模型和三层 Meta-frontier DDF-DNDEA 模型，并以我国地区工业系统的生态效率评价为例进行了实证分析。表 7-1 列出了我国地区工业系统在不同 DEA 评价模型下的生态效率结果。

根据表 7-1 中的结果，我们主要有以下发现：第一，在评价指标体系保持一致的情况下，经典 CCR 模型和传统 Two-stage DDEA 模型的生态效率评价结果（0.9135 和 0.6402）与本研究所提出的生态效率评价结果（0.4034、0.5634 和 0.5632）存在比较大的差异，即非异质性 DEA 模型和异质性 DEA 模型的生态效率结果存在比较大的差异。非异质性 DEA 模型的平均生态效率评价结果（0.7769）比异质性 DEA 模型的平均生态效率评价结果（0.5100）相对高约 52%。这说明考虑异质性对我国地区工业系统的生态效率评价结果来说具有非常重要的意义，忽略地区之间的规模及区域的异质性可能会带来地区工业系统生态效率评价结果的高估。第二，NDEA 模型和非 NDEA 模型的生态效率评价结果差异显著，非网络的 CCR 模型由于不考虑 DMU 内部结构特点，其生态效率评价结果（0.9135）远高于 NDEA 模型下的地区工业生态效率结果（0.6402、0.4034、0.5634 和 0.5632），这说明传统的 CCR 模型可能会严重高估工业系统的实际生态效率表现水平，不利于工业经济的可持续健康发展。第三，同样是在 NDEA 模型下，传统的不考虑异质性和工业废物处理过程差异性的 Two-stage DDEA 也可能会对生态效率评价结果造成一定程度的高估。第四，DDEA 模型的生态效率结果与非 DDEA 模型（静态模型）的生态效率结果也有较大差异，说明是否考虑到工业系统各时期生产活动的连续性会对生态效率的评价结果造成影响。

表 7-1　不同 DEA 评价模型下的生态效率结果

省级行政区	非异质性 DEA 模型	异质性 DEA 模型		
		NDEA 模型		
	CCR	传统 Two-stage DDEA	Meta-frontier SBM-NDEA	Meta-frontier SBM-DNDEA	Meta-frontier DDF-DNDEA
北京	1.0000	0.8969	0.7792	0.9097	0.6405
天津	0.9515	0.5190	0.5604	0.7399	0.6959
河北	1.0000	0.9588	0.6886	0.7579	0.6433
山西	1.0000	0.7564	0.4088	0.7546	0.5886
内蒙古	0.9575	0.6993	0.2357	0.4663	0.4507
辽宁	0.9071	0.8247	0.3659	0.5553	0.5606
吉林	0.8661	0.5078	0.3680	0.4513	0.5759
黑龙江	0.6867	0.3891	0.2370	0.4824	0.4646
上海	0.9738	0.4906	0.4315	0.4647	0.7117
江苏	0.9999	0.6803	0.4733	0.6707	0.4365
浙江	1.0000	0.4928	0.3987	0.3970	0.8600

续表 7-1

省级行政区	非异质性 DEA 模型	异质性 DEA 模型		
	CCR	NDEA 模型		
		传统 Two-stage DDEA	Meta-frontier SBM-NDEA	Meta-frontier SBM-DNDEA	Meta-frontier DDF-DNDEA
安徽	0.9998	0.7900	0.4283	0.6817	0.7425
福建	0.9501	0.5711	0.3074	0.3687	0.6673
江西	0.8975	0.6106	0.3168	0.4824	0.6677
山东	1.0000	0.8863	0.4989	0.7558	0.4649
河南	0.9716	0.6851	0.4069	0.5394	0.5806
湖北	0.9347	0.5976	0.3146	0.5001	0.5543
湖南	0.9288	0.6722	0.3987	0.6029	0.6562
广东	1.0000	0.5465	0.3336	0.4120	0.5322
广西	0.8781	0.5461	0.3084	0.5332	0.6665
海南	1.0000	1.0000	0.9857	0.9541	0.2558
重庆	0.8631	0.5454	0.2966	0.5594	0.4300
四川	0.8315	0.5464	0.2477	0.3763	0.3950
贵州	0.8538	0.5254	0.3362	0.6167	0.6010
云南	0.9031	0.6682	0.2456	0.4797	0.5742
陕西	0.9363	0.4941	0.2782	0.3188	0.6097
甘肃	0.6466	0.4331	0.2422	0.5852	0.3579
青海	1.0000	0.9909	0.7750	0.7185	0.7808
宁夏	0.6822	0.4335	0.2013	0.3734	0.3555
新疆	0.7864	0.4490	0.2329	0.3937	0.3763
平均值	0.9135	0.6402	0.4034	0.5634	0.5632

7.2 本章总结

本章主要将本书第 4 章、第 5 章和第 6 章所提出的生态效率评价模型结果与经典 CCR 模型和传统 Two-stage DDEA 模型结果进行了比较，结果发现：考虑异质性对我国地区工业系统生态效率的评价结果具有非常重要的意义，忽略地区之间的规模及区域的异质性可能会带来地区工业系统生态效率评价结果的高估；传统的不考虑 DMU 异质性和工业废物处理过程差异的 NDEA 模型也可能会对生态效率评价结果造成一定程度的高估；工业系统各时期生产活动的连续性也会对生态效率的评价结果产生影响。

8 总结与展望

8.1 研究结论

虽然目前已有不少学者应用 DEA 方法对工业生态效率开展了大量卓有成效的研究，但仍然存在着一些不足之处。第一，仍有较多的研究者在研究工业系统生态效率时仅考虑了工业生产系统从投入到产出的这种单一的"黑箱"式结构，然后使用传统的或基于传统方法稍做改进的 DEA 模型来评价工业生态效率，没有考虑到工业系统复杂的网络型结构特征。尽管也有不少学者开始探讨网络结构下的工业系统生态效率评价问题，但他们更多的是将工业系统一般化地划分为生产阶段和污染治理阶段，没有去考虑污染治理阶段中不同工业污染物治理过程可能存在的某种差异性，即没有做更为细致的阶段划分，因而未能更为准确地评价工业生态效率表现。第二，较多的研究是从静态的视角去分析工业生态效率的表现，而忽略了资源性要素时间趋势连贯性结果对效率评价结果的影响，即可能存在结转变量对下一期的效率评价结果造成影响的情况。第三，传统的 DEA 或 NDEA 方法将被评价的 DMU 视为完全同质的同类型个体，具有同样的生产技术水平和区位因素，而这显然是不太合理的，现实经济活动中 DMU 之间的异质性是普遍存在的，若不考虑这种异质性，就会造成工业生态效率评价结果的失真，从而失去了效率评价研究应有的意义。

考虑到现有研究的以上不足之处，我们在充分考虑工业系统复杂网络型结构的情况下，建立了三种考虑异质性的 NDEA 模型，即 Meta-frontier SBM-NDEA 模型、Meta-frontier SBM-DNDEA 模型和三层 Meta-frontier DDF-DNDEA 模型。前两种模型是在 SBM 框架下建立的，而第三种模型则是基于 DDF 而建立的。随后我们应用所提出的三种新的 NDEA 模型对我国省级行政区工业系统生态效率的评价问题进行了实证研究，并得出了一些比较有意义的结论，现将主要结论总结如下：

（1）总体来看，我国省级行政区工业系统的生态效率水平仍不高，且基于不同异质性和研究框架下建立的 Meta-frontier NDEA 评价模型得出的省级行政区工业系统平均生态效率值差异不大，得分分别为 0.4034、0.5634 和 0.5632。而且，在不同 Meta-frontier NDEA 模型下，各区域工业生态效率评价结果均表现为：东部＞中部＞西部。这说明我国传统的工业粗放型经济发展模式仍未得到本质性的转变，还有比较大的提升空间，各区域工业系统生态效率表现差异显著。

（2）在只考虑规模异质性的前提下，东部区域省级行政区工业生态效率表现最佳，得分为 0.5324；而西部区域省级行政区工业生态效率的改进空间最大，得分仅为 0.3249。其中，东部区域的工业生态效率不高主要是由其环境效率水平较低所致，中部区域的工业生态效率不高是资源效率和环境效率的双重低位运行所造成的，而西部区域的工业生态效率很大程度上是由经济效率来决定的。

（3）生态效率的收敛性。在 1% 的显著性水平下，我国省级行政区工业系统的生态效率表现出绝对 β 收敛性和条件 β 收敛性。然而，其绝对 β 收敛率和条件 β 收敛率分别为 0.0117 和 0.0029，这意味着我国省级行政区工业系统生态效率水平的稳定还需要很长时间才能实现。

（4）生态效率的技术差距率。就生态效率技术差距率而言，东部、中部和西部三大区域具有显著的差异性，且东部区域的生态效率技术差距率明显高于中部、西部区域。这说明在考虑规模异质性和区域异质性后，东部区域的元前沿生态效率和各组前沿生态效率的差距不大，东部区域省级行政区工业系统生态效率水平整体优于中西部区域。

（5）生态无效率的分解。从生态无效率分解的结果来看，生产技术落后、管理水平不高及规模效率低下，是我国省级行政区工业系统生态效率不高的主要原因，尤其是管理的无效率和规模的无效率是造成我国省级行政区工业系统生态效率不高的关键原因。

（6）全要素生态效率的动态变化情况。在研究期间，虽然我国省级行政区工业系统的平均全要素生态效率指数 GMMLI 存在小幅波动，但总体稳中有进。全国工业系统全要素生态效率水平较 2011 年以前获得了 21.15% 的增长，其中规模效率贡献的全要素生态效率增长相对最大，为 7.62%。分区域来看，东部区域工业系统的全要素生态效率增长速度最快，达到

30.07%；而中部区域工业系统全要素生态效率增长最缓慢，为13.20%。

（7）生态效率的影响因素。研究表明，地区经济发展水平正向显著影响地区工业生态效率，工业系统研发的重视程度负向显著影响生态效率，工业国际化程度正向显著影响工业生态效率，而工业系统的盈利能力水平则负向显著影响工业生态效率。

（8）与经典模型结果的对比。我们将本书第4章、第5章和第6章所提出的生态效率评价模型结果与经典CCR模型和传统Two-stage DDEA模型结果进行比较后发现：考虑异质性对我国地区工业系统生态效率的评价结果具有非常重要的意义，忽略地区之间的规模及区域的异质性可能会导致地区工业系统生态效率评价结果的高估。传统的不考虑DMU异质性和工业废物处理过程差异的NDEA模型也可能会对生态效率评价结果产生一定程度的高估，而且工业系统各时期生产活动的连续性会对生态效率的评价结果造成影响。上述发现说明，本研究所提出的工业生态效率评价模型具有一定的优越性和创新性。

8.2 管理建议

根据本研究的结论，我们可以提出一些管理上的启示及建议，具体内容如下。

（1）政府层面。

第一，由于无论是东部区域还是中西部区域，其工业产业的平均生态效率水平都还比较低，而相对来说各区域的平均工业生产经济效率均是最高的。因此，在今后很长一段时间内，我国工业行业应该在保持工业经济发展稳中求进的基础上，继续坚持绿色新发展理念，继续推进传统工业向新型工业化转型升级，通过让绿色工业品成为全社会共识，倒逼工业企业坚持和发展清洁生产技术，不断提高清洁生产力水平。

第二，要继续稳步推进各地区经济社会的健康发展，合理化工业企业股权结构，做到以国内资本为主，同时适当放宽国际化资本的准入条件。

第三，积极推广国内外已有的工业绿色产品标准体系和工业污染排放控制标准，同时根据发展的要求、发展的目标及阶段，制定更为严格的绿色工业品和工业排污控制标准，加强生产过程监管和产品质量监督。

第四，组织建立智囊专家库，汇集有关业界、学界和政界的有关方面专家，即建立全国性或区域性的工业清洁生产技术交流平台或论坛，通过定期开展交流活动，工业生态效率水平较高的地区可以分享和推广先进的技术。

第五，尽管国家颁布了促进工业生态持续发展的各项政策举措，但由于不同规模或区域工业系统的工业系统生态效率表现存在差异，各地方政府应制定不同的工业生态效率提升举措和工业生态发展促进办法，以实现工业经济的健康可持续，更好地践行新发展理念。

第六，继续就促进工业绿色生态可持续健康发展而加强与世界其他国家的相互交流和学习，并为工业发展低碳减排贡献中国力量。

第七，随着碳排放交易试点的不断推广使用，这种采用市场行为来解决工业二氧化碳大量排放的措施取得了实质性的效果后，可以考虑基于同样的原理将市场行为引入诸如工业二氧化硫、工业废水等方面的排放权中，只有当破坏生态环境的工业行为会导致产生高额的经济成本时，才会反向刺激各工业企业主体主动寻求减排方案，从而在一定程度上进一步提高工业生态效率。

（2）企业层面。

工业企业作为工业产业节能减排的第一责任人，在促进工业生态绿色发展方面大有可为。

第一，工业企业要主动转变发展理念和发展模式，在企业牢固树立绿色生态可持续的发展理念，抛弃以往不合时宜的粗放型工业增长方式，积极寻求新的可持续的工业发展增长点。

第二，组建高效专业的企业管理人才团队，加强对工业生产过程和各工业污染物治理过程的全过程监督协调。管理团队既要吸纳在工程管理、环境工程或企业管理等领域具备专长的专家人才，也要通过定期开展管理技能培训和专家讲座，持续提升管理人员的终身学习能力、主动学习意识和市场环境适应能力，从而全面提升工业企业的管理水平，推动绿色生产能力和生态效率的提升。

第三，全面提高工业清洁生产技术水平。比如，企业可根据实际情况逐年提高清洁生产技术的研发经费，聘请相关领域的专家现场指导，搭建工业"三废"治理研究方向的博士后科研平台，积极与相关领域比较擅长的高校建立"产学研"实践平台，同时要积极借鉴和吸收国内外先进的工业清洁生产技术,加强各省级行政区工业产业绿色生产技术的交流和合作,等等。

第四,全过程质量监督。充分利用大数据、云计算和物联网等管理科学化、智能化技术和工具,更加科学化、定量化和智能化地监管工业生产全过程各环节,通过更精准的过程控制来寻找进一步提高工业生态效率的方向。

第五,在工业产业规模的发展方面,应追求质优而非量大,各工业企业可参考国内外同类型工业技术水平和管理水平相当且具有较高工业生态效率的企业的规模,从而将企业维持在一个相对最佳的规模水平上。

第六,鼓励工业企业间相互学习和借鉴,但不能一味盲从。由于不同规模或区域工业系统的工业系统生态效率表现存在差异,因而各区域工业企业应制定不同的生态效率提升举措。例如,西部区域虽在清洁生产技术效率方面具有一定的优势,但其在规模效率和管理能力方面表现还不佳,对于这些区域的工业企业,其未来工业发展要兼顾规模效应和企业管理能力的提升,通过适当增加产业规模和定期开展管理技能培训都是不错的办法。而中部区域工业系统在规模和管理上有一定优势,但其技术效率还存在落后之处,对于这类工业企业,要注重保持规模和管理优势,增加研发投入,提高清洁生产技术水平并在工业生产全过程中节能减排,通过更严格的过程控制来提高清洁生产产出水平。

(3) 社会层面。

新时代不断进步的工业化水平,提高了人们的生活水平和生活质量,可以说检验某工业产品成功与否,关键是看该产品是否有利于人们生产生活水平的提高,同时不应对人们的身体健康造成负面影响。因此,工业化的最终目的是服务于人的生存和发展。然而,在过去较长一段时间中,我国高污染、高排放的粗放型工业增长方式,在提高人们生活水平的同时,也给人们的身体健康和赖以生存的生态环境造成了较大的负面影响。鉴于此,作为社会层面的公民,同时也是工业产品的使用者,我们也有责任和义务为推进工业生产环保可持续贡献应有的力量。

第一,自觉抵制购买排污不合格、不合规工业企业的相关产品,尤其是具有严重污染性的一次性工业产品。只要这一类产品没有市场的受众,那么该类产品就很快会被市场经济所淘汰,从而,存在高污染高排放情况的那一类企业自然将面临破产倒闭的命运。

第二，主动检举个人生活、学习或工作点周边有关工业企业恶意排放工业污染物等的行为，注意保留相关证据，积极主动向有关部门反映，让那些存在高污染高排放情况的小型工业生产小作坊也无处藏身，进而营造风清气正的健康工业生产环境。

第三，主动学习有关工业废旧产品回收利用的知识，做到工业垃圾分类处理，不让工业品使用后期对环境造成二次伤害，主动宣传和动员社会公民了解关于使用过的工业废旧产品可能会对环境造成再一次的污染的知识，并分享有关专业处理该类产品的方式和方法。

8.3 主要创新点

本研究的主要创新点如下：

第一，提出了一个新的基于 SBM 模型和 Meta-frontier 分析框架的 NDEA 模型，即 Meta-frontier SBM-NDEA 模型。在基于规模异质性的前提下，利用该模型对我国省级行政区工业系统的生态效率进行了评价研究，并分析了生态效率的收敛性情况。通过对生态无效率的分解，找出了潜在的生态效率改进来源。利用 Tobit 模型对影响工业系统生态效率的因素进行了分析讨论。

第二，提出了一个新的基于 SBM 模型和 Meta-frontier 分析框架的 DNDEA 模型，即 Meta-frontier SBM-DNDEA 模型。在基于区域异质性的前提下，利用该模型对我国省级行政区工业系统的生态效率进行了实证分析。然后据此分析了省级行政区工业系统生态效率及阶段效率，并对不同时期阶段、不同区域和不同产值规模下的工业生态效率进行了分析。最后还通过分解生态无效率，分析了省级行政区工业系统生态效率的潜在改进方向。

第三，提出了一个新的基于 DDF 和 Meta-frontier 分析框架的 DNDEA 模型，即 Meta-frontier DDF-DNDEA 模型，尤其是在规模异质性和区域异质性同时存在的前提下，建立了三层 Meta-frontier DDF-DNDEA 模型，并利用所提出的模型实证研究了我国省级行政区工业系统的生态效率评价问题。通过构建一个 Meta-frontier Malmquist-Luenberger 指数来研究我国省级行政区工业系统的全要素生态效率变化。最后提供了我国省级行政区工业系统生态效率提升的策略或建议。

8.4 研究不足与展望

8.4.1 不足之处

本研究在考虑异质性的前提下,建立了三种 Meta-frontier NDEA 模型,然后利用该模型对我国省级行政区工业系统生态效率的评价问题进行了比较深入的研究。尽管已经完成既定的研究任务和研究目标,然而受限于作者的学识能力、时间和资金等因素,目前的研究仍然存在一些不足之处,主要有以下三方面。

(1) 研究角度的局限性。

本研究的研究对象是我国省级行政区工业系统的生态效率,同时根据《国民经济行业分类》(GB/T 4754—2017)的划分标准,我国工业门类主要分为采矿业、制造业和电力、热力、燃气及水生产和供应业,但本研究没有根据具体的工业行业类别划分去分别研究其工业生态效率,而是将各省级行政区的所有工业行业视为一个工业系统总体来进行研究,尤其是更多地基于制造业生产系统来研究。各工业行业的运行过程所存在的一些差异,可能会导致工业生态效率的评价结果产生一定偏差。本研究之所以没有分工业行业类别去探讨省级行政区工业生态效率表现,有两方面的原因:一方面是基于数据的可获得性。分工业行业进行研究时,需要收集各省级行政区各年各个具体的工业类别相关指标的数据,但有较多省级行政区缺失这些指标的数据,或者某地某具体行业数据缺失严重。另一方面,本研究所提出的工业网络型生产结构对于分工业行业类别讨论同样具有一定的适用性,也就是说,本研究所提出的工业生态效率评价模型具有普遍适用性。尽管如此,没有划分具体的工业行业类别进行研究也确实是本研究的角度方面的一种局限。

(2) 研究方法上的局限性。

本研究针对工业系统生态效率的评价问题提出了一系列的 Meta-frontier NDEA 评价模型,评价模型中涉及 SBM 模型和 DDF 函数,并引入了异质性和动态性条件,然而限于本书篇幅限制,未能引入与其他基于互评模式的效率评价模型(比如交叉效率模型或博弈交叉效率评价模型等)的比较研究。此外，根据工业系统网络型生产结构的不同假设，建立完全不同的生态效率评价模型是有可能的，而且就 NDEA 本身来说，其模型形式就有若干种。但由于作者的研究能力和时间精力等限制，本研究未能进一步展开与同类或其他不同类别的相关效率评价方法进行比较研究。在分析生态效率的有关影响因素时，本书在第 4 章中引入了 Tobit 回归模型，然而为了从多角度、多方面来分析评价工业生态效率，本书在第 5 章和第 6 章中没有再次使用 Tobit 模型来分析生态效率的影响因素。实际上，为了使研究逻辑更为完备，这些章节同样可以利用 Tobit 做类似的效率影响因素分析，而且可以增加更多影响因素的备选变量。

（3）研究内容上没有考虑不同工业系统之间的竞争性关系。

在现实经济活动中，各省级行政区的各工业行业之间不同程度的竞争关系是广泛存在的，但本研究并未充分考虑到这一因素，这可能会造成评价效率结果产生某种偏差。

8.4.2　研究展望

工业系统生态效率的研究关乎我国工业经济的可持续健康发展，尤其是新发展理念的提出以及"绿水青山就是金山银山"等理念的深入人心，越来越多的工业企业开始注意到绿色生产的重要性，我国省级行政区工业系统的生态效率评价研究应该是一个不断延续进行的动态课题。未来我们可以基于该话题进行以下五个方面的研究。

（1）进行细化的工业行业生态效率研究。

我们可以考虑收集某一具体工业行业的客观数据集，根据该行业的特征和属性，提出与实际运行过程更为相似的网络型生产结构，然后建立类似于本研究的模型进行相关的深入研究。通过研究不同工业行业的生态效率，我们可以了解不同工业行业的发展对能源、资源和生态环境的影响机制，有利于我国工业产业结构的转型发展和工业经济与生态环境的协调可持续发展。

（2）进行多种方法的比较研究。

本研究的生态效率评价模型基于 Meta-frontier 分析框架和 NDEA 研究范式，具体来说是基于异质性的工业网络系统生态效率评价，未来我们可以考虑将该方法与非元前沿非 NDEA 模型或非前沿网络模型等进行比较研究，比如与网络交叉效率进行比较研究等。

(3) 可以纳入不同工业系统之间的竞合关系。

我国各省级行政区工业系统之间的竞合关系是普遍存在的，因此，未来的进一步研究可以将该现实情况纳入生态效率的评价模型中，比如将博弈模型引入评价，建立考虑异质性和竞合关系的 DNDEA 生态效率评价模型，等等。

(4) 构建更适合实践的评价指标体系。

本研究对工业生态效率评价指标体系的构建，主要参考已有研究的评价指标选取情况，并结合笔者对工业生态效率评价思路的理解，主要从能源、资源、经济和环境以及工业生产网络系统结构特点出发来选定评价指标。这种评价指标变量的选取依据仍缺乏对实际工业生产过程各环节的细节把握，在实际情况的把握方面还有所欠缺，比如未将绿色低碳、循环代谢等有关学科的理论融入研究中，这些内容可以在后续研究中进一步考虑。

(5) 开展城市层面的工业生态效率研究。

本研究主要从我国省级行政区层面的角度研究工业生态效率评价问题，研究方法上主要以 DEA 为方法论依据。实际上，我们可以在当前研究的基础上，进一步从城市层面或经济圈层面的角度来开展工业生态效率评价，如展开对长江经济带、长江三角洲、珠江三角洲、京津冀或成渝双城经济圈等的工业生态效率评价研究，方法上可以引入空间数据分析模型等。以更小的城市层面工业系统为研究对象，并引入空间数据分析的有关方法，可以获得更为丰富的工业生态效率评价研究成果。

参 考 文 献

[1] 翟丹妮，于尧. 基于博弈交叉效率 DEA 模型的中国工业生态效率评价研究 [J]. 物流工程与管理，2022，44（8）：107-111.

[2] 李晓华. 振作工业经济运行的重要意义与政策举措 [J]. 开封市人民政府公报，2021（6）：43-45.

[3] 周平. 新常态下的工业转型升级 [J]. 中国统计，2015（12）：11-12.

[4] WANG X M, DING H, LIU L. Eco-efficiency measurement of industrial sectors in China: a hybrid super-efficiency DEA analysis [J]. Journal of cleaner production, 2019, 229: 53-64.

[5] ZHANG L, ZHAO L L, ZHA Y. Efficiency evaluation of Chinese regional industrial systems using a dynamic two-stage DEA approach [J]. Socio-economic planning sciences, 2021, 77: 12.

[6] SHAO L G, YU X, FENG C. Evaluating the eco-efficiency of China's industrial sectors: a two-stage network data envelopment analysis [J]. Journal of environmental management, 2019, 247: 551-560.

[7] ZHAO X, ZHANG X, SHAO S. Decoupling CO_2 emissions and industrial growth in China over 1993-2013: the role of investment [J]. Energy economics, 2016, 60: 275-292.

[8] LIU Z, ZHANG H, ZHANG Y J, et al. How does industrial policy affect the eco-efficiency of industrial sector? evidence from China [J]. Applied energy, 2020, 272: 15.

[9] WANG M, FENG C. Regional total-factor productivity and environmental governance efficiency of China's industrial sectors: a two-stage network-based super DEA approach [J]. Journal of cleaner production, 2020, 273: 11.

[10] 毛小明，胡伟辉.产业承接视角下中部地区工业资源环境承载力研究［J］.区域经济评论，2021（5）：73－83.

[11] KAO C. Network data envelopment analysis: foundations and extensions [M]. Berlin: Springer, 2017.

[12] AIGNER D, LOVELL C A K, SCHMIDT P. Formulation and estimation of stochastic frontier production function models [J]. Journal of econometrics, 1977, 6 (1): 21－37.

[13] MEEUSEN W, VAN DEN BROECK J. Efficiency estimation from Cobb-Douglas production functions with composed error [J]. International economic review, 1977, 18 (2): 435－444.

[14] HE K, NAN Z. Efficiency evaluation of Chinese provincial industry systems: a dynamic two-stage slacks-based measure with shared inputs [J]. Journal of industrial and management optimization, 2023, 19 (7): 4959－4988.

[15] FARRELL M. The measurement of productive efficiency [J]. Journal of the royal statistical society, Series A, 1957, 120: 253－281.

[16] CHARNES A, COOPER W W, RHODES E. Measuring the efficiency of decision making units [J]. European journal of operational research, 1978 (2): 429－444.

[17] BANKER R D, CHARNES A, COOPER W W. Some models for estimating technical and scale efficiencies in data envelopment analysis [J]. Management science, 1984, 30: 1078－1092.

[18] OUYANG X L, CHEN J Q, DU K R. Energy efficiency performance of the industrial sector: from the perspective of technological gap in different regions in China [J]. Energy, 2021, 214: 118865.

[19] CHARNES A, COOPER W W, RHODES E. Short communication: measuring the efficiency of decision making units [J]. European journal of operational research, 1979, 3 (4): 339－338.

[20] CHARNES A, COOPER W W. The non-archimedean CCR ratio for efficiency analysis: a rejoinder to Boyd and Färe [J]. European journal of operational research, 1984, 15 (3): 333－334.

[21] CHARNES A, COOPER W W, THRALL R M. A structure for classifying and characterizing efficiency and inefficiency in data envelopment analysis [J]. Journal of productivity analysis, 1991, 2 (3): 197 – 237.

[22] SHEPHARD R W. Cost and production functions [M]. Princeton: Princeton University Press, 1953.

[23] SHEPHARD R W. Theory of cost and production functions [M]. Princeton: Princeton University Press, 1970.

[24] CHAMBERS R G, CHUNG Y H, FÄRE R. Benefit and distance functions [J]. Journal of economic theory, 1996, 70 (2): 407 – 419.

[25] CHAMBERS R G, CHUNG Y H, FÄRE R. Profit, directional distance functions, and nerlovian efficiency [J]. Journal of optimization theory and applications, 1998, 98 (2): 351 – 364.

[26] TONE K. A slacks-based measure of efficiency in data envelopment analysis [J]. European journal of operational research, 2001, 130 (3): 498 – 509.

[27] CHARNES A, COOPER W W, GOLANY B, et al. Foundations of data envelopment analysisfor Pareto-Koopmans efficient empirical production functions [J]. Journal of econometrics, 1985, 30: 91 – 107.

[28] FÄRE R, LOVELL C A K. Measuring the technical efficiency of production [J]. Journal of economic theory, 1978, 19 (1): 150 – 162.

[29] FÄRE R, LOVELL C A K, ZIESCHANG K. Measuring the technical efficiency of multiple outputs technologies [M] // EICHHORN W, HENN R, NEUMANN K, et al. Quantitative studies on production and prices. Würzburg: Physica-Verlag, 1983.

[30] FÄRE R, GROSSKOPF S, LOVELL C A K. The measurement of efficiency of production [M]. Dordrecht: Kluwer-Nijhoff, 1985.

[31] CHARNES A, COOPER W W. Programming with linear fractional functionals [J]. Naval research logistics quarterly, 1962, 9 (3 – 4): 181 – 186.

[32] HAYAMI Y. Sources of agricultural productivity gap among selected countries [J]. American journal of agricultural economics, 1969, 51 (3): 564 – 575.

[33] HAYAMI Y, RUTTAN V W. Agricultural development: an international perspective [M]. Baltimore: Johns Hopkins University Press, 1971.

[34] WALHEER B. Meta-frontier and technology switchers: a nonparametric approach [J]. European journal of operational research, 2023, 305 (1): 463-474.

[35] WANG Q W, ZHAO Z Y, ZHOU P, et al. Energy efficiency and production technology heterogeneity in China: a meta-frontier DEA approach [J]. Economic modelling, 2013, 35: 283-289.

[36] CHUNG Y H, FÄRE R, GROSSKOPF S. Productivity and undesirable outputs: a directional distance function approach [J]. Journal of environmental management, 1997, 51 (3): 229-240.

[37] 成刚. 数据包络分析方法与MaxDEA软件 [M]. 北京: 知识产权出版社, 2022.

[38] MALMQUIST S. Index numbers and indifference surfaces [J]. Trabajos de estadistica, 1953, 4 (2): 209-242.

[39] FÄRE R, GROSSKOPF S, LINDGREN B, et al. Productivity changes in Swedish pharamacies 1980-1989: a non-parametric Malmquist approach [J]. Journal of productivity analysis, 1992, 3 (1): 85-101.

[40] CAVES D W, CHRISTENSEN L R, DIEWERT W E. The economic theory of index numbers and the measurement of input, output, and productivity [J]. Econometrica, 1982, 50 (6): 1393-1414.

[41] FÄRE R, GROSSKOPF S, NORRIS M, et al. Productivity growth, technical progress, and efficiency change in industrialized countries [J]. The American economic review, 1994, 84 (1): 66-83.

[42] RAY S C, DESLI E. Productivity growth, technical progress, and efficiency change in industrialized countries: comment [J]. The American economic review, 1997, 87 (5): 1033-1039.

[43] ZOFIO J L. Malmquist productivity index decompositions: a unifying framework [J]. Applied economics, 2007, 39 (18): 2371-2387.

[44] BERG S A, FØRSUND F R, JANSEN E S. Malmquist indices of productivity growth during the deregulation of Norwegian banking, 1980-89 [J]. The scandinavian journal of economics, 1992, 94: S211-S228.

[45] PASTOR J T, LOVELL C A K. A global Malmquist productivity index [J]. Economics letters, 2005, 88 (2): 266-271.

[46] CHAMBERS R G, CHUNG Y H, FÄRE R. Benefit and distance functions [J]. Journal of economic theory, 1996, 70 (2): 407-419.

[47] 赵艳敏, 董会忠. 中国工业能源生态效率时空演变特征及影响因素分析 [J]. 软科学, 2022, 36 (6): 48-55.

[48] 赵旭, 汪怡鑫, 赵菲菲. 城市工业生态效率的时空跃迁特征与空间溢出效应: 以长江经济带为例 [J]. 统计与决策, 2022, 38 (6): 133-138.

[49] 毛学锋. 云南省工业生态效率的测度与影响因素研究 [D]. 昆明: 云南师范大学, 2022.

[50] 李根, 刘家国, 李天琦. 考虑非期望产出的制造业能源生态效率地区差异研究: 基于SBM和Tobit模型的两阶段分析 [J]. 中国管理科学, 2019, 27 (11): 76-87.

[51] ZHU Y N, HE G, ZHANG G S. Spatial-temporal evolution and spillover effect of industrial eco-efficiency in Huaihe River Economic Belt [J]. Polish journal of environmental studies, 2022, 31 (2): 1461-1473.

[52] WANG X Q, WU Q M, MAJEED S, et al. Fujian's industrial eco-efficiency: evaluation based on SBM and the empirical analysis of lnfluencing factors [J]. Sustainability, 2018, 10 (9): 3333.

[53] GAI Y X, QIAO Y B, DENG H J, et al. Investigating the eco-efficiency of China's textile industry based on a firm-level analysis [J]. Science of the total environment, 2022, 833: 155075.

[54] GUO S D, LI H, ZHAO R, et al. Industrial environmental efficiency assessment for China's western regions by using a SBM-based DEA [J]. Environmental science and pollution research, 2019, 26 (26): 27542-27550.

[55] LIU X L, GUO P B, GUO S F. Assessing the eco-efficiency of a circular economy system in China's coal mining areas: emergy and data envelopment analysis [J]. Journal of cleaner production, 2019, 206: 1101-1109.

[56] HU W Q, GUO Y, TIAN J P, et al. Eco-efficiency of centralized wastewater treatment plants in industrial parks: a slack-based data envelopment analysis [J]. Resources, conservation and recycling, 2019, 141: 176-186.

[57] GUO Y, LIU W, TIAN J P, et al. Eco-efficiency assessment of coal-fired combined heat and power plants in Chinese eco-industrial parks [J]. Journal of cleaner production, 2017, 168: 963-972.

[58] GAO G Y, WANG S S, XUE R Y, et al. Eco-efficiency assessment of industrial parks in Central China: a slack-based data envelopment analysis [J]. Environmental science and pollution research, 2022, 29 (20): 30410-30426.

[59] LI Y J, ZHANG Q, WANG L Z, et al. An AIC-based approach to identify the most influential variables in eco-efficiency evaluation [J]. Expert systems with applications, 2021, 167: 113883.

[60] MATSUMOTO K I, CHEN Y Y. Industrial eco-efficiency and its determinants in China: a two-stage approach [J]. Ecological indicators, 2021, 130: 108072.

[61] YANG W, JIN F J, WANG C J, et al. Industrial eco-efficiency and its spatial-temporal differentiation in China [J]. Frontiers of environmental science & engineering, 2012, 6 (4): 559-568.

[62] FRIED H O, LOVELL C A K, SCHMIDT S S, et al. Accounting for environmental effects and statistical noise in data envelopment analysis [J]. Journal of productivity analysis, 2002, 17 (1-2): 157-174.

[63] 姚凤阁,张蒙. 基于三阶段DEA模型的石油加工行业生态效率评价 [J]. 中国软科学, 2010 (S2): 266-272.

[64] 赵爽,刘红. 基于三阶段DEA模型的我国工业企业生态效率研究 [J]. 生态经济, 2016, 32 (11): 88-91.

[65] 高文. 我国工业企业生态效率及污染治理研究 [J]. 生态经济, 2017, 33 (1): 21-27.

[66] 张会恒,刘士栋. 我国工业生态效率评价及其影响因素研究 [J]. 河北经贸大学学报, 2019, 40 (6): 51-58.

[67] ZHANG J X, LIU Y M, CHANG Y, et al. Industrial eco-efficiency in China: a provincial quantification using three-stage data envelopment analysis [J]. Journal of cleaner production, 2017, 143: 238-249.

[68] FENG M, LI X. Evaluating the efficiency of industrial environmental regulation in China: a three-stage data envelopment analysis approach [J]. Journal of cleaner production, 2020, 242: 118535.

[69] LI H L, ZHU X H, CHEN J Y. Total factor waste gas treatment efficiency of China's iron and steel enterprises and its influencing factors: an empirical analysis based on the four-stage SBM-DEA model [J]. Ecological indicators, 2020, 119: 106812.

[70] ZHOU Y, LIU Z Y, LIU S D, et al. Analysis of industrial eco-efficiency and its influencing factors in China [J]. Clean technologies and environmental policy, 2020, 22 (10): 2023-2038.

[71] ZHANG J X, LIU X, ZHANG X, et al. Enhancing the green efficiency of fundamental sectors in China's industrial system: a spatial-temporal analysis [J]. Journal of management science and engineering, 2021, 6 (4): 393-412.

[72] 张晶. 基于超效率的煤炭资源型城市工业生态效率研究 [J]. 经济问题, 2010 (11): 57-59.

[73] 戴志敏, 曾宇航, 郭露. 华东地区工业生态效率面板数据研究: 基于整合超效率 DEA 模型分析 [J]. 软科学, 2016, 30 (7): 35-39.

[74] 郭露, 徐诗倩. 基于超效率 DEA 的工业生态效率: 以中部六省 2003—2013 年数据为例 [J]. 经济地理, 2016, 36 (6): 116-121.

[75] 王艳秋, 徐晓庆. 基于超效率 DEA 的石油化工企业生态效率评价研究 [J]. 经济研究导刊, 2017 (20): 17-19.

[76] 董会忠, 闫梓昱, 辛佼. 环境规制对工业生态效率的影响机理研究: 人力资本与科技研发的双重调节 [J]. 华东经济管理, 2022, 36 (3): 1-11.

[77] 孔阳, 潭江涛. 基于超效率 DEA 的西部地区工业生态效率评价 [J]. 价值工程, 2018, 37 (13): 67-70.

[78] 张欣. 基于 DEA-Malmquist 模型的粤港澳大湾区 9 市工业生态效率研究 [J]. 海峡科技与产业, 2021, 34 (5): 24-30.

[79] DAI Z, GUO L, JIANG Z. Study on the industrial eco-efficiency in East China based on the super efficiency DEA model: an example of the 2003 – 2013 panel data [J]. Applied economics, 2016, 48 (59): 5779 – 5785.

[80] WU Y N, KE Y M, XU C B, et al. Eco-efficiency measurement of coal-fired power plants in China using super efficiency data envelopment analysis [J]. Sustainable cities and society, 2018, 36: 157 – 168.

[81] WANG H, YANG J. Total-factor industrial eco-efficiency and its influencing factors in China: a spatial panel data approach [J]. Journal of cleaner production, 2019, 227: 263 – 271.

[82] CHEN Y F, LIU L S. Improving eco-efficiency in coal mining area for sustainability development: an emergy and super-efficiency SBM-DEA with undesirable output [J]. Journal of cleaner production, 2022, 339: 130701.

[83] LI W, CHEN X H, WANG Y. Spatiotemporal patterns and influencing factors of industrial ecological efficiency in Northeast China [J]. Sustainability, 2022, 14 (15): 9691.

[84] SONG C Z, YIN G W, LU Z L, et al. Industrial ecological efficiency of cities in the Yellow River Basin in the background of China's economic transformation: spatial-temporal characteristics and influencing factors [J]. Environmental science and pollution research international, 2022, 29 (3): 4334 – 4349.

[85] YU S D, YU W Y, CHEN T, et al. Spatial-temporal distribution and convergence of eco-efficiency of industrial enterprises in coastal provinces of China [J]. Journal of coastal research, 2020, 107 (sp1): 303 – 307.

[86] LIU Y J, FANG Z Y. Spatial pattern change and influencing factors of industrial eco-efficiency of Yangtze River Economic Belt (YREB) [J]. SAGE open, 2022, 12 (3): 21582440221.

[87] 吴静. 中国区域工业生态效率及其空间差异分析 [D]. 成都: 西南财经大学, 2018.

[88] GENG Z Q, DONG J G, HAN Y M, et al. Energy and environment efficiency analysis based on an improved environment DEA cross-model: case study of complex chemical processes [J]. Applied energy, 2017,

205: 465-476.

[89] LIU X H, CHU J F, YIN P Z, et al. DEA cross-efficiency evaluation considering undesirable output and ranking priority: a case study of eco-efficiency analysis of coal-fired power plants [J]. Journal of cleaner production, 2017, 142: 877-885.

[90] MENG F L, WANG W P. Analysis of eco-efficiency in China's key provinces along the "Belt and Road" based on grey TOPSIS-DEA [J]. Journal of grey system, 2020, 32 (3): 60-79.

[91] GÉMAR G, GÓMEZ T, MOLINOS-SENANTE M, et al. Assessing changes in eco-productivity of wastewater treatment plants: the role of costs, pollutant removal efficiency, and greenhouse gas emissions [J]. Environmental impact assessment review, 2018, 69: 24-31.

[92] LI Y Q, XIONG J, MA W Q, et al. Environmental decoupling, eco-efficiency improvement, and industrial network optimization: insights from 44 sectors in China [J]. Journal of cleaner production, 2022, 376: 134374.

[93] OGGIONI G, RICCARDI R, TONINELLI R. Eco-efficiency of the world cement industry: a data envelopment analysis [J]. Energy policy, 2011, 39 (5): 2842-2854.

[94] RAMLI N A, MUNISAMY S, ARABI B. Scale directional distance function and its application to the measurement of eco-efficiency in the manufacturing sector [J]. Annals of operations research, 2013, 211 (1): 381-398.

[95] EGILMEZ G, KUCUKVAR M, TATARI O. Sustainability assessment of U.S. manufacturing sectors: an economic input output-based frontier approach [J]. Journal of cleaner production, 2013, 53: 91-102.

[96] Rebolledo-Leiva R, et al. Comparing two CF + DEA methods for assessing eco-efficiency from theoretical and practical points of view [J]. Science of the total environment, 2019, 659: 1266-1282.

[97] VASQUEZ-IBARRA L, ANGULO-MEZA L, IRIARTE A, et al. The joint use of life cycle assessment and data envelopment analysis methodologies for eco-efficiency assessment: a critical review, taxonomy

and future research [J]. Science of the total environment, 2020, 738: 139538.

[98] 任胜钢, 张如波, 袁宝龙. 长江经济带工业生态效率评价及区域差异研究 [J]. 生态学报, 2018, 38 (15): 5485-5497.

[99] 程序. 长三角城市群工业生态绿色发展水平测度研究 [D]. 吉林: 东北电力大学, 2019.

[100] 张丹丹. 中国省际煤炭工业生态效率测度研究及影响因素分析 [D]. 淮南: 安徽理工大学, 2020.

[101] 黄阳, 王美强, 满小虎, 等. 循环经济视角下的中国区域工业生态效率: 基于Pareto改进的两阶段DEA交叉效率模型 [J]. 系统工程, 2021, 39 (2): 1-12.

[102] WU J, ZHU Q Y, CHU J F, et al. Two-stage network structures with undesirable intermediate outputs reused: a DEA based approach [J]. Computational economics, 2015, 46 (3): 455-477.

[103] WU J, ZHU Q Y, JI X, et al. Two-stage network processes with shared resources and resources recovered from undesirable outputs [J]. European journal of operational research, 2016, 251 (1): 182-197.

[104] CHU J F, WU J, ZHU Q Y, et al. Analysis of China's regional eco-efficiency: a DEA two-stage network approach with equitable efficiency decomposition [J]. Computational economics, 2019, 54 (4): 1263-1285.

[105] WANG Q, TANG J, CHOI G. A two-stage eco-efficiency evaluation of China's industrial sectors: a dynamic network data envelopment analysis (DNDEA) approach [J]. Process safety and environmental protection, 2021, 148: 879-892.

[106] BI G B, SHAO Y Y, SONG W, et al. A performance evaluation of China's coal-fired power generation with pollutant mitigation options [J]. Journal of cleaner production, 2018, 171: 867-876.

[107] ALIZADEH R, BEIRAGH R G, SOLTANISEHAT L, et al. Performance evaluation of complex electricity generation systems: a dynamic network-based data envelopment analysis approach [J]. Energy economics, 2020, 91: 104894.

[108] DING L L, LEI L, WANG L, et al. Assessing industrial circular

economy performance and its dynamic evolution: an extended Malmquist index based on cooperative game network DEA [J]. Science of the total environment, 2020, 731: 13.

[109] HE K, ZHU N. Eco-efficiency evaluation of Chinese provincial industrial system: a dynamic hybrid two-stage DEA approach [J]. PLOS ONE, 2022, 17 (8): e0272633.

[110] HE K, ZHU N, JIANG W, et al. Efficiency evaluation of Chinese provincial industrial system based on network DEA method [J]. Sustainability, 2022, 14 (9): 5264.

[111] XU C Z, WANG S X. Industrial three-division network system in China: efficiencies and their impact factors [J]. Environmental science and pollution research, 2021, 28 (34): 47375-47394.

[112] ZHANG L N, DU X Y, CHIU Y H, et al. Measuring industrial operational efficiency and factor analysis: a dynamic series-parallel recycling DEA model [J]. Science of the total environment, 2022: 158084.

[113] LI F, ZHANG D L, ZHANG J Y, et al. Measuring the energy production and utilization efficiency of Chinese thermal power industry with the fixed-sum carbon emission constraint [J]. International journal of production economics, 2022, 252: 108571.

[114] LI Y J, SHI X, EMROUZNEJAD A, et al. Environmental performance evaluation of Chinese industrial systems: a network SBM approach [J]. Journal of the operational research society, 2018, 69 (6): 825-839.

[115] LIN F Y, LIN S W, LU W M. Sustainability assessment of Taiwan's semiconductor industry: a new hybrid model using combined analytic hierarchy process and two-stage additive network data envelopment analysis [J]. Sustainability, 2018, 10 (11): 4070.

[116] LIN F Y, LIN S W, LU W M. Dynamic eco-efficiency evaluation of the semiconductor industry: a sustainable development perspective [J]. Environmental monitoring and assessment, 2019, 191: 435.

[117] MENG F L, WANG W P. Heterogeneous effect of "Belt and Road" on the two-stage eco-efficiency in China's provinces [J]. Ecological indicators,

2021, 129: 107920.

[118] TANG J X, WANG Q W, CHOI G. Efficiency assessment of industrial solid waste generation and treatment processes with carry-over in China [J]. Science of the total environment, 2020, 726: 138274.

[119] TANG Y H, CHEN Y W, YANG R, et al. The unified efficiency evaluation of China's industrial waste gas considering pollution prevention and end-of-pipe treatment [J]. International journal of environmental research and public health, 2020, 17 (16): 5724.

[120] WANG X P, LI Y M. Research on measurement and improvement path of industrial green development in China: a perspective of environmental welfare efficiency [J]. Environmental science and pollution research, 2020, 27 (34): 42738-42749.

[121] ZUO Z L, GUO H X, LI Y L, et al. A two-stage DEA evaluation of Chinese mining industry technological innovation efficiency and eco-efficiency [J]. Environmental impact assessment review, 2022, 94: 106762.

[122] FENG C, WANG M. Analysis of energy efficiency and energy savings potential in China's provincial industrial sectors [J]. Journal of cleaner production, 2017, 164: 1531-1541.

[123] BATTESE G, RAO D S. Technology gap, efficiency, and a stochastic metafrontier function [J]. International journal of business and economics, 2002, 1 (2): 87-93.

[124] BATTESE G E, RAO D S P, O'DONNELL C J. A metafrontier production function for estimation of technical efficiencies and technology gaps for firms operating under different technologies [J]. Journal of productivity analysis, 2004, 21 (1): 91-103.

[125] O'DONNELL C J, RAO D S P, BATTESE G E. Metafrontier frameworks for the study of firm-level efficiencies and technology ratios [J]. Empirical economics, 2008, 34 (2): 231-255.

[126] 徐斐. 基于非径向方向距离函数的我国火电行业生态效率研究 [D]. 南京: 南京航空航天大学, 2014.

[127] MUNISAMY S, ARABI B. Eco-efficiency change in power plants: using

[127] a slacks-based measure for the meta-frontier Malmquist-Luenberger productivity index [J]. Journal of cleaner production, 2015, 105: 218-232.

[128] LONG X L, WU C, ZHANG J J, et al. Environmental efficiency for 192 thermal power plants in the Yangtze River Delta considering heterogeneity: a metafrontier directional slacks-based measure approach [J]. Renewable & sustainable energy reviews, 2018, 82: 3962-3971.

[129] WANG N N, CHEN J, YAO S N, et al. A meta-frontier DEA approach to efficiency comparison of carbon reduction technologies on project level [J]. Renewable & sustainable energy reviews, 2018, 82: 2606-2612.

[130] SUN J, LI G, LIM M K. China's power supply chain sustainability: an analysis of performance and technology gap [J]. Annals of operations research, 2025, 349: 849-877.

[131] EGUCHI S, TAKAYABU H, LIN C. Sources of inefficient power generation by coal-fired thermal power plants in China: a metafrontier DEA decomposition approach [J]. Renewable & sustainable energy reviews, 2021, 138: 110562.

[132] NAKAISHI T, TAKAYABU H, EGUCHI S. Environmental efficiency analysis of China's coal-fired power plants considering heterogeneity in power generation company groups [J]. Energy economics, 2021, 102: 105511.

[133] WANG R M, TIAN Z, REN F R. Energy efficiency in China: optimization and comparison between hydropower and thermal power [J]. Energy, sustainability and society, 2021, 11 (1): 1-21.

[134] 汪克亮, 等. 基于技术差距的中国地区工业生态效率研究 [J]. 安徽理工大学学报（社会科学版）, 2016, 18 (4): 25-31.

[135] 陈平, 罗艳. 中国工业生态全要素能源效率异质性研究: 基于 SBM-Undesirable 和 Meta-frontier 模型的分析 [J]. 商业研究, 2017 (4): 154-160.

[136] CHENG Z H, LI L S, LIU J, et al. Total-factor carbon emission efficiency of China's provincial industrial sector and its dynamic evolution [J]. Renewable & sustainable energy reviews, 2018, 94: 330-339.

[137] FENG C, HUANG J B, WANG M. Analysis of green total-factor productivity in China's regional metal industry: a meta-frontier approach [J]. Resources policy, 2018, 58: 219-229.

[138] GOYAL J, SINGH R, KAUR H, et al. Intra-industry efficiency analysis of Indian textile industry: a meta-frontier DEA approach [J]. International journal of law and management, 2018, 60 (6): 1448-1469.

[139] TIAN P, LIN B Q. Regional technology gap in energy utilization in China's light industry sector: non-parametric meta-frontier and sequential DEA methods [J]. Journal of cleaner production, 2018, 178: 880-889.

[140] YU Y, HUANG J, ZHANG N. Industrial eco-efficiency, regional disparity, and spatial convergence of China's regions [J]. Journal of cleaner production, 2018, 204: 872-887.

[141] TENG X Y, LU D T, CHIU Y H. Emission reduction and energy performance improvement with different regional treatment intensity in China [J]. Energies, 2019, 12 (2): 237.

[142] CHEN Y, XU W, ZHOU Q, et al. Total factor energy efficiency, carbon emission efficiency, and technology gap: evidence from sub-industries of Anhui province in China [J]. Sustainability, 2020, 12 (4): 1402.

[143] DING T, WU H Q, JIA J J, et al. Regional assessment of water-energy nexus in China's industrial sector: an interactive meta-frontier DEA approach [J]. Journal of cleaner production, 2020, 244: 118797.

[144] HAIDER S, MISHRA P P. Reducing the energy consumption of Indian iron and steel industry through enhancing energy efficiency: role of regional coordination [J]. Journal of public affairs, 2020, 20 (3): 2105.

[145] XIA Y Q, WANG X Q, LI H Z, et al. China's provincial environmental efficiency evaluation and influencing factors of the mining industry considering technology heterogeneity [J]. IEEE Access, 2020, 8: 178924-178937.

[146] SUN J S, LI G, WANG Z H. Technology heterogeneity and efficiency of

China's circular economic systems: a game meta-frontier DEA approach [J]. Resources conservation and recycling, 2019, 146: 337 – 347.

[147] YANG J, CHENG J X, HUANG S J. CO_2 emissions performance and reduction potential in China's manufacturing industry: a multi-hierarchy meta-frontier approach [J]. Journal of cleaner production, 2020, 255: 120226.

[148] ZHU Q Y, LI X C, LI F, et al. The potential for energy saving and carbon emission reduction in China's regional industrial sectors [J]. Science of the total environment, 2020, 716: 135009.

[149] CHEN Y, XU W, ZHANG X L, et al. Inclusive ecological efficiency analysis in China's Hainan island: an extended meta-frontier DEA approach [J]. Environmental science and pollution research, 2021, 28 (32): 44452 – 44466.

[150] LI X N, FENG Y, WU P Y, et al. An analysis of environmental efficiency and environmental pollution treatment efficiency in China's industrial sector [J]. Sustainability, 2021, 13 (5): 2579.

[151] LI L, ZHAO R, HUANG F. Environmental performance of China's industrial system considering technological heterogeneity and interaction [J]. Sustainability, 2023, 15: 3425.

[152] SCHALTEGGER S, STURM A. Ökologische Rationalität: Ansatzpunkte zur Ausgestaltung von ökologieorientierten Managementinstrumenten [J]. die Unternehmung, 1990: 273 – 290.

[153] United Nations Environment Programme, World Business Council for Sustainable Development. Eco-efficiency and cleaner production: charting the course to sustainability [R]. Nairobi: UNEP, WBCSD, 2004.

[154] 吕彬,杨建新. 生态效率方法研究进展与应用 [J]. 生态学报, 2006 (11): 3898 – 3906.

[155] PICAZO-TADEO A J, BELTRÁN-ESTEVE M, GÓMEZ-LIMÓN J A. Assessing eco-efficiency with directional distance functions [J]. European journal of operational research, 2012, 220 (3): 798 – 809.

[156] KORHONEN P J, LUPTACIK M. Eco-efficiency analysis of power plants: an extension of data envelopment analysis [J]. European

journal of operational research, 2004, 154 (2): 437-446.

[157] HUANG J H, XIA J J, YU Y T, et al. Composite eco-efficiency indicators for China based on data envelopment analysis [J]. Ecological indicators, 2018, 85: 674-697.

[158] ZHANG B, BI J, FAN Z Y, et al. Eco-efficiency analysis of industrial system in China: a data envelopment analysis approach [J]. Ecological economics, 2008, 68 (1): 306-316.

[159] HUPPES G, ISHIKAWA M. A framework for quantified eco-efficiency analysis [J]. Journal of industrial ecology, 2005, 9 (4): 25-41.

[160] XIE L, CHEN C L, YU Y H. Dynamic assessment of environmental efficiency in Chinese industry: a multiple DEA model with a Gini criterion approach [J]. Sustainability, 2019, 11 (8): 2294.

[161] XIE B C, DUAN N, WANG Y S. Environmental efficiency and abatement cost of China's industrial sectors based on a three-stage data envelopment analysis [J]. Journal of cleaner production, 2017, 153 (1): 626-636.

[162] WANG X, WANG S, XIA Y. Evaluation and dynamic evolution of the total factor environmental efficiency in China's mining industry [J]. Energies, 2022, 15 (3): 1232.

[163] PIAO S R, LI J, TING C J. Assessing regional environmental efficiency in China with distinguishing weak and strong disposability of undesirable outputs [J]. Journal of cleaner production, 2019, 227: 748-759.

[164] CHEN L, LAI F J, WANG Y M, et al. A two-stage network data envelopment analysis approach for measuring and decomposing environmental efficiency [J]. Computers & industrial engineering, 2018, 119: 388-403.

[165] ZHOU Z X, XU G C, WANG C, et al. Modeling undesirable output with a DEA approach based on an exponential transformation: an application to measure the energy efficiency of Chinese industry [J]. Journal of cleaner production, 2019, 236: 117717.

[166] WU J, XIONG B B, AN Q X, et al. Total-factor energy efficiency evaluation of Chinese industry by using two-stage DEA model with shared

inputs [J]. Annals of operations research, 2017, 255 (1): 257-276.

[167] ZHOU D, CHEN H, ZHU Q. Evaluating China's regional energy and environmental efficiency by considering three internal parallel industries [J]. Environmental science and pollution research, 2022, 29 (35): 52689-52704.

[168] KANG Y Q, XIE B C, WANG J, et al. Environmental assessment and investment strategy for China's manufacturing industry: a non-radial DEA based analysis [J]. Journal of cleaner production, 2018, 175: 501-511.

[169] WANG J, ZHAO T. Regional energy-environmental performance and investment strategy for China's non-ferrous metals industry: a non-radial DEA based analysis [J]. Journal of cleaner production, 2017, 163: 187-201.

[170] ZHANG Y, SONG Y. Environmental regulations, energy and environment efficiency of China's metal industries: a provincial panel data analysis [J]. Journal of cleaner production, 2021, 280: 124437.

[171] LI H L, ZHU X H, CHEN J Y, et al. Environmental regulations, environmental governance efficiency and the green transformation of China's iron and steel enterprises [J]. Ecological economics, 2019, 165: 106397.

[172] PENG B H, LI Y, WEI G, et al. Temporal and spatial differentiations in environmental governance [J]. International journal of environmental research and public health, 2018, 15 (10): 2242.

[173] 油建盛, 蒋兵, 董会忠. 环境规制和工业集聚对能源生态效率的影响 [J]. 统计与决策, 2022, 38 (15): 82-87.

[174] 吴江, 谭涛, 杨珂, 等. 中国全要素能源效率评价研究: 基于不可分的三阶段DEA模型 [J]. 数理统计与管理, 2019, 38 (3): 418-432.

[175] 朱南, 刘一. 中国地区新型工业化发展模式与路径选择 [J]. 数量经济技术经济研究, 2009, 26 (5): 3-16.

[176] WANG Z, FENG C. A performance evaluation of the energy, environmental, and economic efficiency and productivity in China: an

application of global data envelopment analysis [J]. Applied energy, 2015, 147: 617 – 626.

[177] LI K, LIN B. Metafroniter energy efficiency with CO_2 emissions and its convergence analysis for China [J]. Energy economics, 2015, 48: 230 – 241.

[178] LIU H X, LIN B Q. Ecological indicators for green building construction [J]. Ecological indicators, 2016, 67: 68 – 77.

[179] PICAZO-TADEO A J, REIG-MARTÍNEZ E, HERNÁNDEZ-SANCHO F. Directional distance functions and environmental regulation [J]. Resource and energy economics, 2005, 27 (2): 131 – 142.

[180] FÄRE R, GROSSKOPF S, PASURKA C A. Environmental production functions and environmental directional distance functions [J]. Energy, 2007, 32 (7): 1055 – 1066.

[181] LIN B Q, DU K R. Energy and CO_2 emissions performance in China's regional economies: do market-oriented reforms matter? [J]. Energy policy, 2015, 78: 113 – 124.

[182] ZHOU P, ANG B W, HAN J Y. Total factor carbon emission performance: a Malmquist index analysis [J]. Energy economics, 2010, 32 (1): 194 – 201.

[183] ZHANG N, CHOI Y. A note on the evolution of directional distance function and its development in energy and environmental studies 1997 – 2013 [J]. Renewable and sustainable energy reviews, 2014, 33: 50 – 59.

[184] LI L B, HU J L. Ecological total-factor energy efficiency of regions in China [J]. Energy policy, 2012, 46: 216 – 224.

[185] HONMA S, HU J L. Total-factor energy efficiency of regions in Japan [J]. Energy policy, 2008, 36 (2): 821 – 833.

[186] ZHANG N, CHOI Y. Environmental energy efficiency of China's regional economies: a non-oriented slacks-based measure analysis [J]. The social science journal, 2013, 50 (2): 225 – 234.

[187] ZHANG N, KONG F, YU Y. Measuring ecological total-factor energy efficiency incorporating regional heterogeneities in China [J].

Ecological indicators, 2015, 51: 165 - 172.

[188] LIN B Q, TAN R P. Ecological total-factor energy efficiency of China's energy intensive industries [J]. Ecological indicators, 2016, 70: 480 - 497.

[189] LIN C H, CHIU Y H, Huang C W. Assessment of technology gaps of tourist hotels in productive and service processes [J]. The service industries journal, 2012, 32 (14): 2329 - 2342.

[190] CHIU C R, LIOU J L, WU P I, et al. Decomposition of the environmental inefficiency of the meta-frontier with undesirable output [J]. Energy economics, 2012, 34 (5): 1392 - 1399.

[191] 中国社会科学院工业经济研究所课题组, 史丹. 工业稳增长: 国际经验、现实挑战与政策导向 [J]. 中国工业经济, 2022 (2): 5 - 26.

[192] CHEN L, JIA G. Environmental efficiency analysis of China's regional industry: a data envelopment analysis (DEA) based approach [J]. Journal of cleaner production, 2017, 142: 846 - 853.

[193] BARRO R J, SALA-I-MARTIN X. Convergence [J]. Journal of political economy, 1992, 100 (2): 223 - 251.

[194] 王维, 张建业, 乔朋华. 区域科技人才、工业经济与生态环境协调发展研究: 基于我国18个较大城市的面板数据 [J]. 科技进步与对策, 2014, 31 (7): 37 - 42.

[195] 王玉华. 工业经济的生态化发展道路研究 [J]. 商, 2014 (4): 224.

[196] SCHALTEGGER S, STURM A. Ecological rationality: approaches to design of ecology-oriented management instruments [J]. Die Unternehm, 1990, 44: 273 - 290.

[197] LIN B, ZHU J. Chinese electricity demand and electricity consumption efficiency: do the structural changes matter? [J]. Applied energy, 2020, 262: 114505.

[198] ZHOU C S, SHI C Y, WANG S J, et al. Estimation of eco-efficiency and its influencing factors in Guangdong province based on Super-SBM and panel regression models [J]. Ecological indicators, 2018, 86: 67 - 80.

［199］ FÄRE R, GROSSKOPF S. Modeling undesirable factors in efficiency evaluation: comment ［J］. European journal of operational research, 2004, 157 (1): 242-245.

［200］ FÄRE R, GROSSKOPF S, NOH D-W, et al. Characteristics of a polluting technology: theory and practice ［J］. Journal of econometrics, 2005, 126 (2): 469-492.

［201］ TONE K, TSUTSUI M. Dynamic DEA with network structure: a slacks-based measure approach ［J］. Omega-international journal of management science, 2014, 42 (1): 124-131.

［202］ TONE K, TSUTSUI M. Dynamic DEA: a slacks-based measure approach ［J］. Omega-international journal of management science, 2010, 38 (3-4): 145-156.

［203］ 欧阳坚. 论工业经济在区域经济发展中的地位和作用 ［J］. 经济问题探索, 2002 (6): 5-6.

［204］ WANG S J, ZHOU C S, LI G D, et al. CO_2, economic growth, and energy consumption in China's provinces: investigating the spatiotemporal and econometric characteristics of China's CO_2 emissions ［J］. Ecological indicators, 2016, 69: 184-195.

［205］ Department of Energy Statistics, N. B. o. S., People's Republic of China. China energy statistical yearbook ［M］. Beijing: China Statistics Press, 2014.

［206］ WANG Z H, ZENG H L, WEI Y M, et al. Regional total factor energy efficiency: an empirical analysis of industrial sector in China ［J］. Applied energy, 2012, 97: 115-123.

［207］ WANG M, HUANG Y, LI D. Assessing the performance of industrial water resource utilization systems in China based on a two-stage DEA approach with game cross efficiency ［J］. Journal of cleaner production, 2021, 312: 127722.

［208］ WANG C, ZHAN J Y, BAI Y P, et al. Measuring carbon emission performance of industrial sectors in the Beijing-Tianjin-Hebei region, China: a stochastic frontier approach ［J］. Science of the total environment, 2019, 685: 786-794.

[209] OUYANG X L, MAO X Y, SUN C W, et al. Industrial energy efficiency and driving forces behind efficiency improvement: evidence from the Pearl River Delta urban agglomeration in China [J]. Journal of cleaner production, 2019, 220: 899-909.

[210] EMROUZNEJAD A, YANG G L. A survey and analysis of the first 40 years of scholarly literature in DEA: 1978-2016 [J]. Socio-economic planning sciences, 2018, 61: 4-8.

[211] DYCKHOFF H, ALLEN K. Measuring ecological efficiency with data envelopment analysis (DEA) [J]. European journal of operational research, 2001, 132 (2): 312-325.

[212] 汪克亮, 孟祥瑞, 杨宝臣. 基于环境压力的长江经济带工业生态效率研究 [J]. 资源科学, 2015, 37 (7): 1491-1501.

[213] 蒋硕亮, 潘玉志. 长江经济带城市群工业生态效率时空差异及影响因素分析 [J]. 统计与决策, 2021, 37 (9): 51-54.

[214] ZHANG R L, LIU X H. Evaluating ecological efficiency of Chinese industrial enterprise [J]. Renewable energy, 2021, 178: 679-691.

[215] 田泽, 程飞, 梁伟. "一带一路"沿线省市区工业生态效率及影响因素研究: 基于 DEA-Malmquist-Tobit 模型 [J]. 企业经济, 2017, 36 (11): 142-147.

[216] FÄRE R, GROSSKOPF S. Network DEA [J]. Socio-economic planning sciences, 2000, 34 (1): 35-49.

[217] KAO C. Network data envelopment analysis: a review [J]. European journal of operational research, 2014, 239 (1): 1-16.

[218] TONE K, TSUTSUI M. Network DEA: a slacks-based measure approach [J]. European journal of operational research, 2009, 197 (1): 243-252.

[219] BIAN Y, LIANG N, XU H. Efficiency evaluation of Chinese regional industrial systems with undesirable factors using a two-stage slacks-based measure approach [J]. Journal of cleaner production, 2015, 87: 348-356.

[220] LIN B, WANG M. What drives energy intensity fall in China? Evidence from a meta-frontier approach [J]. Applied energy, 2021,

281: 116034.

[221] ZHONG S, LI J W, CHEN X, et al. A multi-hierarchy meta-frontier approach for measuring green total factor productivity: an application of pig breeding in China [J]. Socio-economic planning sciences, 2022, 81: 101152.

[222] DU K, LU H, YU K. Sources of the potential CO_2 emission reduction in China: a nonparametric metafrontier approach [J]. Applied energy, 2014, 115: 491-501.

[223] YAO X, ZHOU H C, ZHANG A Z, et al. Regional energy efficiency, carbon emission performance and technology gaps in China: a meta-frontier non-radial directional distance function analysis [J]. Energy policy, 2015, 84: 142-154.

[224] FENG C, WANG M, LIU G C, et al. Sources of economic growth in China from 2000-2013 and its further sustainable growth path: a three-hierarchy meta-frontier data envelopment analysis [J]. Economic modelling, 2017, 64: 334-348.

[225] OH D H. A global Malmquist-Luenberger productivity index: an application to OECD countries 1990-2004 [J]. Journal of productivity analysis, 2010, 34 (3): 183-197.

[226] WANG Q, ZHANG H, ZHANG W. A Malmquist CO_2 emission performance index based on a metafrontier approach [J]. Mathematical and computer modelling, 2013, 58 (5): 1068-1073.

[227] 刘晓红. 考虑技术异质性的金融系统效率分析 [D]. 合肥: 中国科学技术大学, 2021.